21 世纪高职高专规划教材
（机械类）

模具 CAD/CAM 技术

主　编　刘　航

副主编　徐春林　闫　波

参　编　张磊明　徐政坤

主　审　姜家吉

机 械 工 业 出 版 社

本书较全面、系统地讲述了当前模具 CAD/CAM 系统软、硬件组成，模具 CAD/CAM 技术在模具行业中的最新应用、发展与趋势。全书共 6 章，分别介绍了模具 CAD/CAM，冲裁模与注射模 CAD，模具 CAM 与 CAE，UG NX4.0，Solid Works 2005，模具 CAD/CAM 实际训练图。重点讲述了 Unigraphics NX4.0 和 Solid Works 2005 两种模具行业应用较广的高中端软件基本操作、工程制图、模具设计及数控加工的基本入门方法以及操作技能。

为了使学生能深入学习本课程，配备了丰富的模具 CAD/CAM 实际训练图和思考题，以适应高职院校专业教学改革重技能的急切要求。

本书供高等职业技术院校、中等专业学校的模具设计与制造、数控、机械制造等机械类专业使用，也可供职业大学、业余大学有关专业使用，还可供有关工程技术人员参考。

图书在版编目（CIP）数据

模具 CAD/CAM/刘航主编. —北京：机械工业出版社，2008.5
21 世纪高职高专规划教材. 机械类
ISBN 978 – 7 – 111 – 23938 – 3

Ⅰ. 模⋯ Ⅱ. 刘⋯ Ⅲ.①模具 – 计算机辅助设计 – 高等学校：技术学校 – 教材②模具 – 计算机辅助制造 – 高等学校：技术学校 – 教材 Ⅳ. TG76 – 39

中国版本图书馆 CIP 数据核字（2008）第 053247 号

机械工业出版社（北京市百万庄大街 22 号　邮政编码 100037）
策划编辑：余茂祚
责任编辑：余茂祚　版式设计：冉晓华　责任校对：姚培新
封面设计：饶　薇　责任印制：邓　博
北京京丰印刷厂印刷
2008 年 6 月第 1 版·第 1 次印刷
184mm×260mm·16 印张·393 千字
0 001—4 000 册
标准书号：ISBN 978 – 7 – 111 – 23938 – 3
定价：26.00 元

21世纪高职高专规划教材
编 委 会 名 单

编委会主任 王文斌

编委会副主任（按姓氏笔画为序）

王建明	王明耀	王胜利	王寅仓	王锡铭
刘 义	刘晶磷	刘锡奇	杜建根	李向东
李兴旺	李居参	李麟书	杨国祥	余党军
张建华	茆有柏	秦建华	唐汝元	谈向群
符宁平	蒋国良	薛世山	储克森	

编委会委员（按姓氏笔画为序，黑体字为常务编委）

王若明	**田建敏**	成运花	曲昭仲	朱 强
刘 莹	刘学应	许 展	**严安云**	李连邺
李学锋	李选芒	**李超群**	**杨 飒**	**杨群祥**
杨翠明	吴 锐	何志祥	何宝文	佘元冠
沈国良	张 波	**张 锋**	张福臣	陈月波
陈向平	陈江伟	武友德	林 钢	周国良
宗序炎	赵建武	恽达明	**俞庆生**	晏初宏
倪依纯	徐炳亭	**徐铮颖**	韩学军	崔 平
崔景茂	**焦 斌**			

总 策 划 余茂祚

前　言

本书是按照教育部颁布的 21 世纪高职高专规划教材模具设计与制造专业《模具 CAD/CAM》教学大纲编写的，是高等职业技术院校模具设计与制造专业、数控专业和机械制造专业使用的教学用书，可作为模具 CAD/CAM 培训教材，也可供有关工程技术人员参考。

本书的编者从事模具设计与制造二十多年，具有从事模具 CAD/CAM 培训十年以上的经验。根据近年来模具设计与制造技术岗位的技能要求及知识要求，我们对模具制造技术岗位上的新技术、新工艺的应用情况进行了调研，并结合目前高等职业技术院校学生的学习现状及近几年在本课程教学过程中出现的一些新情况、新特点，最终确定了全书编写的思路和架构体系。

本课程的教学时数为 54 学时，书中主要内容包括当前模具 CAD/CAM 系统软、硬件组成，模具 CAD/CAM 技术在模具行业中的应用、发展与趋势，冲裁模与注射模 CAD，模具CAM 与 CAE，塑料成型模拟和逆向工程技术，UG NX4.0 和 Solid Works2005 两种模具行业应用较广的高中端软件基本操作、工程制图、模具设计及数控加工的基本入门方法以及操作技能。

本书的特点是：

1. 设计实例多。包括不同形式的注射模具设计和冷冲模具设计，UG NX4.0 和 SolidWorks2005 两种软件的三维建模、注射模、冷冲模、钣金以及数控自动编程方法。学生通过这些实例能很快地掌握先进的模具设计及数控加工方法。

2. 软件版本最新。本书所使用的计算机辅助模具设计与制造 CAD/CAM 软件都是最新版本，如 UG NX4.0，Solid Works2005。

3. 本书编有模具设计题库，供学生课堂及课后实训选择。

4. 本书附有教学光盘，全过程演示本书的模具设计及数控自动编程的实例，并有配音解说。

全书由西安理工大学高等技术学院刘航副教授主编，安徽机电职业技术学院徐春林副教授、山西机电职业技术学院闫波副教授担任副主编，深圳信息职业技术学院张磊明副教授和张家界航空职业技术学院徐政坤副教授参编了部分章节。本书第 1 章、第 5 章由徐春林副教授编写，第 2 章由闫波和刘航副教授编写，第 3 章、第 4 章及第 6 章由刘航副教授编写。深圳信息职业技术学院博士、高级工程师姜家吉审阅了本书。

由于编者水平有限，书中难免会有不妥之处，恳切希望广大读者批评指正。

编　者

目　　录

第1章 模具 CAD/CAM

1.1 模具 CAD/CAM 基础

1.1.1 模具 CAD/CAM 基本概念

1. CAD/CAM 基本概念　CAD/CAM（Computer Aided Design/Computer Aided Manufacturing），即计算机辅助设计与计算机辅助制造，是一门随着计算机和数字化信息技术发展起来的、与机械设计和制造技术相互渗透相互结合的、多学科综合性的技术。CAD/CAM 是 20 世纪最杰出的工程成就之一，是数字化、信息化制造技术的基础，其发展和应用对制造业产生了革命性的影响和推动作用。

具体来说，CAD 就是利用计算机及相应的 CAD 软件辅助产品的设计、修改、工程分析和优化，充分利用计算机计算速度高、在 CAD 软件中的数据易修改、存储量大、记忆能力强、重复工作不会"疲劳"等特点，将设计人员从繁琐的数据查询、图形绘制工作中解脱出来，并进一步通过图形图像的三维显示，便于设计人员了解产品内在结构，通过工程分析模块能辅助确定产品的结构尺寸等。但由于其不具备创造能力，因此需要设计人员对利用 CAD 技术产生的设计结果进行分析和评价，而人虽然有知识、思想、经验、创造性，但记忆能力有限，易疲劳、易失误。只有将人的创造性活动能力与计算机执行数值计算和存储能力结合起来，才能真正发挥各自的特长，提高产品的设计效率，缩短设计周期。在两者的功能体现上，计算机及 CAD 软件主要的功能体现如下：

1）作为设计者记忆能力的扩展（如查询表格数据、检查产品图形数据等）。

2）提高设计者分析和逻辑运算的能力（如通过展现产品三维结构、计算各种物理特性等进行）。

3）代替设计者完成大量重复性的工作（如工程图的绘制、图形的更新）。

设计人员的主要作用在于：

1）在设计过程中，对分布信息的控制。

2）创造性和经验。

3）设计信息的组织和管理。

CAM 有广义和狭义两种定义。广义 CAM 是指借助计算机来完成从生产准备到产品制造完成，这一过程中的各项活动，包括工艺过程设计（CAPP）、工装设计（CAFD）、计算机辅助数控编程、生产作业计划、制造过程控制、质量检测与分析等。狭义 CAM 通常是指对于 CAD 几何模型，根据指定的加工工艺要求和刀具，按照一定算法生成加工轨迹，并可进一步产生相应的 NC 程序编制，包括刀具路径规划、刀位文件生成、刀具轨迹仿真及 NC 代码生成等，而 CAPP 已被作为一个专门的子系统来应用，对于工时定额的计算、生产计划的制订、资源需求计划的制订，则划分给 MRP Ⅱ/ERP 系统来完成。

2. CAD/CAM 集成的概念　所谓的 CAD/CAM 集成，是指在 CAD 和 CAM 各模块之间有关信息的自动传递和交换。集成化的 CAD/CAM 系统能够借助于公共的工程数据库、网络通信技术，以及标准格式的中性文件接口，把分散于机型各异的计算机中 CAD/CAM 模块高效地集中起来，实现软、硬件资源共享，保证系统内信息的流动畅通无阻。

3. 模具 CAD/CAM 概念　模具 CAD/CAM 就是指 CAD/CAM 技术在模具设计与制造中的具体应用，是模具生产中的重大技术革命，也是模具生产走向全盘自动化的根本措施。

当前，随着制造业的高速发展，我国现已成为全球的制造业基地，产品生产正向复杂、精密、多品种、高质量和交货期短的方向发展，而在电子、汽车、电机、电器、仪表和通信等产品中 60% ~80% 的零部件都是依靠模具成型，现代的模具设计与制造的主要要求是：

（1）高精度：现代模具要求精度比传统模具的精度高出一个数量级，例如多工位级进模、精冲模、精密塑料模的精度均在 0.003 ~ 0.005mm。

（2）长寿命：现代冲模寿命一般均在 500 万次以上，注射模 40 ~ 60 万件，压铸模 45 ~ 100 万件，而传统模具的寿命一般只有它的 1/10 ~ 1/5。

（3）高生产率：高生产率的级进模可达 60 多个工位，一模多腔的塑料模和层叠模具可达每模数 10 个型腔。

（4）模具制造周期短：现代模具从设计、制造到投入使用的周期比以前大为缩短，例如 20 世纪七八十年代电视机外壳模具设计与制造，要用一年的时间，而现在一种新款的电视机由设计开发到投放市场却只需短短的三四个月。

解决上述现代模具设计与制造要求的主要手段之一就是采用模具 CAD/CAM 技术，而当今的模具 CAD/CAM 已经不仅仅是代替设计人员绘制模具结构图形和查询数据等简单工作，而是将计算机辅助设计与辅助制造技术贯穿到模具从设计到制造的全过程，从而改变了传统模具的设计生产流程。

1.1.2　CAD/CAM 系统的分类

CAD/CAM 系统可以从以下不同的角度进行分类：

1. 按照系统的功能范围　分为通用和专用系统，这也是现在最为常用的方法。一般将 CATIA、UG NX、Pro/Engineer、I-DEASE 等功能模块较多的系统称为通用系统。虽然这些系统的发展演变大多是从 CAD 系统开始，但是通过不断增加各种相关的功能模块，使得软件功能涵盖了产品模型设计、虚拟装配、数控加工、工程分析等多个领域。

2. 按照系统软件的运行硬件环境　分为主机系统、工作站系统和微机系统。值得提出的是随着微机系统的广泛应用，许多以前运行在工作站的 CAD/CAM 系统都有移植到微机平台上的版本，从而使得 CAD/CAM 系统得到了更为广泛的应用。

1.1.3　CAD/CAM 系统在设计和制造中的作用

CAD/CAM 系统在现代设计和制造中的作用主要如下：

1）零件几何模型的设计。

2）产品的虚拟装配。

3）工程图的绘制。

4）工程分析。

5）产品的渲染和动画模拟。

6）数控加工轨迹的设计及数控代码的建立。

7）加工过程的仿真模拟。

1.2 模具 CAD/CAM 系统硬件、软件组成

1.2.1 模具 CAD/CAM 系统组成

模具 CAD/CAM 系统是利用计算机软、硬件来完成模具从设计到加工的应用系统，因此它需要有硬件系统和软件系统两部分组成。硬件不仅仅包括计算机、绘图仪，还包括了各种数控加工设备、测量仪、快速成型机等，而软件则包括系统软件、支撑软件、专用软件等，其中软件是 CAD/CAM 系统的核心。

1.2.2 模具 CAD/CAM 系统硬件组成

模具 CAD/CAM 系统硬件应该包括所应用的计算机、计算机所属的外设设备和与计算机相连的各种加工设备，它是 CAD/CAM 的基本支持环境，如图 1-1 所示。

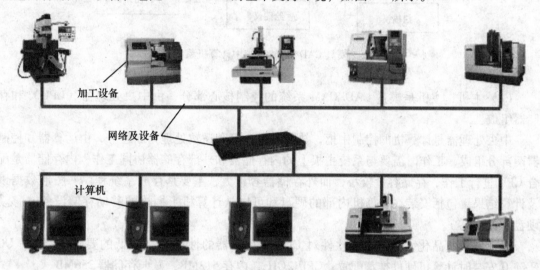

图 1-1　模具 CAD/CAM 系统硬件组成

1. 计算机系统　计算机系统是 CAD/CAM 系统运行的硬件平台，是 CAD/CAM 系统的核心，由于 CAD/CAM 系统软件运行涉及图形图像处理，需要完成大数据量的存储，所以对计算机 CPU 运算速度、显示性能及存储容量的要求比普通的计算机要高。目前根据模具制造企业的规模，模具 CAD/CAM 技术中所用的计算机类型如下：

1）大型或中型计算机为主的主机系统。
2）小型机成套系统。
3）工作站。
4）微型计算机。

值得一提的是，由于网络技术的发展，现在的微机已能与大型机和小型机及工作站联网，成为整个网络的一个节点，共享主机和工作站资源。这样，大型系统、工作站系统、PC 系统就不再相互割裂，而成为一个有机的整体，在网络中发挥各自的优点，使得原来在小型机和工作站上运行的 CAD/CAM 软件直接在微机上运行。因此，在我国用高档微机组成的 CAD/CAM 系统发展很快，在某些方面已接近低档工程工作站的能力。由于当前微型计算机的性能大幅提升，其与工作站的区别逐渐消失，并且基于微型计算机操作系统的 CAD/

CAM 软件系统被大量开发，许多原先运行于大型机和工作站的大型 CAD/CAM 系统软件也被移植到微机平台上。

下面以微型计算机为例，介绍如图 1-2 所示的模具 Solid Works2005 硬件系统中计算机系统的组成。

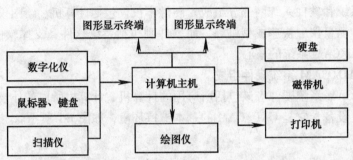

图 1-2　模具 CAD/CAM 系统中计算机系统组成

（1）主机：主机是模具 CAD/CAM 系统的控制核心部分，由中央处理器（CPU）和存储器组成。

中央处理器是计算机的控制中枢，执行数据运算和逻辑处理判断任务，由运算器和控制器两部分组成，工作时需要与系统主板上的内存储器和外部存储器协同工作；内存储器是配合 CPU 进行工作，存储容量较小，而外存储器容量大，主要是存放系统程序、图形数据以及计算结果，包括安装在计算机内部的硬盘和可以从计算机上插拔的移动存储设备（移动硬盘和 U 盘等）。

当前许多商品化 CAD/CAM 软件对 CPU 和存储器的性能都有最低的要求。例如，UG NX4.0 安装时计算机硬件推荐配置：CPU 2GHz，内存 512MB，显卡存储器 256MB。

（2）输入输出设备：输入设备是把图形数据传送给计算机的一种装置，包括鼠标、键盘、数字化仪、扫描仪、数码相机等，而输出设备是把 CAD/CAM 软件中的图形数据显示在屏幕或打印在图纸上的设备，包括打印机、显示器、投影仪等。

2. 加工设备　模具零部件的制造特点均为单件、小批量生产类型。为了保证制品精度，模具工作部分的精度通常要比制品精度高 2～4 级。因此，现代模具制造企业大量采用了自动化程度高、精度高的数控加工设备，其应用甚至早于 CAD/CAM 的发展时间，但是现代数控加工设备发展是与 CAD/CAM 技术相辅相成的，通常是由模具 CAM 产生数控加工设备所需的数控程序，数控加工设备通过 CNC 或 DNC 接收程序后，按照既定的数控程序加工出所需模具零件。所采用的设备包括数控铣床、数控车床、加工中心、电加工机床（线切割机床、电火花机床）、数控钻床、数控磨床、数控激光加工、快速成形机。一般而言，对于模具中的旋转类零件，如导柱、导套、顶杆等，采用数控车床加工；对于注射模、压铸模中复杂的外形轮廓或具有曲面的模具工作零件以及电火花成形需要的电极都可以采用数控铣床加工；对于微细复杂形状、特殊材料模具、塑料镶拼型腔及嵌件、带异型槽的模具，都可以采用数控电火花线切割加工；而塑料模、橡胶模、锻模、压铸模、压延拉伸模等模具的型腔、型孔，可以采用数控电火花成形加工；对精度要求较高的解析几何曲面，可以采用数控磨削加工；

另外，也可以将设备上采集的数据传输到 CAD/CAM 中作进一步处理，例如三维扫描仪获得测量塑件的三维数据，在 CAD 中根据这些数据构建塑件的 CAD 模型。

3. 网络通信设备　现在的模具 CAD/CAM 系统仅仅是模具计算机集成制造的一部分，其设计人员之间的数据共享、协同设计以及计算机与数控设备之间的通信均需要计算机网络的支持，通常运行模具 CAD/CAM 系统的计算机可以通过企业内部的局域网实现相互通信，由集线器、网关、网桥、路由器、各种网络传输介质（例如双绞线、同轴电缆）等网络通信设备按照以太网络结构或环形网络结构等方式建立企业的局域网，而数控设备中，例如西门子（SIMENSE）840 数控系统、海德汉（HEIDENHAIN）数控系统能够利用网卡将机床与网络连接起来，对于许多支持串行通信（RS232、RS422、RS485）的数控设备则需要利用串口适配器等设备接入网络，实现与模具 CAD/CAM 系统通信。

1.2.3 模具 CAD/CAM 系统软件组成

模具 CAD/CAM 系统除了必要的硬件组成以外，还需要一定的软件，硬件是软件的工作平台，而软件则是驱动硬件工作的控制核心，也是模具 CAD/CAM 系统中最为活跃的因素，可以实现从简单的儿童玩具造型到复杂的汽车覆盖件模具的设计与加工编程。各模具 CAD/CAM 系统软件的开发商通过不断改进程序以解决模具设计和制造中的各种问题。例如 Solid Works 公司的 SolidWorks 软件几乎每年都推出新版本，模具 CAD/CAM 软件系统的更新速度大大快于硬件的发展速度。

模具 CAD/CAM 系统的软件按照功能分为如图 1-3 所示的三个层次：系统软件、支撑软件和应用软件。

1. 系统软件　系统软件即操作系统，是负责计算机硬件及系统配置的各种应用程序控制和管理（包括安装、运行、卸载）的底层软件，负责计算机系统内所有软件和硬件资源的监控及调度，使其成为一个协调的整体，是用户和计算机之间的接口，当前操作系统主要包括 Windows、Unix 等。

2. 支撑软件　支撑软件是指运行在系统软件的基础上，能够实现模具

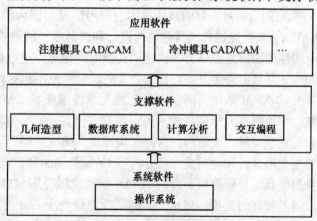

图 1-3　模具 CAD/CAM 系统的软件组成

CAD/CAM 所需基本功能的软件，为模具 CAD/CAM 系统专业性应用软件提供了开发平台。例如，现在市场上广泛使用的 UG NX4.0、CATIA、Pro/E wildfire 等软件，其特点是功能齐全、适用面广。一般包括图形图像处理、几何造型功能、有限元分析功能、虚拟装配、工程图绘制、数控编程功能、数据库管理、二次开发接口等功能模块。

3. 应用软件　应用软件分为两种类型，第一种是根据需要开发专门解决某一类问题的软件。例如，基于微机平台开发的模具数控编程软件 Mastercam、Surfcam、Edgecam，冲压件成形分析软件 Pamstamp、Dynaform。第二种是在模具 CAD/CAM 系统支撑软件基础之上，由企业根据要求进行二次开发形成专用的功能模块。例如运行于 Solidworks 软件平台上的模具设计软件 Imold，UG NX4.0 中的级进模向导模块 PDW，美国 PTC 软件公司与日本

TOYOTA汽车公司在 Pro/E 软件基础上开发的覆盖模型面设计模块 Pro/Dieface 等。

1.3 模具 CAD/CAM 技术在模具行业中的应用

1.3.1 模具 CAD/CAM 技术在国内外模具行业的应用概况

现代工业生产的特点是产品品种多、更新快和市场竞争激烈。在这种情况下，用户对模具制造的要求是交货期短、精度高、质量好、价格低，模具 CAD/CAM 技术的使用成为解决这些问题最有效的手段，所以模具 CAD/CAM 技术在各个国家模具行业得到广泛应用。

1. 国外模具 CAD/CAM 技术的应用情况　20 世纪 50 年代末期，国外一些科研院所便开始研究开发冷冲模 CAD/CAM 系统。例如日本丰田汽车公司于 1965 年将数控用于模具加工，1980 年开始采用覆盖件冲裁模 CAD/CAM 系统，1995 年开始在新车型的开发中采用 Dyna3D 软件进行板料成形分析技术，而现在欧美的各大汽车制造公司的新车型模具开发中，对于覆盖件设计都采用了板料成形分析技术。

在塑料模的 CAD/CAM 系统应用领域中，国外的模具企业除了广泛使用通用的 CAD/CAM 进行模具结构设计和数控加工以外，还开发了许多专用塑料模 CAD/CAM 软件。例如美国 Computervision 公司的 Moldesign 软件可以完成模具型腔结构设计、充模和冷却分析及模具工程图样绘制；美国 Moldflow 公司的注射模流动分析软件，在完成与 C-mold 公司合并之后成为该领域的佼佼者，CATIA、UG、Pro/E、SolidWorks 等通用的 CAD/CAM 功能都集成了其 MPA 产品。

2. 国内模具 CAD/CAM 技术的应用情况　国内模具企业现在已经广泛使用成熟的模具 CAD/CAM 系统进行模具的结构设计和成形零件的数控加工，尤其是利用模具 CAD/CAM 系统较强的图形处理能力，构建模具型面和轮廓，进行数控车、铣加工和线切割自动编程达到 90%，并且由许多高等院校与企业的联合开发了包括精冲模、普通冲裁模、辊锻模、注射模等 CAD/CAM 系统，例如上海交通大学国家模具 CAD 工程研究中心开发的冷冲模 CAD 系统、华中科技大学模具技术国家重点实验室开发的塑料注射模 CAD/CAE/CAM 系统 HSC2.0 和北京航空航天大学与青岛海尔集团模具研究所联合开发的 CAD/CAM 系统 CAXA 等。在覆盖模成形分析和注射模充型分析等 CAE 系统的开发上也取得了显著进步，例如吉林大学车身与模具工程研究所开发的 KMAS 板料成形分析软件，在红旗轿车的油箱成形辅助分析均取得了较好的效果，郑州大学国家橡塑研究中心开发的注射成形分析软件 Z-mold 已获得成功，并应用于实际的模具计算机辅助分析中。

1.3.2 当前模具 CAD/CAM 系统的模具设计模块

当前，许多成熟的 3D CAD/CAM 系统中均已开发了模具设计模块，由于建立在通用 CAD/CAM 系统中的模具设计模块可以直接使用该平台创建的产品设计数据，因此这些模具设计模块现已得到广泛使用，主要有以下类型：

（1）Pro/Engineer：为满足模具行业需求，美国参数化技术公司 PTC（Parametric Technology Corporation）推出的三维 CAD/CAM 软件 Pro/Engineer，Pro/Engineer 提供了一系列模具设计模块：Pro/Casting（铸造模具咨询）、Pro/Moldesign（注射模、压铸模、锻模设计），Pro/Dieface（冲压模设计）、EMX（模架专家库）、Mold Base Library（模架库），Mold Filling Simulation Option（注射模具流动分析功能包）等。

（2）CATIA：CATIA（Computer-graphics Aided Three-dimensional Interactive Application）

是法国达索公司（Dassault System）开发的 CAD/CAD/CAM 一体化软件。CATIA 提供了模具辅助设计模块（Mold and Die Machining Assistant）；MT1（模具设计产品支持包括凸凹模固定板定义、组件实例化、注射和冷却特征定义等模具设计的所有工作。CATIA 模具设计产品 MT2 是新一代管理模具定义的产品，可与 CATIA V5 当前和未来的设计、仿真和制造应用产品协同工作，是一个功能强大的产品，它允许快速、经济地创建注射模具，可以使用标准目录库中已经预定义好的组件。

（3）Solid Works：Solid Works 软件是美国 Solid Works 公司在总结和继承大型机械 CAD 软件的基础上，在 Windows 环境下实现的第一个机械 CAD 软件，是面向产品级的机械设计工具。Solid Works Moldbase 模块是 Solid Works 提供标准模架库。其合作公司在其平台上开发的模具设计专用模块，如 Imold、Face Works、Mold Works，也得到了大量使用。

（4）UG NX：Unigraphics NX 简称 UG NX，是美国 UGS 公司的产品，为用户提供了一个全面的产品建模系统。UG NX 系统也提供了众多模具 CAD 模块，如 UG/Die Engineering Wizard（冲压模工程向导）、UG/Progressive Die Wizard（多工位级进模向导）、UG/Mold Wizard（注射模向导）等。其中 UG/Mold Wizard 为设计注射模具的型芯、型腔、滑块、推杆和嵌件提供了更方便的建模工具，使注射模具设计变得更快捷、容易，其最终结果是设计出与产品模型相关的三维模具，并能用于加工。

（5）Top Solid：Top Solid 是法国 Missler 公司的产品，Top Solid 模具设计包含注射模（Top Solid/Mold）和级进模（Top Solid/Progress）两个模块。Top Solid/Mold 的主要特点是整个模具设计过程自动化，简便的斜导柱设计以及利用丰富智能的标准件库可以快速准确地设计模具结构。Top Solid/Mold 标准件智能可以自动与装配体发生操作关系，当标准件安装完成后，系统在模架上自动地把标准件相关联的安装定位孔或槽作出来，而不需要事先在模架上进行定位钻孔、挖槽等操作，其 Top Solid/Progress 模块集成了 Auto Form 的展开模块，使冷冲模设计者能够快速计算出所需的坯料并且能在一个全关联的环境中进行条料排样的设计，当零件发生改变，能够立即反应到条料排样上，同时加工的刀具和刀具路径也相应改变。

另外，很多 CAD/CAM 软件也推出了自己的模具设计工具包。例如以色列 Cimatron 公司推出的 Quick 系列产品，能在统一的系列环境下，使用统一的数据库完成产品设计，生成三维实体模型，并在此基础上自动将注射模具分为型腔与型芯两部分。英国 DELCAM 公司推出的 Power Shape 系统，包括 Ps-Mold-Maker 模块，是面向模具制造的模具总装设计专家系统，可自动为复杂注射模、吹射模创建模具结构及抽芯机构，自动产生分模面，加工信息被自动封装，并可直接输出到 Power Mill 模块，自动产生加工程序。日本造船系统株式会社的三维 CAD/CAM 系统 Space 中也增加了专用注射模设计模块。日本 UNISYS 株式会社推出的专用于塑料模设计和制造系统的 CAD CEUS 也颇具特色。

1.3.3 模具 CAD/CAM 技术应用的具体内容

模具 CAD/CAM 技术利用其自身强大的运算和数据存储能力以及和 NC 加工的完美结合，使其在模具从设计到制造的全过程得到了深入应用，其具体来说包括以下内容：

（1）产品和模具零部件的几何造型技术：模具 CAD/CAM 技术可以很方便地完成模具复杂型腔的三维造型，尤其可以实现对于各种自由曲面的几何造型，使得对该类曲面的数控加工成为可能，并可以在设计中利用参数化功能直接修改几何造型的尺寸，使得对于设计结果的修改成为一件很容易的事情。

（2）完成工艺分析计算：模具 CAD/CAM 技术利用计算机存储的工艺资料、产品实例和各种决策推理模块，可以帮助设计人员进行工艺分析与计算，例如注射模具型腔布局、浇注系统设计、塑件材料选择等，利用各种排样模块可以方便的建立冲压模具的产品排样图。

（3）建立模具的虚拟装配结构：模具 CAD/CAM 技术通过建立模具虚拟装配，可以得到模具整体结构，可以检查各部件是否有干涉间隙，并能仿真模具工作运动过程，以确定模具能否完成制订的工作行程。

（4）辅助完成绘图工作，输出模具零件图和装配图：在使用 3D 模具 CAD/CAM 系统时，模具实体造型和工程图绘制相互关联，可以直接根据几何模型由 CAD/CAM 系统创建工程图，还可以建立标准模具结构的图形库，提高模具结构和模具零件设计效率。

（5）模具的成型模拟：模具 CAD/CAM 技术利用计算机有限元分析和优化设计等数值计算来完成冲压成型分析、回弹分析、注射模具的充型模拟、流动模拟、冷却模拟等工作。

（6）模具成型零件的 NC 加工和数控仿真。

1.4　模具 CAD/CAM 技术发展与趋势

1.4.1　模具 CAD/CAM 的发展概况

模具 CAD/CAM 技术是 CAD/CAM 技术在模具行业的具体应用，因此其发展应用与 CAD/CAM 技术的发展是一致的。CAD 技术从出现至今经历了以下阶段：

（1）孕育形成阶段（20 世纪 50 年代）：CAD 技术处于被动式的图形处理阶段，飞机和汽车制造业开始研究飞机机身和汽车车身设计中遇到空间曲线和自由曲面问题。

（2）快速发展阶段（20 世纪 60 年代）：提出了计算机图形学、交互技术、分层存储符号的数据结构等新技术，从而为 CAD 技术的发展和应用打下了理论基础，其中美国麻省理工学院的研究项目"SKETCHPAD"被认为是 CAD 技术发展的里程碑。

国外一些汽车制造公司开始了模具 CAD 的研究。这一研究始于汽车车身的设计，在此基础上复杂曲面的设计方法得到了发展，各大汽车公司都先后建立了自己的 CAD/CAM 系统，并将其应用于模具设计与制造。在几何造型方面，基于线框模型的 CAD 系统率先由飞机和汽车制造商开发并应用(如美国 Lockhead 飞机公司等)均推动了模具 CAD 技术的发展。

（3）成熟推广阶段（20 世纪 70 年代）：曲面造型与实体造型技术发展迅速，新一代的 CAD 软件均是实体造型与曲面造型兼备的系统，能适用于复杂模具的设计和制造，在模具界得到了广泛的应用。例如美国 Ford 汽车公司的 CAD/CAM 系统中所包括的模具 CAD/CAM 部分，取代了人工设计与制造，设计方面采用人机交互进行三维图形处理、工艺分析与设计计算等工作，完成二维绘图，生成生产零件图、材料表以及工序、定额、成本等文件。系统还包括一些专业软件，如工艺补充面的设计、弹塑性变形的分析、回弹控制与曲面零件外形的展开等，部分已用于生产，部分还在研究、完善之中。

（4）广泛应用阶段（20 世纪 80 年代以后）：由于计算机硬件性能的提高和软件的成熟应用，使得 CAD 和 CAM 技术广泛应用于模具的设计，成型分析与数控加工的各个环节，并在我国得到广泛应用，使得模具 CAD/CAM 技术成为模具工业中的基本技术。在塑料模具领域，20 世纪 80 年代开始对三维流动与冷却分析进行研究。进入 20 世纪 90 年代，对流动、保压、冷却、应力分析等注射成型全过程进行集成化研究，这些研究为开发实用的注射模

CAE 软件奠定了坚实的基础。

CAM 的发展稍早于 CAD，其发展一直受到 NC 机床的影响。真正意义的 NC 机床早在 1952 年即在美国麻省理工学院研制成功，其编程手段也经历了手工 NC 代码编程、自动编程语言 APT 使用和基于 CAD 的 CAM 自动编程，尤其是建立在 CAD 实体模型基础上的 CAM，使得自动编程对象可以适应各种复杂实体模型，得到了极为广泛的应用，几乎是现在型腔模具零件加工最基本的手段。

1.4.2 模具 CAD/CAM 技术发展趋势

21 世纪的模具设计制造行业的基本特征是高度集成化、并行化、智能化、柔性化、虚拟化和网络化，追求的目标是提高产品质量及生产效率，缩短设计制造周期，降低生产成本，最大限度地提高模具制造业的应变能力，满足用户需求。目前模具 CAD/CAM 系统的发展趋势主要体现在以下几个方面：

1. 模具 PLM　模具 CAD/CAM 系统应用面向产品的整个生命周期（PLM）。当前模具 CAD/CAM 主要优势在于模具的几何模型和建立其基础上的数控加工，如何进一步将模具 CAD/CAM 与 CAPP/PDM 技术进一步高度集成，使其面向产品的整个生命周期，形成适合模具工业需要的 PLM，从而实现包括订单管理、模具开发设计、工艺设计、模具生产及管理等主要业务信息集中在一起，实现信息共享，使设计和工艺有机结合，使产品整个生命周期的数据具备可追溯性，保证了信息的一致性，有效地提高了生产管理的效能，对模具 CAD/CAM 的发展具有重要意义。

2. 网络化　随着计算机支持协同工作 CSCW（Computer Supported Cooperative Work）的出现和快速发展，出现了计算机支持的协同设计 CSCD（Computer Supported Cooperative Design）新思路，不再仅是一个设计计算、图形处理和智能推理工具，而且也是一个支持群体间通信和协作的"人人交互"工具，从而跨越了 CAD 技术的鼻祖 I. E. Sutherland 博士，在其具有里程碑意义的 Sketchpad 系统中，所提出的"人机图形通信的 CAD"基本框架。

3. 并行工程　模具制造中的并行工程是设计工程师在进行产品三维零件设计时就考虑模具的成型工艺、影响模具寿命的因素，并进行校对、检查，预先发现设计过程的错误。在初步确立产品的三维模型后，设计、制造及辅助分析部门的多位工程师同时进行模具结构设计、工程详图设计、模具性能辅助分析及数控机床加工指令的编程，而且每一个工程师对产品所作的修改可自动反映到其他工程师那里，大大缩短设计、数控编程的时间。要实施并行工程关键要实现零件三维图形数据共享，使每个工程师使用的图形数据是绝对相同，并使每个工程师所作的修改自动反映到其他有关的工程师那里，保证数据的唯一性和可靠性。

4. 数字化分析技术　材料加工制造过程的模拟和仿真，已经成为新兴的交叉学科，它是除试验方法和理论方法以外的第三个解决材料成形加工的重要研究方法。其主要采用 CAE 技术，虽然在当前得到前所未有的重视，但是仍无法像 CAD/CAM 的几何建模和自动编程一样，在模具的设计与制造中占有重要位置。由于其巨大的前景，其应用必将随着计算机技术的发展得到越来越广泛的应用。例如美国 Moldflow 公司的产品 MPI 和 MPA 在注射模具设计中具有重要的影响。

近十年来，国内外逐渐完善的冲压过程仿真理论与技术，为冲压工艺与模具设计提供了现代化手段。通过将 CAE 系统与成熟的模具 CAD/CAM 系统集成形成的 CAD/CAE/CAM 一体化技术以及基于 CAE 的冲压成型新工艺，可大大提高冲压工艺和模具的设计水平以及模具的制造质量，缩短设计制造周期，提高冲压件质量。与此相关的软件如 Dynafor、Fastform 在该领域中具有重要影响。

5. 智能化　在智能软件的支持下，模具 CAD 不再是对传统设计与计算方法的模仿，而是在先进设计理论的指导下，应用人工智能与知识工程技术把本领域专家的丰富知识和成功经验融合到产品生命周期（包括产品设计、制造、使用）的各个环节，实现生产过程（包括组织、管理、计划、调库、控制等）各个环节的智能化，也要实现人与系统的融合及人在其中智能的充分发挥。

1.5　CAD/CAM 基础

1.5.1　CAD 基础

CAD 是计算机图形学在工程领域中的具体应用，其理论基础是现代计算机图形学，而 CAD 中的图形建模就是以计算机能够理解的方式，对要描述的形体进行确切的定义，赋予一定的数学描述，再以一定的数据结构形式对所定义的几何形体加以描述，从而在计算机内部构造一个形体的几何模型。模型一般由数据、数据结构、算法三部分组成。

在 CAD/CAM 中，产品或零部件的设计思想和工程信息是以具有一定结构的数字化模型方式存储在计算机内部的，并经过适当转换提供给生产过程各个环节，从而构成统一的产品数据模型。例如，工程设计人员在设计一套注射模具时，必须用图形表示模架以及相应零件，还要用一定的装配约束表示零件之间相互位置关系，这些都是设计中的图形信息。另一方面，它还需要确定设计零件的属性，如线型、色彩以及材料参数等。

在 CAD 系统中，将产品的设计信息分为三类：几何信息、拓扑信息和非几何信息。其中几何信息是实体在空间的形状、尺寸和位置的描述；拓扑信息描述三维形体点、线、面、体的组成方式；非几何信息包括形体的精度信息、材料信息等。根据对这三类信息的处理方式，现在的 CAD 系统中主要建模方法如图 1-4 所示。

几何建模技术推动了 CAD/CAM 技术的发展，随着信息技术的发展及计算机应用领域的不断扩充，对 CAD/CAM 系统提出越来越高的要求，几何模型只是物体几何信息及拓扑关系的描述，无明显的功能、结构和工程含义，因而促进了特征建模技术的发展。在建模技术中，特征的概念源于对零件几何要素的归纳，以零部件的设计自动化为目的，将产品

线框建模
几何建模　表面建模
　　　　　实体建模
CAD 建模
参数建模
特征建模——行为特征建模

图 1-4　CAD 系统建模方法分类

的零部件设计中常用几何体的几何定义为特征；进一步的发展使得特征技术着眼于从制造领域着手，将特征与工艺过程设计、数控加工自动编程相结合，从而提出了面向制造的设计（DFM）概念。随着特征的概念引伸至产品设计所需要的知识、零件设计所应具有的功能、加工过程中的工艺过程等，并且在商品化的 CAD/CAM 软件中几乎都提供了由产品开发者定义特征的模块，并试图以积累设计经验、自动定义零件的受力分析、物理性能验算、几何造型、工艺可行性评价、装配性分析等知识为基础的综合特征用于产品或零部件的设计。

1. 线框建模　线框建模是利用基本线素（点、线）来定义、描述实体上的点、轮廓、交线以及棱线部分而形成的立体框架图。用这种方法生成的几何模型仅描述产品的轮廓外形，在计算机内部生成的三维信息仅是包含了点的坐标值和线与点的拓扑关系。线框建模的数据结构是表结构，在计算机内部存储的是物体的顶点和棱线信息。

2. 表面建模　表面建模是在线框建模的基础上，将边线包围的部分定义为面而形成的模型。常用的基本表面描述方法有：平面、直纹面、回转面、柱状面等。

3. 实体建模　实体建模是在曲面建模的基础上，加入了曲面的那一侧存在实体信息，较为完整地表达了实体的信息。由于实体建模能够定义三维物体的内部结构形状，因此能完整地描述物体的所有几何信息和拓扑信息，包括物体的体、面、边和顶点的信息。

4. 参数建模　参数建模是对设计者提供的信息进行提取、理解和结构化，形成条件约束来设计与修改产品的建模方法。例如，画一条线和另一条线成35°角，交点通过一个参数点，则系统会记住所使用的功能：角度和参数点。这样只需要修改功能参数，即可获得所需的直线。

5. 特征建模　特征是一种综合概念，它作为"产品开发过程中各种信息的载体"，除了包含零件的几何拓扑信息外，还包含了设计制造等过程所需要的一些非几何信息。

特征建模是一种建立在实体建模的基础上，利用特征的概念面向整个产品设计和生产制造过程进行设计的建模方法，是 CAD 建模方法的一个里程碑。特征建模通常由特征模型、精度特征模型、材料特征模型组成，而形状特征模型是特征建模的核心和基础。

特征建模的特点：

1）特征建模技术使产品的设计工作不停留在底层的几何信息基础上，而是依据产品的功能要素，使产品设计工作在更高的层次上展开，特征的引用直接体现设计意图。

2）特征建模技术可以建立在二维或三维平台上，同时针对某些专业应用领域的需要，建立特征库就可实现特征建模技术，快速生成需要的形体。

3）特征建模技术有利于推动行业内的产品设计和工艺方法的标准化、系列化、规范化，使得产品在设计时就考虑加工、制造要求，有利于降低产品的成本。

4）特征建模技术提供了基于产品、制造环境、开发者意志等诸方面的综合信息，使产品的设计、分析、工艺准备、加工、检验各部门之间具有了共同语言，可更好地将产品的设计意图贯彻到各后续环节，促进智能 CAD 系统和智能制造系统的开发。特征建模技术也是基于统一产品信息模型的 CAD/CAM/CAPP 集成系统的基础条件。

5）特征建模技术着眼于更好、更完整地表达产品全生命周期的技术和生产组织、计划管理等多阶段的信息，着眼于建立 CAD 系统与 CAE 系统、MRP 系统与 ERP 系统的集成化产品信息平台。

6. 行为特征建模　行为特征建模将 CAE 技术与 CAD 建模融于一体，理性地确定产品形状、结构、材料等各种细节。产品设计过程就是寻求如何从行为特征到几何特征、材料特征和工艺特征的映射。它采用工程分析评价方法将参数化技术和特征技术相关联，从而驱动设计。

1.5.2　CAM 基础

1. 基本概念　数控加工工作过程如图 1-5 所示，在数控机床上加工零件时，要预先根据零件加工图样的要求确定零件加工的工艺过程、工艺参数和进给运动数据，然后编制加工程序，传输给数控系统，在事先存入数控装置内部的控制软件的支持下，经处理与计算，发出相应的进给运动指令信号，通过伺服系统使机床按预定的轨迹运动，进行零件的加工。

图 1-5　数控加工工作过程

因此，在数控机床上加工零件时，首先要编写零件加工程序清单，称为数控加工程序。该程序用数字代码来描述被加工零件的工艺过程、零件尺寸和工艺参数（如主轴转速、进给速度等），将该程序输入数控机床的 NC 系统，控制机床的运动与辅助动作，完成零件的加工。

2. 数控编程方式　计算机辅助数控程序编制技术是 CAM 的核心内容。从 1954 年世界上第一台数控铣床诞生以来，数控编程技术经历手工编程和自动编程两个阶段。手工编程对完成复杂零件的程序编制比较困难。20 世纪 70 年代末，APT 语言开始应用于自动编程。20世纪 80 年代初，随着 CAD/CAM 技术的发展，计算机辅助编程方法日益成熟。目前数控编程方法正向着自动化与智能化的方向发展。

（1）手工编程：手工编程是指编制零件数控加工程序的各个步骤，包括从零件图样分析、工艺决策、确定加工路线和工艺参数、计算刀位轨迹坐标数据、编写零件的数控加工程序单直至程序的检验，均由人工来完成。

对于点位加工或几何形状不太复杂的轮廓加工，几何计算较简单，程序段不多，手工编程即可实现。对于轮廓形状不是由简单的直线、圆弧组成的复杂零件，特别是空间复杂曲面零件，数值计算则相当繁琐，工作量大，容易出错，且很难校对，采用手工编程是难以完成的。

（2）自动编程：自动编程是采用计算机辅助数控编程技术实现的，需要一套专门的数控编程软件。现代数控编程软件主要分为以批处理命令方式为主的各种类型的语言编程系统和交互式 CAD/CAM 集成化编程系统。其中交互式 CAD/CAM 集成化编程系统得到了广泛的应用。

交互式 CAD/CAM 集成系统自动编程是编程人员首先利用计算机辅助设计（CAD）或自动编程软件本身的零件造型功能，构建出零件几何形状，然后对零件图样进行工艺分析，确定加工方案，利用软件的计算机辅助制造（CAM）功能，完成切削用量的选择、刀具及其参数的设定，自动计算并生成刀位轨迹文件，利用后置处理功能生成指定数控系统用的加工程序。因此，我们把这种自动编程方式称为图形交互式自动编程。这种自动编程系统是一种 CAD 与 CAM 高度结合的自动编程系统。

集成化数控编程的主要特点：零件的几何形状可在零件设计阶段采用 CAD/CAM 集成系统的几何设计模块，在图形交互方式下进行定义、显示和修改，最终得到零件的几何模型。编程操作都是在屏幕菜单及命令驱动等图形交互方式下完成的，具有形象、直观和高效等优点。

3. CAD/CAM 集成系统自动编程步骤　CAD/CAM 集成系统自动编程的步骤主要包括以下五步：

（1）几何造型：几何造型就是利用三维造型 CAD 软件或 CAM 软件的三维造型功能，把要加工工件的三维几何模型构造出来。这些三维几何模型数据是下一步刀具轨迹计算的依据。自动编程过程中，交互式图形编程软件将根据加工要求提取这些数据，进行分析判断和必要的数学处理，形成加工的刀具位置数据。

（2）加工工艺参数：加工工艺参数确定包括按模型形状及尺寸大小设置毛坯的尺寸形状，然后定义边界和加工区域，选择合适的刀具类型及其参数，设置刀具基准点，并将这些参数输入到 CAM 系统。CAM 系统中有不同的切削加工方式供编程时选择，可为粗加工、半精加工、精加工各个阶段选择相应的切削用量。

（3）刀具运动轨迹生成：CAD/CAM 系统根据零件几何模型和加工工艺参数进行分析判断，计算出节点数据，并将其转换成刀位数据，生成刀具轨迹，并可以保存刀位数据文件或直接进行后置处理生成数控加工程序，同时在屏幕上显示出刀位轨迹图形。

（4）刀具轨迹编辑与仿真：CAM 系统计算的刀具轨迹，可以进行刀具轨迹仿真，以验证刀具轨迹是否正确，然后可以手工对刀具轨迹进行修改。刀具轨迹仿真是将加工零件毛坯模型、刀具模型及加工过程在屏幕上动态显示，模拟零件的实际加工过程，以验证刀具轨迹的正确性。刀具轨迹的编辑包括刀具轨迹的裁剪、分割、连接，刀具轨迹中刀位点的增加、删除与修改，刀具轨迹中的部分刀位点的均化，刀具轨迹的转置与反向等。

（5）后处理：由于数控机床使用的数控系统不同，所用的数控指令格式也有所不同。为解决这个问题，交互式图形编程软件通常设置一个后置处理模块。在进行后处理前，编程人员需对该文件进行编辑，按具体数控系统规定的格式定义数控指令文件所使用的代码、程序、格式等内容，在执行后处理命令时生成所需要的数控指令文件。

4. 刀具轨迹编辑与仿真意义　无论是采用语言自动编程方法还是采用图形自动编程方法生成的数控加工程序，在加工过程中是否发生过切、少切，所选择的刀具、进给路线、进退刀方式是否合理，零件与刀具、刀具与夹具、刀具与工作台是否干涉和碰撞等，编程人员往往事先很难预料，结果可能导致工件形状不符合要求，出现废品，有时还会损坏机床和刀具。随着 NC 编程的复杂化，NC 代码的错误率也越来越高。因此，零件的数控加工程序在投入实际的加工之前，如何有效地检验和验证数控加工程序的正确性，确保投入实际应用的数控加工程序正确，是数控加工编程中的重要环节。目前数控程序检验方法主要有试切、刀具轨迹仿真、三维动态切削仿真和虚拟加工仿真等方法。

1.5.3　数据交换技术基础

数据是指一个产品从设计到制造的全过程中对产品的全部描述，并需要以计算机可以识别的形式来表示和存储。产品数据是在从设计到制造的全过程中通过数据采集、传递和加工处理过程中形成和不断完善的。因而，产品数据交换在产品生命周期中将频繁进行。例如在 CAD、CAM、CAE 各模块之间，不同 CAD/CAM/CAE 系统之间都需要数据交换。实现数据交换通常有两种方法：通过系统的专用接口，实现点对点的连接；通过一个中性（即与系统无关）接口，实现星式连接。

在实际应用中，由于需要交换的系统较多，采用中性接口星式交换的优点较多，其基本原理是在需交换的每一系统与标准数据（中性格式）之间开发双向转换接口，即前处理器和后处理器。前处理器将本系统的模型数据转换成中性格式数据。因此，两系统通过中性格式间接进行数据交换。数据交换的成效首先取决于所选用的数据交换标准的性能。这些性能主要是指预先定义的模型元素数目以及这些元素间规定的逻辑格式。现在常用的中性接口数据标准主要包括 IGES、SET、VDA-FS、PDES、STEP 等，应用最广泛的是 IGES 和 STEP。

1. 基本图形交换规范标准 IGES　1980 年，由美国国家标准局主持成立了由波音公司和通用电气公司参加的技术委员会，制定了基本图形交换规范 IGES（Initial Graphics Exchange Specification）。最初开发 IGES 是为了能在计算机绘图系统的数据库上进行数据交换。从 1981 年的 IGES 1.0 版本到 1991 年的 IGES 5.1 版本，和最近的 IGES 5.3 版本，IGES 逐渐成熟、日益丰富，覆盖了 CAD/CAM 数据交换越来越多的应用领域。作为较早颁布的标准，

IGES 被许多 CAD/CAM 系统所接受，成为应用最广泛的数据交换标准。制定 IGES 标准的目的就是建立一种信息结构，用来定义产品数据的数字化表示和通信，以及在不同的 CAD/CAM 系统间以兼容的方式交换产品数据。

IGES 无法描述工业环境中所需要的产品定义数据的全部信息，所以它不能完全满足 CAD/CAM 集成的需要，并且其数据格式过于复杂、可读性差、定义不够严密，造成数据交换不稳定。在实际应用中，由于各 CAD/CAM 系统所配置的 IGES 前、后处理器基本上都仅是实现 IGES 规范中的一个子集，因此造成在数据交换中常会出现错误和信息丢失的现象。

2. 产品数据表达与交换标准 STEP ISO/IEC JTC1 的一个分技术委员会（SC4）开发了产品模型数据转换标准 STEP（Standard for the Exchange of Product model Data）。STEP 的 ISO 正式代号为 ISO 10303，是一个关于产品数据计算机可理解的和交换的国际标准，目的是提供一种不依赖于具体系统的中性机制，能够描述整个产品生命周期中的数据。产品生命周期包括产品的设计、制造、使用、维护、报废等。产品在各过程产生的信息既多又复杂，而且分散在不同的部门和地方。这就要求这些产品数据以计算机能理解的形式表示，而且在不同的计算机系统之间进行交换时保持一致和完整。产品数据的表达和交换，构成了 STEP 标准，STEP 把产品数据的表达和用于数据交换的实现方法区分开来。

（1）STEP 标准组成：STEP 标准组成包括标准的描述方法、集成资源、应用协议、实现形式、一致性测试和抽象测试。

（2）STEP 产品模型数据：STEP 的产品模型数据是覆盖产品整个生命周期的应用而全面定义的产品模型信息。产品模型信息包括设计、分析、制造、测试以及检验零件或机构所需的几何、拓扑、公差、关系、属性和性能等信息，也包括一些和处理有关的信息。STEP 的产品模型对于生产制造，直接质量控制、测试和支持产品新功能的开发提供了全面的信息。其中形状特征信息模型是 STEP 的产品模型的核心，在此基础上可以进行各种产品模型定义数据的转换。

3. DXF 数据接口 DXF 为 AutoCAD 系统的图形数据文件。DXF 虽然不是标准，但由于 AutoCAD 系统的普遍应用，使得 DXF 成为事实上的数据交换标准。DXF 是具有专门格式的 ASCII 码文本文件，它易于被其他程序处理。DXF 主要用于实现高级语言编写的程序与 Auto-toCAD 系统的连接，或其他 CAD 系统与 AutoCAD 系统交换图形文件。

复习思考题

1. 试述 CAD/CAM 的基本概念。
2. 试述 CAD/CAM 的发展所经历的阶段。
3. 试述 CAD/CAM 系统的基本功能。
4. 试述 CAD/CAM 系统的工作过程。
5. CAD/CAM 技术发展趋势如何？
6. 学习 CAD/CAM 技术有何意义？

第2章　冲裁模与注射模 CAD

2.1　冲裁模 CAD

2.1.1　概述

1. 冲裁模 CAD 发展状况　计算机辅助设计与制造在冲压生产中于 20 世纪 60 年代末就有应用,到 20 世纪 70 年代初陆续推出不同的冲裁模 CAD 系统,从而缩短了模具的设计周期,提高了模具的精度和质量,同时延长了模具的使用寿命。如美国 DIE—Comp 公司的 PDDC 级进模 CAD/CAM 系统,只要输入冲裁件的数字化零件图、材料的厚度及材料的种类代号,设计人员就可以用交互式的方式选择模具的结构形式,方便地设计出凸凹模零件结构、卸料机构、顶料机构及其各零件结构等。系统自动完成设计过程中的计算,输出模具的装配图和零件图形,形成模具零件的数控加工程序。由于 CAD/CAM 系统的使用,提高了模具的设计质量和制造质量,设计周期由原来的 8 周缩短为 2 周。整个生产准备周期由原来的 18 周缩短为 6 周,从而增强了公司的竞争力。

20 世纪 80 年代初以来,中国许多大学、研究机构和一些大型企业在冲裁模 CAD/CAM 的研究与开发方面进行广泛的研究与探索,并取得较大成果。例如 1984 年原华中理工大学建成的精冲模 CAD/CAM 系统;1985 年原北京机电研究所建成的冲裁模 CAD/CAM 系统等。这些系统先后通过国家有关部门的鉴定,并用于实际生产中。由于中国模具 CAD/CAM 技术应用较晚,模具标准化程度不高,经验设计较多,与先进工业国家相比,中国冲裁模 CAD/CAM 技术还比较落后。

2. 冲裁模 CAD 系统的组成及功能　与一般机械 CAD/CAM 系统一样,冲裁模 CAD 系统也是由硬件和软件两部分构成,如图 2-1 所示。其设计过程和思路与冲裁模传统设计一样,首先进行工艺分析计算,然后进行模具结构设计和模具图样绘制。一般冲裁模 CAD(软件)系统由以下五个功能模块组成:

（1）系统运行管理模块:系统运行管理模块主要完成整个系统的运行管理,与操作系统平台的连接和数据交换等。它随时可以调用操作系统的命令及调度各功能模块执行相应的过程和作业,在整个作业过程中,为配合设计、分析和图形生成,频繁地调用数据库管理系统命令,方便地进行数据的存取和管理。对于容量不够充分的主机,该模块还负责进行程序的批处理或覆盖技术。

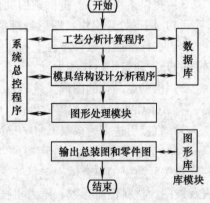

图 2-1　一般冲裁模 CAD 系统的组成

（2）工艺计算分析模块:工艺计算分析模块一般包括以下几个方面:

1）工艺分析。工艺性是冲压件对冲压工艺的适应性。工艺性判断直接影响制件质量及模具寿命。冲裁件、拉深件、弯曲件等均有不同的工艺性要求。手工设计时,由人工逐项对照表格数值，进行检查和判断。在 CAD 系统中，可以采用扫描自动判别的方法或交互式查询方法。自动判别的方法，需要由图形中搜索出判断对象及其性质。交互式查询方法，可以用工艺性典型图，通过人机交互完成此项工作。

2）工艺方案选定。工艺方案的选定包括冲压工序性质、工序顺序和工序组合的选定，要确定是采用单工序冲压、复合冲压还是连续冲压。在 CAD 系统中，可采用两种方式进行工艺方案的选择：一是对于判据明确，可以用数字模型描述的，采用搜索与图形类比方法由相应程序自动得出结论；二是采用人机对话方式，由用户根据本厂的实际情况和设计者经验作出判断，并加以选择。

3）工艺计算。工艺计算包括毛坯材料计算、工序计算、力的计算、压力机吨位计算及选用、模具工作部位强度校核计算等。具体内容如下：

①毛坯材料的计算。拉深件毛坯面积及形状的确定；弯曲件展开尺寸计算；冲裁件毛坯材料排样图的设计；材料利用率的计算。

②工序计算。拉深次数计算，拉深系数分配及过渡形状的确定；弯曲次数计算、弯曲次序确定；工步安排等。

③力的计算。冲压力、顶件力、卸料力、压边力等的计算。在有些情况下需进行功率消耗的计算。

④压力机的选用。确定压力机的吨位、行程、闭合高度、工作台面尺寸，选择压力机型号。

⑤模具工作部位强度校核计算。模具工作部分强度校核一般根据需要及实际情况确定，如凸模的刚度、凹模的强度等。

（3）模具结构设计分析模块：该模块主要实现下列功能。

1）选定模具典型组合。根据国标或厂标选定模具典型组合结构。由程序和判据原则，对冲裁模的倒装与顺装、方形、圆形、厚薄型的判断，选择弹性卸料与刚性卸料板等工作。

2）非典型组合模具。由设计者选定相应标准模架，标准零件用交互方式进行设计。对于半标准零件或非标准零件设计，包括凸凹模、顶件板、卸料板及定位装置的设计，尽量做到典型化和通用化。

3）提供索引文件。提供索引文件供绘图及加工时调用。

（4）图形处理模块：图形处理模块有以下三种方案可供选择。

1）在标准图形软件平台上自主开发，这种方法针对性强，模块结构紧凑，但必须具备较强的开发和组织协作能力。

2）借助商品化的图形系统软件或计算机辅助设计绘图软件，如针对机械 CAD/CAM 产品，有 AutoCAD、UGNX 等软件。

3）直接引进专为模具 CAD/CAM 设计的专用软件。

（5）数据库和图形库处理模块：数据库和图形库是一个适用的、综合的、有组织的存储大量关联数据的集合体，包括工艺分析计算常用参数表（如冲裁模刃口间隙值、常用数表及线图、材料性能参数、压力机技术参数等），模具典型结构参数表、标准模架参数表、其他标准件参数表及标准件图形关系或标准件图形程序库。它能根据模具结构设计模块索引文件，检索所需标准件图形，送出该图形的基本描述文件。

3. 建立冲裁模 CAD 系统的过程　由于冲裁模 CAD 是一个较复杂的系统，为保证冲裁模 CAD 系统的开发质量，必须依据软件工程学的方法进行开发。建立冲裁模 CAD/CAM 系统的过程一般如下：

1）确定系统的功能目标，根据要求选择硬件设备和基本支撑软件。

2）收集和整理模具结构、标准化零件及工艺等方面的资料。

3）制订系统的流程图，说明系统的基本组成与内容，规定各部分之间的关系和数据流，图 2-2 所示为冲裁模 CAD 系统的流程。

4）建立数字模型。

5）完成程序的编制与调试。

6）建立图库和数据库。

7）将各功能块连接在一起，并进行调试。

2.1.2 冲裁工艺设计

1. 冲裁件图形输入 产品零件图是模具设计的原始依据。所以进行冲裁模 CAD，必须先把冲裁件图形输入计算机，在计算机内建立冲裁件的几何模型。常用的冲裁件图形输入方法有编码法、面素拼合法和交互输入法等。编码法是将组成零件轮廓的几何元素类型、尺寸和相互位置关系以代码表示，按照几何元素之间的相互关系，依次对轮廓元素进行描述。面素拼合法是利用一些称为面素的简单几何图形的并、交、差运算，完成冲裁件图形输入的一种方法。交互输入法是以某一绘图软件为支撑，通过在屏幕上交互作图，完成冲裁件的图形输入，这种方法可对图形进行交互编辑、修改、插入和删除，具有输入直观、显示及时等特点，目前，大多数 CAD/CAM 系统采用这种方法。

2. 冲裁件工艺性分析 冲裁件图形输入计算机后，首先应做的工作是冲裁件的工艺性分析，它是制订冲压工艺方案的基础。冲裁件的工艺性分析一般从冲裁件材料、形状结构和精度三个方面进行检查判断，看其是否适宜冲裁加工。

在冲裁模 CAD 系统中，完成上述工艺性判别通常采用自动判别法和交互式法。自动判别时，系统须解决三个方面的问题：找出判别对象元素，如孔、槽、悬臂等；确定判别对象的性质，即属于孔间距、槽宽等的哪一类；求出其值并与允许的极限值进行比较。为此，系统可采用多种方法实现。图 2-3 所示为其中一种方法的流程，图中表示了工艺性判断的主要步骤。

1）选择判别对象元素是采用对整个图形进行搜索的方法。对于直线，以某一端点为圆心，以某一常数为半径，作一辅助圆，进而判别辅助圆和除线段本身以外的所有图形元素是否有交点或图形元素是否在辅助圆内，若有交点或图形元素在辅助圆内，则是判别对象元素。对于圆元素，则是将其半径放大或缩小作辅助圆，求图形所有元素（本身与邻元素除外）是否和辅助圆有交点或在其内，这样即可找到判别对象元素。但要注意到有关系的元素间可能有多余元素存在，要将它除去。

2）找到判别对象元素后，利用事先确定的一套几何关系进而确定判别对象的性质。图 2-4 所示为线-线型的几何模型。图中 a 为虚型，b 为实型。当零件图中直线与直线间关系是虚型，则判别其类型为窄槽；若是实型的开放型，则判别其类型为槽间距或槽边距；若是实型的封闭型，则判别其类型为细颈或悬臂。利用同样原理可确定出圆-圆或圆-线关系，即判别出孔间距、孔边距等。

3）计算需要判别的量值，并与极限值进行比较。用解析几何的方法求出点与线间、线与线间、线与圆弧间以及圆与圆间的最小距离，并与允许的极限值进行比较。

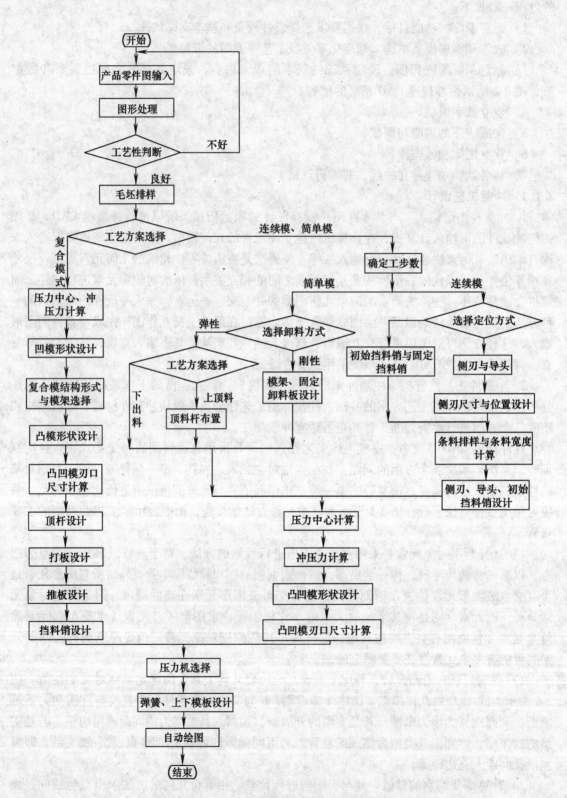

图 2-2　冲裁模 CAD 系统流程图

上面介绍的这种方法，需要从图中搜索出判别对象及对象元素的性质。因此，该方法搜索量较大，效率较低，除了这种自动判别法以外经常用到下面的两种方法：

1）将图形外轮廓缩小，内轮廓放大，然后判别各元素间有无干涉，从干涉中找到判别的对象，再确定其性质，并求出其最小距离，最后与允许值比较。

2）采用对图形作辅助线及区域划分法。区域划分是将图形分成若干个区域。当孔或槽与外形轮廓间的位置或孔与孔间的位置满足事先确定的位置条件时则进行判别，并求出其值。

以上的两种方法，都避免了整体搜索，不需逐个对轮廓对象间的距离一一求出，因此减少了程序计算的工作量。

3. 冲裁件毛坯排样优化设计

在冲压零件的成本中，材料费用约占60%左右。因此，提高材料利用率是降低冲压生产成本的一项重要措施，而材料利用率的高低又主要取决于冲裁时的排样。排样是指工件在条料上的排列方式。传统的人工排样较难获得最佳方案，借助计算机可实现毛坯的优化排样。毛坯的优化排样是冲裁模 CAD 中的一项重要内容，采用计算机优化排样可显著提高材料利用率，一般比手工排样的材料利用率提高3% ~ 7%。同时，在冲裁模设计中，凹模、卸料板和凸模固定板等零件的设计均

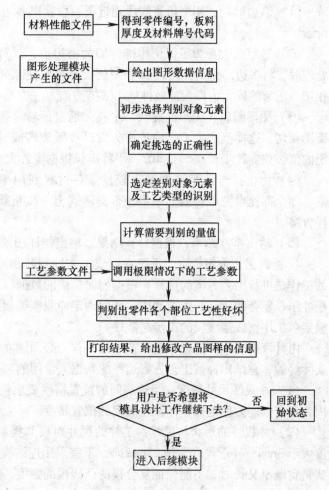

图 2-3 工艺性判断流程

图 2-4 线-线型的几何模型
a）虚型 b）实型

需利用排样结果所提供的信息。因此，在系统流程图中毛坯排样处于较前位置。

计算机优化排样是非线性函数的优化问题，其计算方法有多种。下面主要介绍单排中常用的多边形法。

多边形法的特点是将平面图形以多边形逼近，通过旋转、平移得到不同方案，从中选择最佳者。此法优点是概念清晰，简单，可适用各种情况，缺点是运行时间较长。其主要步骤

如下：

（1）多边形化：用多段直线段逼近圆弧段，以多边形近似代替原来零件图形，如图 2-5 所示。

（2）等距放大：为了保证排样件间的搭边值，计算机排样处理时，将多边形化的图形向外等距放大，直到使相邻两图形相切，图形的放大值即为冲裁件的 1/2 搭边值。

（3）图形编辑：图形的旋转、平移 通过旋转、平移使等距图相切，这样就产生了一种排样方案。一般旋转或平移取一定的值，如旋转步长取 5°或 10°，平移步长根据零件大小而定。

（4）优化：与已存储方案比较，保存材料利用率高的方案 如全部搜索完毕转至下一步，否则转到上一步重新确定排样方案。

图 2-5 零件图形的多边形化

（5）输出排样结果：根据计算结果，输出排样图及相关参数。

4. 冲裁工艺方案确定 系统在完成工艺性判断和毛坯排样方案选定后，接下来要完成的工作是进行工艺方案的选择。根据前面提供的数据以及零件自身的工艺性，选择采用单工序冲压、复合冲压还是连续冲压，从而确定冲裁模类型，即单工序模、复合模或连续模，并确定单工序模或连续模的工步与顺序。

由计算机来判断选择冲裁工艺方案，首先必须建立设计模型，也就是必须根据生产中的实际经验，总结出冲裁工艺方案选择的判据。常用的判据如下：

（1）冲裁件尺寸精度：当轮廓间的位置精度要求较高时，往往要采用复合模进行冲裁，因为复合模能方便地保证冲裁轮廓间的位置精度。

（2）冲裁件的形状与尺寸：工件的尺寸对模具类型的选择有一定的影响，当试件的厚度大于 3mm，外形尺寸大于 25mm 时，不宜采用连续模。若制件的孔或槽间（边）距太小，或是臂既窄又长时，不能保证复合模的凸凹模的强度，故不能采用复合模，只能采用单工序模或连续模。

（3）生产批量：由于连续模或复合模的生产效率高，所以中、大批量生产的零件，应尽量采用这两种模具。

（4）安装位置：冲孔凸模安装位置如果发生干涉，则不宜采用复合模。

（5）模具的制造条件：复合模和连续模的结构复杂，要求有较高的制造工艺和装配工艺。在进行类型选择时，要考虑工厂是否具有制造这种模具能力的具体情况。

上述几项判据中，可分为两类。一类是可量化的判据，如冲裁件的尺寸精度、外形尺寸、凸模的装配要求以及孔、槽间距的要求等，可建立数学模型，利用程序进行自动判断。另一类是叙述性判据，不便采用数学模型描述的条件，可用人机对话方式，由用户根据生产条件作出判断。采用程序自动判断和人机对话经验判断相结合的方法，可得出合理的冲裁工艺方案和模具类型。

5. 连续模的工步设计 连续模是在压力机的一次行程中，在不同工位上完成多道工序的模具。在设计连续模时，首先进行工步设计，包括确定连续模的工步数、安排工序顺序和设计定位装置等。工步设计是连续模设计的核心问题之一，设计的合理性将直接影响模具的结构和质量。工步设计需综合考虑材料的利用率、冲裁件尺寸精度、模具结构与强度以及冲切废料等问题。

采用计算机进行连续模的工步设计，必须先确定设计准则，并建立相应的数学模型，然后编写程序实现计算机辅助工步设计。工步设计一般遵循准则如下：

1）为保证模具强度，将间距小于允许值的轮廓安排在不同工步中冲出。

2）有相对位置精度要求的轮廓，尽量安排在同一工步上冲出。

3）对于形状复杂的零件，有时通过冲切废料得到工件的轮廓形状。

4）为保证凹模、卸料板的强度和凸模的安装位置，必要时可增加空工步。

5）为使条料送进稳定，应优先冲小孔。

6）落料安排在最后工步。

7）为防止产生偏心载荷，应使压力中心与模具中心尽量接近。

8）设计合适的定位装置，以保证送料精度。

计算机进行工步设计的流程如图 2-6 所示，其过程如下：

1）输入冲裁件的几何模型及确定毛坯的排样方案。

2）搜索确定定位尺寸有精度要求的内轮廓。

3）确定是否采用冲切废料方式冲出零件轮廓。对过长的悬臂和窄槽，为保证凸模和凹模强度，可以采用冲切废料方式冲出零件轮廓。有许多尺寸小、形状复杂的零件，只有用冲切废料的方法才能冲出。为此，设计了相应的三种不同的程序，即局部废料（见图 2-7a）、对称双排套裁废料（见图 2-7b）和完全冲废料（见图 2-7c）三种情况分别处理。

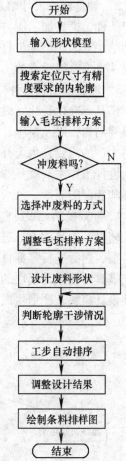

图 2-6　工步设计流程

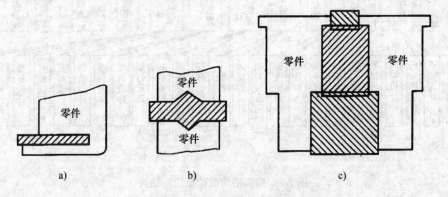

图 2-7　三种形式的废料

a）局部废料　b）对称双排套裁废料　c）完全冲废料

4）工步自动排序时，尽量将有位置精度要求的轮廓分配在同一工步中；对于相互干涉的轮廓，自动排序时需将其分配在不同工步中；冲定位孔的工步放在开始位置。除完全冲废料的情况外，落料工步布置在最后；尽量使压力中心和模具中心接近。

5）调整修改设计结果。由于影响工步设计的因素很多，且有些因素难以定量描述，如生产条件、模具加工能力等。所以完全依靠自动设计工步，有时会产生与实际条件不相容的设计结果。因此，工步自动安排完毕后，将条料排样图显示在屏幕上，用户可调整修改设计结果，直至获得满意的工步设计。

2.1.3 冲裁模结构设计

模具标准化是建立模具 CAD 系统的重要基础。冷冲模国标包括 14 种典型模具组合，12 种模架结构，以及模座、模板、导柱、导套等标准零件。在此基础上，不同厂家为适应各自产品生产的需要，也可补充本企业的冲模标准。基于模具标准的冲裁模 CAD 系统，冲裁模结构设计工作主要就是选择模具组合形式、模架和标准件结构，设计非标准件，生成模具零件图和装配图等。

1. 冲裁模结构设计过程　首先应将模具标准中的数据和图形存于计算机中，然后在冲裁工艺设计的基础上，进行冲裁模结构设计。先设计模具总体结构，确定模具类型和部件结构类型，然后进行零部件设计和装配设计；最后生成工程图样。图 2-8 所示为冲裁模 CAD 系统模具结构设计模块的结构。该模块由三个子模块组成，即系统初始化模块、模具总装及零件设计模块、图形生成模块。

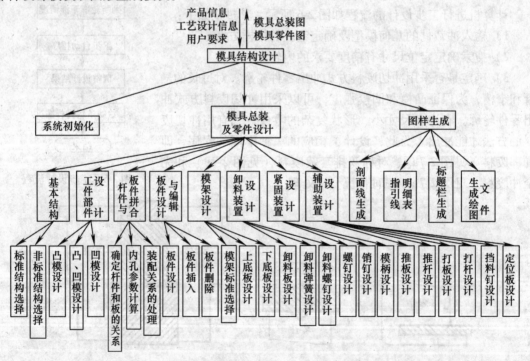

图 2-8　模具结构设计模块的结构

冲裁模结构设计的基本过程如图 2-9 所示，其主要步骤如下：

（1）模具总体结构初步设计：在系统设计时，应预先确定若干种冲裁模的基本结构形式和典型组合，如下出料式落料模、上出料式落料模、倒装式圆板复合模、正装式圆板复合模、倒装式矩形模板复合模、正装式矩形模板复合模、弹性卸料纵向送料连续模、弹性卸料横向送料连续模、弹性卸料冲孔模、固定卸料冲孔模等。设计时，详细地规定每种结构由哪几个主要零件组成，以及各零件的装配次序和装配关系。这些规范化的结构以数据形式存放在数据库的图形库中，供选择和调用。另外，按照一定的数据和形式，预先将各种标准模架的图形文件储存于图形库中，程序加载分析的结果，自动选定模具总体结构，或由设计者自由选择。根据工件的形状尺寸选定凹模外形规格，最后输出典型组合索引文件及模架索引文件，由数据库检索出相应规格的典型组合及模架标准。

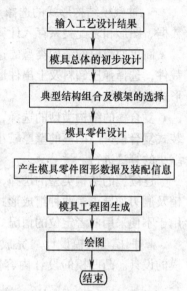

图 2-9　冲裁模结构设计的
基本过程

（2）模具零件设计分析：冲裁模零件按其标准化程度分成以下三类：

1）完全标准件。如导柱、导套、卸料螺钉、挡料销、导正销、标准圆凸模。这类零件大多为轴类零件，从图形库中检索出来即可使用，模具零件分析设计程序的任务是输出标准索引文件。

2）半标准件。如凹模板、凸模固定板、凸凹模固定板、卸料板、各类垫板、上模座及下模座。这类零件的外形及其固定用孔，包括螺纹孔、销钉孔等，均已预先规定，而其内形随冲裁件的变化而变化。其中标准部分可直接从图形库中检索得到，而非标准部分则由设计分析程序得出。这类零件大多为板类零件。这里，模具零件的设计分析的任务是输出标准件外形索引及其内形的实体描述文件。

3）非标准件如凸模、卸件块、凸凹模等。这类零件无标准形式，需按不同工件进行设计。这里，模具设计程序的任务是给出非标准件的完整的实体描述文件。

冲裁模零件之间的装配关系，归纳起来，有下面几种形式：

1）板块叠加。如凸模固定板与上模座的装配关系，凹模板和凹模垫板的装配关系等。

2）圆孔配合。如导柱与导套配合，导柱与模板的配合。

3）非圆孔配合。如凸模与凸模固定板间的配合，凸模与弹性卸料板的配合，凸模与凹模的配合等。

4）其他形式的配合。如螺纹配合，销及销孔的配合等。

通常采用一定的数据结构来专门描述零件之间的装配关系。

2. 冲裁模结构设计方法　在冲裁模具 CAD 系统中，模具结构设计的基本方法有以下两种：

（1）交互式设计法：交互式设计法是利用人机对话，交互式完成模具结构设计的方法。这种方法需要配备大规模的子图形库及基本图形运算程序库，对于复杂的零件和结构更显繁琐。因此，该方法效率低。但采用这种方法对模具设计分析程序的编制要求低，并能充分发挥设计者的主观能动性，对各种模具结构的适用性强。

（2）自动设计法：自动设计法是利用 CAD/CAM 系统的程序及提供的相关参数及条件，自动判断和选择模具结构。该方法选择过程自动完成，对操作人员的技术要求低，因此效率高。但对模具结构分析程序要求很高，编程工作量大而复杂，且此法不能包罗所有可能的结构形式，存在一定的局限性。

UGNX4.0软件中的冷冲模CAD系统采用程序自动设计为主，人机交互设计为辅相结合的方法，取两种方法的长处，既提高了结构设计的效率，又发挥设计者的主观能动性，克服了局限性，不失为一种较好的冷冲模CAD软件。

3. 冲裁模结构形式的选择　冲裁模CAD系统设计时，事先将各类典型结构、零件标准数据、图形和装配关系存入计算机中，然后按一定准则来选择模具结构的类型。

简单冲裁模的结构类型的选择，是以料厚的平整度为依据。对薄料且平整度要求高的冲裁件，选择弹压卸料及上出件形式的模具结构；对厚料的冲裁件，则选择固定卸料及下出件形式的模具结构。

复合模的结构类型的选择，是以凸凹模的壁厚值为依据。凸凹模的壁厚较大时，采用倒装式复合模；凸凹模的壁厚较小时采用正装式复合模。凸凹模壁厚值的确定可用图形放大或缩小的算法进行。

连续模的结构类型的选择，主要是选择条料定位形式，一般有初始和固定挡料销加导正销及侧刃加导正销两种组成形式。前者多用于材料厚度较大，精度要求较低的情况；后者则用于不便采用前者定位的情况。

4. 凹模与凸模设计　完成模具结构形式选择后，接着进行核心内容的设计，即凸凹模的设计。凸凹模的设计内容主要包括凸凹模刃口尺寸的计算和结构形式的选择两项内容。

（1）刃口尺寸的计算：由计算机计算刃口尺寸的基本原则与手工设计时的计算原则相同。落料时以凹模为设计基准，配制凸模；冲孔时以凸模为设计基准，配制凹模。在配制凸模或凹模时，是根据设计时规定的配合间隙配作的。配制件的零件图中，应标明基本尺寸和配合间隙。由于冲裁件的尺寸会随刃口的磨损而发生变化，所以计算刃口尺寸时应考虑磨损问题。根据磨损情况，可将刃口尺寸分为磨损后变大的尺寸、磨损后变小的尺寸和磨损后不变的尺寸三大类。程序可在图形输入的基础上识别三类尺寸，并按规定的公式确定刃口的基本尺寸和公差值。

（2）凹模与凸模结构形式的设计

1）凹模结构形式设计。按照国家标准设计冲裁模时，凹模尺寸是关键尺寸。对选定的模具结构形式，凹模尺寸确定后，模架尺寸和其他模具零部件尺寸也随之确定。

凹模的外形尺寸应保证凹模具有足够的强度，以承受冲裁时产生的应力。凹模的外形通常是圆形或方形。通常的设计方法，是按零件的最大轮廓尺寸和冲裁件的厚度确定凹模的高度和壁厚，从而确定了凹模的外形尺寸。因此凹模的外形尺寸是由冲裁件的几何形状、厚度、排样转角和条料宽度等因素决定的。

凹模尺寸的设计过程，如图2-10所示，图中K、l、g、t

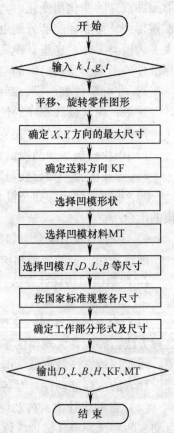

图2-10　凹模尺寸的设计过程

分别表示模具组合类型、排样参数、零件的几何形状和材料厚度。送料方向由条料宽度和零件在送料方向上的最大轮廓尺寸的相对关系决定。凹模形状（圆形或矩形）的确定和模具材料的选择，由人机对话和菜单选择完成。

凹模工作部分的结构形式有四种，如图2-11所示，其主要区别在于刃口部分的台阶高度和锥度不同。设计时，显示出该图形菜单。用户输入适当数字，便可选定相应的形式。凹模口部的台阶高度和锥角等有关尺寸，由程序根据选择的形式自动确定。

2）凸模结构形式设计。利用凸模设计模块可以设计四种形式的凸模，如图2-12所示。根据凹模尺寸和模具组合类型，查询数据库中的标准数据，可以确定凸模的长度尺寸，凸模材料用人机对话方式选定。程序可以自动处理凸模在固定板上安装时位置发生干涉的情况，确定凸模大端切去部分的尺寸大小。

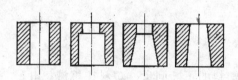

图2-11　凹模结构形式

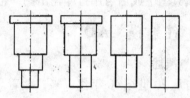

图2-12　凸模结构形式

按国家标准设计冲裁模时，一旦确定了凹模尺寸，选择了典型组合形式，模架尺寸和其他模具零部件尺寸可根据相应的标准数据确定。因此，模具刃口尺寸和凹模外形尺寸的计算是模具零部件设计的主要内容，其他模具零件的尺寸可由标准确定。对于有些零件，如卸料板和固定板等，除由标准确定基本尺寸后，还要考虑与冲裁形状有关的孔的因素。

5. 其他装置设计

（1）定位装置的设计：定位装置的作用是保证条料的进给步距和准确的定位，一般采用两种方式：一是侧刃、导正销定位；二是固定挡料销、初始挡料销、导正销定位。定位装置的设计，在设计程序中采用了自动设计、人机对话和图形交互相结合的方法。设计人员自主地控制设计过程，选择合适的设计参数，交互地修改设计结果，直至满意。程序首先从数据库中检索有关数据，读入凹模等数据结果，根据选择的定位方式，具体完成侧刃、导正销和固定挡料销、临时控料销和导正销的设计。

（2）顶料装置的设计：顶料装置的作用是将工件或废料从凹模中推出，主要由推板和顶杆等零件组成。顶料装置的设计一般采用人机对话交互设计。

图2-13所示为几种常用的顶杆布置形式。顶杆的合理设计与布置应满足以下条件：

1）顶杆的合力中心应尽可能地接近冲裁件的压力中心。

2）顶杆应靠近冲裁件边缘，且均匀分布。

3）在某些特殊位置上（如零件的狭长处）需安排有顶杆。

4）顶杆的直径和数目要适当。

6. 工程图生成　模具图包括装配图和组成模具结构的各种非标准零件图。基于模具标准和一定图形软件的基础上，根据上述设计过程得到的设计结果（包括模具结构类型、装配关系和各类零件信息等），按照一定的装配关系，利用图形软件功能，采用参数驱动就可以生成模具装配图和零件图。装配图应包含有模具外形尺寸、安装尺寸、配合尺寸、标题栏、明细表、技术要求等，模具零件图应包含设计尺寸、零件表面粗糙度、公差、材料及热处理等技术要求。

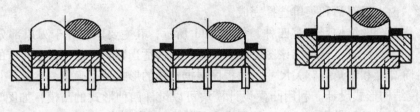

图 2-13   顶杆布置形式

模具图生成后可用打印输出图样也可用网络通信方式传送到有关制造部门。

2.2   注射模 CAD

2.2.1   概述

自从 20 世纪 40 年代以来，随着高性能工程塑料的不断问世，塑料在机械、电子、汽车、建筑、家电、通信等行业得到了广泛应用，塑料制品制造业迅速发展，塑料产品已成为人类生产和生活中不可缺少的重要组成部分。注射成型是塑料产品的主要成型方法。

塑料产品日趋复杂，依靠传统的经验和手工技巧进行注射模设计与制造已越来越难以满足市场激烈竞争的需要，随着计算机技术和制造技术的快速发展，为注射模设计与制造的变革提供了条件，产生了注射模 CAD/CAM 技术，它将计算机技术应用到塑件设计、模具设计与制造、模塑生产等各个环节，彻底改变了传统注射模设计与制造方法，显著提高了注射模设计与制造效率和塑料制品质量。

从 20 世纪 60 年代以来，国外一些大公司和科研院所，投入大量财力和物力，开展 CAD/CAE/CAM 技术的研究，取得巨大成果，已开发出许多商品化软件，并逐步应用于生产设计，目前业界一些著名的 CAD/CAM 软件如 UG NX、Pro/E、Solid Works、Cimatron 等都带有独立的注射模设计模块。需要特别指出的是目前注射模设计正从二维平台向三维平台转变，这是设计的需要，也是制造的需要。

我国注射模 CAD 的研究与应用虽然相对国外来说起步较晚，但自 20 世纪 80 年代开展注射模 CAD 的研究与应用以来，经过多年的努力，已得到了较大的发展，取得了一些较大成果，如华中科技大学的注射模 CAD/CAE/CAM 集成系统 HCS、合肥工业大学的注射模 CAD 系统 IPMCAD 等，并用于实际生产中。由于中国模具 CAD/CAE/CAM 技术应用较晚，模具标准化程度不高，经验设计较多，与先进工业国家相比注射模 CAD/CAE/CAM 技术还比较落后。

2.2.2   注射模 CAD

1. 注射模 CAD 系统组成及功能   注射模 CAD 与其他模具 CAD 系统一样，由硬件和软件两部分构成。其设计过程和思路与传统设计类似，首先进行塑件设计与工艺分析，然后进行模具结构设计，在整个设计过程中充分应用计算机工具。通常一个高效的注射模 CAD 是建立在模具标准化基础之上，建有丰富的工程数据库和图形数据库。注射模 CAD/CAM 系统的结构框图如图 2-14 所示。

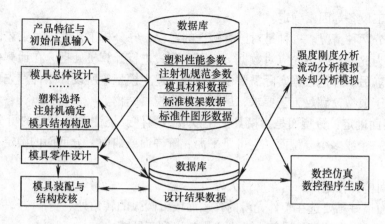

图 2-14 注射模 CAD/CAM 系统的结构框图

注射模 CAD 系统一般具有如下功能：

（1）塑件建模与工艺分析：塑件建模分两种情况：一种是对已有塑件的建模，分析其工艺性，对工艺性差的结构提出修改意见；另一种是根据实际需要设计塑件，建立模型，所设计塑件首先要满足使用要求，其次要便于成型，满足工艺要求。为此，要求系统应有强大的造型功能。

（2）模具结构设计：依据塑件模型（形状结构、尺寸精度、生产批量等），进行模具总体结构设计，选择模架，设计成型零件、浇注系统、侧向抽芯机构、脱模机构、冷却系统等。

（3）塑件成型过程模拟：运用 CAE 技术，对确定的塑件成型方案和模具结构方案进行注射成型过程中的流动分析模拟、冷却分析模拟和模具结构强度分析等，及时对塑件成型方案和模具结构方案提出修改意见，指导设计。

注射模 CAD 是涉及多学科的高新技术，尤其是涉及许多计算机新技术（如建模技术、参数化设计、工程数据库、智能化技术等）。开发和应用注射模 CAD 技术应具备丰富的专业技术和计算机技术知识和经验。注射模 CAD 通常是在通用 CAD/CAM 系统上，进行二次开发得到，一般是交互式设计系统。一个高效的注射模 CAD 必须是建立在模具标准化基础上，并建有丰富的工程数据库、图形数据库（标准结构和典型机构模型库）、分析计算方法库。否则，CAD 技术的优点不能体现。

2. 塑件建模与浇注系统设计

（1）塑件建模与工艺性分析：塑件建模是指在计算机软、硬件的支持下，在计算机内建立塑件的全信息模型，其中包括塑件的生产批量、结构形状特征、工艺特征、物理属性参数和材料属性参数等。塑件模型是模具设计的原始依据，注射模结构设计对塑件模型有很大的依赖关系。

1）模具总体设计方案要通过对塑件模型的形状特征和尺寸大小的分析计算来确定。

2）模板尺寸计算的基本依据是塑件的形状大小及模具总体设计方案。

3）模具型芯和型腔实体的自动生成主要依据其表面形状、尺寸与塑件外表面及内表面形状、尺寸的映射关系。

4）模具成型零部件的工艺要求主要根据塑件的工艺要求并结合考虑塑件的生产批量、

模具零部件加工设备等因素确定。

塑件建模分两种情况。一种是对已有塑件的建模，并分析工艺性，对工艺性差的结构提出修改意见。为此，系统事先应对数据、线图和公式进行计算机处理，在计算机内建立工艺分析判断准则。另一种是根据实际需要设计塑件，建立模型，所设计塑件首先要满足使用要求，其次要便于成型，满足工艺要求，尽可能简化模具结构。

（2）分型面确定：分型面是指模具上用以取出塑件及浇注系统凝料的可分离的接触表面。模具可有一个或多个分型面，它可是平面、阶梯面或曲面。分型面的确定一般应遵循以下原则：

1）分型面应开在塑件断面轮廓最大处。

2）分型面最好不要选在塑件光滑的外表面或带圆弧的转角处。

3）分型面选择应使塑件滞留在动模之中，以利于脱模。

4）对于同轴度要求高的塑件，最好把要求有同轴度的部分放在分型面的同一侧。

5）尽量将抽芯或分型距离长的一边放在开模方向上。

6）充分考虑到排气及浇注系统的要求。

由于分型面的确定带有很多经验的成分，所以 CAD 系统要全自动确定分型面有一定难度，目前主要是通过人机交互方式确定分型面。

（3）型腔布置及模板尺寸的确定：型腔个数和布置应根据塑件生产批量、形状尺寸、成型精度、注射机的注射能力等多种因素进行综合考虑。多腔模常见型腔及流道系统的布置方案如图 2-15 所示，应尽量采用平衡式流道系统布置，如图 2-15a、d、f。

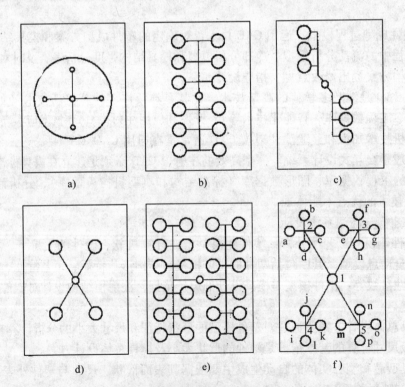

图 2-15　常见型腔及流道系统的布置方案

a）、d）、f）平衡式流道系统　b）、c）、e）非平衡式流道系统根据型腔个数和布置，再考虑型腔的安全壁厚和安全底厚，就可计算得到模板的周界尺寸，选取标准值就得到模板周界实际尺寸。

（4）浇注系统设计：浇注系统是指注射模从主流道的始端到模具型腔之间的熔体进料通道，它由主流道、分流道、浇口及冷料穴四部分组成，如图2-16所示。浇注系统是模具中的重要组成部分，是获得优质塑件的关键因素。

浇注系统设计一般要根据塑件的形状结构、外观要求、型腔个数和布置、注射机规范参数、冷却装置布置及脱模机构的设置等多种因素进行综合考虑，具体设计计算可参阅有关资料。目前浇注系统设计经验成分较多，是模具设计难点所在，传统的手工设计一次成功率低，需要多次试模和修模。采用计算机辅助设计技术，一般是通过人机交互方式设计浇注系统，但可应用CAE技术进行成型流动模拟，指导浇注系统设计，提高设计一次成功率。

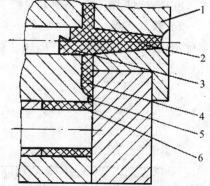

图2-16 注射模浇注系统图
1—主流道衬套 2—主流道 3—冷料穴
4—分流道 5—浇口 6—型腔

3. 注射模结构设计

（1）成型零件设计：成型零件是指构成模腔的模具零件，其中型腔用以形成塑件的外表面，型芯用以形成塑件的内表面，是模具中最重要的零件。成型零件的设计以塑件模型为依据，基于三维平台的CAD系统，成型零件的工作部分模型可由塑件模型映射得到，自动生成。

由于材料的热胀冷缩，成型零件的尺寸并不等于塑件的尺寸。若不考虑模具成型零件热膨胀等因素，成型零件的尺寸应等于成型温度下塑件的尺寸。因此可以按照以下步骤由塑件模型映射得到成型零件的模型。

1）建立（冷）塑件模型。

2）根据塑件模型，采用同一收缩率对塑件模型进行整体放大，得到热塑件模型。对复杂塑件，必要时根据不同部位收缩的不同，对热塑件模型进行修改。

3）由热塑件模型经过形状影射得到成型零件的工作部分模型，塑件外表面得到型腔，塑件内表面得到型芯。

需要注意的是，对于大型模具，要考虑模具成型零件热膨胀因素对尺寸的影响。收缩率的选取原则：对于收缩率变化范围小的塑料，取其平均值；对于收缩率变化范围大的塑料，则应根据塑件的壁厚和形状来确定。

（2）模架模型库的建立与模架选择：注射模结构设计必须是建立在模具标准化和典型化的基础之上，系统应建有标准结构和典型机构的模型库（图形数据库）。

1）模架模型库的建立。目前许多国家或公司、企业都有模架标准。我国在《塑料注射模中小型模架》（GB/T 12556.1—1990）中规定：模架结构形式为品种型号，即基本型，分为A1、A2、A3、A4四个品种，派生型分为P1～P9九个品种，以定模、动模座板之分，其中又有有肩和无肩划分，这样又增加了13个品种，共26个模架品种，全部采用《塑料注射模零件》（GB 4169.1～11—2006）组合而成，以模板的宽度尺寸为检索主参数。

模架模型库包括图形库和数据库，模架模型库的建立过程如图2-17所示，步骤如下：

①造型生成模架的各个零件图。

②为零件图标注尺寸，设置设计变量。

③把零件图放入图形库中。

④输入零件的标准尺寸数值建立零件数据库。

⑤从零件库中提取零件，并在数据库中查询数据，完成零件的参数化，得到新零件。

⑥建立装配模型，将所有零件装配成模架，存入模架库中。

2）模架选择。根据模板周界实际尺寸可选择标准模架的型号、尺寸系列和规格，由此可确定该模架中所有标准件的尺寸系列及规格。模架设计过程如图 2-18 所示。

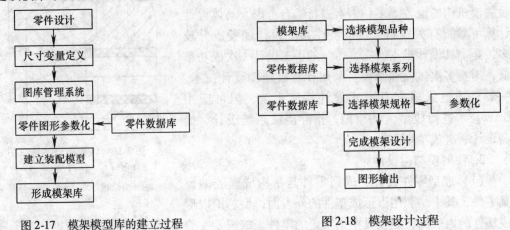

图 2-17　模架模型库的建立过程　　　　　图 2-18　模架设计过程

（3）其他机构设计：注射模其他机构主要如下：

1）侧向抽芯机构。它主要用来成型侧面带有凸凹结构的塑件，常见有斜导柱侧抽芯、斜滑块侧抽芯、弯销侧抽芯等机构。

2）脱模机构。它用于开模时从模具型腔中脱出成型的塑件及其浇道凝料。一般应根据塑件的形状结构、外观要求以及浇注系统的结构形式来设计，常见的结构形式有推杆脱模机构、推管脱模机构、推板脱模机构及推块脱模机构等。

3）冷却系统。它用于缩短模具的冷却时间，提高生产效率，同时可防止塑件变形，保证塑件的精度。通常是在模具零件上开冷却水道。冷却系统可应用 CAE 技术指导设计，实现最优化。

在一个高效注射模 CAD 系统中，上述机构的设计也是建立在典型机构的基础上，事先应建有典型机构模型库，然后采用参数化设计。

2.2.3　UG NX4.0 内 Mold Wizard 在注射模 CAD 设计中的应用

塑料制件应用的日益广泛和大型塑料制件的不断开发，对塑料成型模具设计的要求越来越高。传统的模具设计方法不能适应工业产品不断开发和及时更新换代与提高质量的要求，为了适应这些变化，先进国家的 CAD 技术已进入实用阶段，市场上已有商品化的系统软件，如 UG NX4.0/Mold Wizard、Pro/E、SolidWorks 等。随着计算机技术的发展，尤其是三维 CAD 技术的广泛应用，设计者在产品设计时，可以在计算机上构造三维实体，使得塑料模具设计周期大大缩短。

UG NX4.0/Mold Wizard 是一种功能强大、易学易用和功能创新的三维 CAD 软件。它采用人们熟悉的 Windows 界面，初学者经过一周的学习就可进行模具设计。该软件以参数化和特征建模技术，为设计人员提供了良好的设计环境。使用 UG NX4.0/Mold Wizard 软件进行塑料模具设计同以往相比，缩短了设计周期，减少了设计费用，设计的精确性大大提高。目前，我国 CAD 应用的初级阶段已基本结束，企业应用 CAD 的目的是逐渐向求效益和提高产品性能过渡。考虑到产品工艺规程、可制造性、可装配性等生产过程各阶段的要求，特征造型软件已成为最佳选择。UG NX4.0/Mold Wizard 作为一种功能比较强大的软件适用于各种模具设计的三维特征造型，操作简单并且具有较强的开放性，能缩短产品设计周期，减少新产品投放市场的风险，为新产品快速占领市场提供保证，因此，越来越受到工程设计人员的欢迎。

UG NX4.0/Mold Wizard 具有三维参数化设计功能，可用于注射件进行三维实体造型以及注射模零件图、装配图的绘制，并利用其零件图形之间的相关性，对设计修改十分方便。

复习思考题

1. 简述建立冲裁模 CAD 系统的过程。
2. 冲裁工艺方案确定时需要考虑哪几个方面？
3. 冲裁模零件按其标准化程度分成哪几类并简单叙述。
4. 分析注射模标准化对注射模 CAD 的意义。
5. 试述注射模 CAD 工作的一般过程。
6. 市场上有哪些冲裁模和注射模 CAD 辅助设计商品化的系统软件？

第3章 模具 CAM 与 CAE

3.1 模具制造与数控加工

3.1.1 模具制造的基本要求和特点

1. 模具制造的基本要求　为了保证产品的质量，除了设计合理的模具结构外，还必须采用先进的模具制造技术。在制造模具时，应满足以下几个基本要求：

（1）制造精度高：为了能生产出合格的产品和发挥模具的效能，所设计、制造的模具必须具有较高的精度。模具的精度主要是由制品精度和模具结构要求决定的。为了保证制品精度，模具的工作部分精度通常要比制品精度高 2～4 级，否则，将不可能生产出合格的制品。

（2）使用寿命长：模具是比较昂贵的工艺装备，目前模具的制造费用约占产品成本的10%～30%，其使用寿命长短将直接影响产品的成本高低。因此，除了小批量生产和新产品试制外，一般都要求模具具有较长的使用寿命。

（3）制造周期短：模具制造周期的长短主要决定于制模技术和生产管理水平的高低。为了满足生产的需要，提高产品的竞争能力，必须在保证质量的前提下，尽量缩短模具制造周期。

（4）成本低：模具成本与模具结构、模具材料、制造精度要求和加工方法等有关。在保证制品质量的前提下，选择合适的模具结构和制造方法，使模具的成本降到最低。

2. 模具制造的基本特点　模具与一般机械加工相比制造难度较大，具有以下特性：

（1）制造质量高：模具制造不仅要求加工精度高，而且还要求加工表面质量好。一般来说，模具工作部分的制造公差都应控制在 ±0.01mm 以内；模具加工后的表面不仅不允许有任何缺陷，而且工作部分的表面粗糙度 R_a 值都要求小于 0.2μm。

（2）形状复杂：模具的工作部分一般都是二维或三维复杂曲面。

（3）材料硬度高：常采用淬火工具钢或硬质合金等材料制造，所以模具的硬度较高。

（4）单件生产：模具制造一般都是单件生产，设计和制造周期都比较长。

3.1.2 模具制造的主要加工方法

1. 机械加工　机械加工（即传统的切削与磨削加工）是模具制造不可缺少的一种重要的加工方法。

2. 特种加工　特种加工也被称为电加工。从广义上说，特种加工是指直接利用电能、化学能、声能、光能等来去除工件上多余的材料，以达到一定形状、尺寸和表面粗糙度要求的加工方法，其中包括电火花成形加工、线切割加工、电解加工、电化学抛光、电铸、化学刻蚀、超声波加工、激光加工等。特种加工与工件的硬度无关，可以实现以柔克刚，并可加工各种复杂形状的零件。特种加工在模具制造中得到了越来越广泛的应用。

3. 塑性加工　塑性加工主要指冷挤压制模法，即将淬火过的成形模强力压入未进行硬化处理的模坯中，使成形模的形状复印在被压的模坯上，制成所需要的模具。

4. 铸造加工　对于一些精度和使用寿命要求不高的模具，可以采用简单方便的铸造法快速成形，也称快速制模法，其制模速度快，容易制成形状复杂的模具。但模具材质较软，耐热性差，所以模具寿命短，多用于试制和小批量生产的场合，如用低熔点材料锌基合金铸造的模具。

5. 焊接加工　焊接法制模是将加工好的模块焊接在一起，形成所需的模具。这种方法与整体加工相比，加工简单、尺寸大小不受限制，但精度难于保证，易残留热应变及内应力，主要用于精度要求不高的大型模具的制造。

6. 数控加工　数控加工是利用数控机床和数控技术完成模具零件的加工。根据零件图样及工艺要求等原始条件编制数控加工程序，输入数控系统，用以控制数控机床中刀具与工件的相对运动，以便完成零件的加工。数控机床加工范围很广，在机械加工中有数控车加工、数控铣加工、数控钻加工、数控磨加工、加工中心加工；在塑性加工中有数控冲床加工、弯管机加工等；在特种成形中则有数控电火花加工、数控线切割加工、数控激光加工等。

3.1.3　数控加工的特点及应用

1. 数控加工的特点

(1) 加工精度高、加工质量稳定：数控机床的机械传动系统和结构都有较高的精度、刚度和热稳定性，零件的加工精度和质量由机床保证，完全消除了操作者的人为误差，所以数控机床的加工精度高，加工误差一般能控制在 0.002 ~ 0.1mm 以内，而且同一批零件加工尺寸的一致性好，加工质量稳定。

(2) 加工生产效率高：数控机床结构刚性好、功率大，能自动进行切削加工，所以能选择较大的、合理的切削用量，并能自动完成整个切削加工过程，大大缩短机动加工时间。数控机床定位精度高，可省去加工过程中的中间检测，提高生产效率。

(3) 对零件加工适应性强：因数控机床能实现几个坐标联动，加工程序可根据加工零件的要求而变换，所以适应性和灵活性很强，可以加工普通机床无法加工的形状复杂的零件。

(4) 有利于生产管理：数控机床加工时能准确地计算出零件的加工工时，并有效地简化刀具、夹具、量具和半成品的管理工作。加工程序是用数字信息的标准代码输入，有利于与计算机连接，由计算机来控制和管理生产。

2. 数控加工的适用范围　数控加工的零件一致性好，质量稳定，加工精度高，但数控加工设备昂贵，加工准备周期长，因此数控加工有其最佳的适用范围。

(1) 最适合零件：形状复杂，加工精度要求高，用通用机床无法加工或虽然能加工但很难保证产品质量的零件；复杂曲线轮廓或复杂曲面的零件；难测量、难控制进给、难控制尺寸的具有内腔的壳体或盒形零件；必须在一次装卡中合并完成铣、镗、锪、铰或攻螺纹等多道工序的零件。

(2) 较合适类零件：在通用机床上加工时极易受人为因素干扰、材料又昂贵的零件；在通用机床上必须有复杂专用工装的零件；需要多次更改设计后才能定型的零件。

(3) 不适合类零件：装卡困难或完全靠找正定位来保证加工精度的零件；加工余量很不稳定的零件。

3. 数控加工在模具制造中的应用　数控加工为模具提供了丰富的生产手段，每一类模具都有其最合适的加工方式。一般而言，对于旋转类模具，一般采用数控车加工，如车外圆、车孔、车平面、车锥面等。酒瓶、酒杯、保龄球、转向盘等模具，都可以采用数控车削加工。

1）对于复杂的外形轮廓或带曲面模具、电火花成形加工用电极，如注射模、压铸模等都可以采用数控铣加工。

2）对于微细复杂形状、特殊材料模具、塑料镶拼型腔及嵌件、带异型槽的模具，都可以采用数控电火花线切割加工。

3）模具的型腔、型孔，可以采用数控电火花成形加工，包括各种塑料模、橡胶模、锻模、压铸模、压延拉深模等。

4）对精度要求较高的解析几何曲面，可以采用数控磨削加工。

总之，各种数控加工方法为模具加工提供了各种可供选择的手段。随着数控加工技术的发展，将有越来越多的数控加工方法应用到模具制造中。

3.2 数控编程技术基础

3.2.1 数控编程一般步骤

1. 分析零件图样和工艺

1）确定加工方案。

2）工夹具的选择。

3）选择编程原点和编程坐标系。

4）选择合理的进给路线。

5）合理选择刀具。

6）确定合理的切削用量。

2. 数学处理 根据零件的几何尺寸和加工路线，计算刀具中心运动轨迹，以获得刀位数据。

3. 编写零件加工程序单

4. 输入信息 把编制好的程序单上的信息输入到数控系统。

5. 程序检验与首件试切

3.2.2 数控编程常用方法

数控编程常用方法有两种：手工编程和自动编程。

1. 手工编程 编制零件数控加工程序的各个步骤均由人工完成。

2. 自动编程 利用计算机来完成数控加工程序的编制。按照操作方式的不同，自动编程方法分为 APT 语言编程和图像编程。

（1）APT 语言编程：编程人员利用该语言书写零件程序，将其输入计算机，经计算机 APT 编程系统编译，产生数控加工程序。

（2）图像编程：以图形要素为输入方式，不需要数控语言。零件几何形状的输入、刀具相对于工件的运动方式的定义、加工过程的动态仿真显示、刀位验证、数控加工程序的生成等均在图形交互方式下进行。目前在我国应用较多的集成化图像数控编程系统有：UG NX、Mastercam、Pro/Engineering、CATIA 及 SurfCAM 等。图像数控编程系统实质上是一个集成化的 CAD \ CAM 系统，一般由几何造型、刀具轨迹生成、刀具轨迹编辑、刀位验证、后置处理、计算机图形显示、数据库管理、运行控制及用户界面等部分组成。例如 UG NX 是由美国 EDS 公司研制的一个 CAD\CAM 图像数控编程系统，其编程能力包括：多坐标点位加工编程；表面区域加工编程；轮廓加工编程；型槽加工编程。该软件具有多种通用标准接口，特别适用于具有复杂外形及各种空间曲面的模具类零件的自动编程。

3.3 数控编程软件 UG NX4.0 介绍

1. UG 加工基础（UG/CAM BASE） UG 加工基础模块提供如下功能：在图形方式下观测刀具沿轨迹运动的情况，进行图形化修改，如对刀具轨迹进行延伸、缩短或修改等；点位加工编程功能，用于钻孔、攻螺纹和镗孔等；按用户需求进行灵活的用户化修改和剪裁，定义标准化刀具库、加工工艺参数样板库，使粗加工、半精加工、精加工等操作常用参数标准化，以减少培训时间并优化加工工艺。

2. UG 加工后置处理（UG/Postprocessing） UG/Post Execute 和 UG/Post Builder 共同组成了 UG 加工模块的后置处理。UG 的加工后置处理模块使用户可以方便地建立自己的 NC 加工后置处理程序，该模块适用于目前世界上几乎所有主流 NC 机床和加工中心，在多年的应用实践中已被证明适用于 2~5 轴或更多轴的铣削加工、2~4 轴的车削加工和电火花线切割。

3. UG 车削（UG/Lathe） UG 车削模块提供粗车、多次进给精车、车退刀槽、车螺纹和钻中心孔；选择进给量、主轴转速和加工余量等参数；在屏幕上真实模拟显示刀具路径，可检测参数设置是否正确，生成刀位原文件（CLS）和 G 代码等功能。

4. UG 型芯、型腔铣削（UG/Core&Cavity Milling） UG 型芯、型腔铣削可完成粗加工单个或多个型腔，沿任意类似型芯的形状进行粗加工去除大的切削余量，对非常复杂的形状产生刀具运动轨迹，确定进给方式。通过容差型腔铣削可加工设计精度低、曲面之间有间隙和重叠的形状，构成型腔的曲面可达数百个，当发现型面异常时，可以自行更正，或者在用户规定的公差范围内加工出型腔。

5. UG 平面铣削（UG/Planar Milling） UG 平面铣削模块可以完成多次进给轮廓铣、仿形内腔铣、Z 字形进给铣削，规定避开夹具和进行内部移动的安全余量，提供型腔分层切削功能、凹腔底面小岛加工功能。通过对边界和毛坯几何形状的定义，显示未切削区域的边界，提供一些操作机床辅助运动的指令，如冷却、刀具补偿和夹紧等。

6. UG 固定轴铣削（UG/Fixed Axis Milling） UG 固定轴铣削模块可以完成如下功能：产生 3 轴联动加工刀具路径、加工区域选择等功能。在操作中，有多种驱动方法和进给方式可供选择，如沿边界切削、放射状切削、螺旋切削及用户定义方式切削。在沿边界驱动方式中，又可选择同心圆和放射状进给等多种进给方式；提供逆铣、顺铣控制以及螺旋进刀方式；自动识别前道工序未能切除的未加工区域和陡峭区域，以便用户进一步清理这些地方。UG 固定轴铣削可以仿真刀具路径，产生刀位文件，用户可接受并存储刀位文件，也可删除并按需要修改某些参数后重新计算。

7. UG 自动清根铣削（UG/Flow Cut） UG 的自动清根功能可以自动找出待加工零件上满足"双相切条件"的区域，一般情况下这些区域正好就是型腔中的根区和拐角。用户可选定加工刀具，UG/Flow Cut 模块将自动计算对应于此刀具的"双相切条件"区域作为驱动几何体，并自动生成一次或多次进给的清根程序。当出现复杂的型芯或型腔时，该模块可减少精加工或半精加工的工作量。

8. UG 可变轴铣削（UG/Variable Axis Milling） UG 可变轴铣削模块支持定轴和多轴铣削功能，可加工 UG 造型模块中生成的任何几何体，并保持主模型相关性。该模块提供 3~5 轴铣削功能，提供刀轴控制、进给方式选择和刀具路径生成功能。

9. UG 顺序铣削（UG/Sequential Milling） UG 顺序铣削模块可实现如下功能：控制刀具路径生成过程中的每一步骤的情况、支持 2~5 轴的铣削编程。和 UG 主模型完全相关，以自动化的方式，获得类似 APT 直接编程一样的绝对控制，允许用户交互式地一段一段地生成刀具路径，并保持对刀具路径生成过程中每一步的控制。提供的循环功能使用户可以仅定义某个曲面上最内和最外侧的刀具路径，由该模块自动生成中间的步骤。该模块是 UG 数控加工模块中的特有模块，适合于高难度的数控程序编制。

10. UG 线切割（UG/Wire EDM） UG 线切割支持如下功能：利用 UG 线框模型或实体模型进行 2 轴和 4 轴线切割加工；具有多种线切割加工方式，如多次进给轮廓加工、电极丝反转和区域切割；支持定程切割；可以用 UG 通用后置处理器来开发专用的后处理程序，生成适用于某个机床的机床数据文件。

11. UG 切削仿真（UG/Vericut） UG 切削仿真模块是集成在 UG 软件中的第三方模块，采用人机交互方式模拟、检验和显示 NC 加工程序，是一种方便的验证数控程序的方法。由于省去了试切样件，可节省机床调试时间，减少刀具磨损和机床清理工作。通过定义被切零件的毛坯形状，调用 NC 刀位文件数据，就可检验由 NC 刀位文件生成的刀具路径的正确性。UG/Vericut 可以显示出加工后着色的零件模型，用户可以容易地检查出不正确的加工情况。作为检验的另一部分，该模块还能计算出加工后零件的体积和毛坯的切除量，因此就容易确定原材料的损失。UG 切削仿真模块还提供了许多功能，其中有对毛坯尺寸、位置和方位的完全图形显示，可模拟 2~5 轴联动的铣削和钻削加工。

12. UG/Nurbs 样条轨迹生成器（UG/Nurbs Path Generator） UG 样条轨迹生成器模块允许在 UG 软件中直接生成基于 Nurbs 样条的刀具轨迹，使得生成的轨迹拥有更高的精度和较低的粗糙度，而加工程序量比标准格式减少 30%~50%。由于避免了机床控制器的等待时间，实际加工时间也大幅度缩短。该模块是使用具有样条插值功能的高速铣床（FANUC 或 SIEMENS）用户的必备工具。

3.4 模具 CAE

3.4.1 模具 CAE 技术的发展和应用

模具是生产各种工业产品的重要工艺装备，随着塑料工业的迅速发展以及塑料制品在航空、航天、电子、机械、船舶和汽车等工业部门的推广应用，产品对模具的要求越来越高，传统的模具设计方法已无法适应产品更新换代和提高质量的要求。二十多年来，随着计算机技术和数值仿真技术的发展，出现了计算机辅助工程（Computer Aided Engineering）这一新兴的技术。该技术在成型加工和模具行业中的应用，即模具 CAE。模具 CAE 是广义模具 CAD/CAM 中的一个主要内容，现已在实际应用中显示出了越来越重要的作用，也得到越来越广泛的应用。

计算机辅助工程（CAE）技术已成为塑料产品开发、模具设计及产品加工中这些薄弱环节的最有效的解决途径。同传统的模具设计相比，CAE 技术无论在提高生产率、保证产品质量，还是在降低成本、减轻劳动强度等方面，都具有很大优越性。近几年，CAE 技术在汽车、家电、电子通信、化工和日用品等领域得到了广泛应用。

1. CAE 技术是模具设计的发展趋势　目前，世界塑料成型 CAE 软件市场由美国上市公司 Moldflow 公司主导，该公司是专业从事注射成型 CAE 软件和咨询公司，自 1976 年发行了世界上第一套流动分析软件以来，一直在此领域居领先地位。利用 CAE 技术可以在模具加工前，在计算机上对整个注射成型过程进行模拟分析，准确预测熔体的填充、保压、冷却情况，以及制品中的应力分布、分子和纤维取向分布、制品的收缩和翘曲变形等情况，以便设计者能尽早发现问题，及时修改制件和模具设计，而不是等到试模以后再返修模具。这不仅是对传统模具设计方法的一次突破，而且对减少甚至避免模具返修报废、提高制品质量和降低成本等，都有着重大的技术经济意义。

现今的塑料模具的设计不但要采用 CAD 技术，而且还要采用 CAE 技术。这是发展的必然趋势。注射成型分两个阶段，即开发（设计）阶段（包括产品设计、模具设计和模具制造）和生产阶段（包括购买材料、试模和成型）。传统的注射方法是在正式生产前，由于设计人员凭经验与直觉设计模具，模具装配完毕后，通常需要几次试模，发现问题后，不仅需要重新设置工艺参数，甚至还需要修改塑料制品和模具设计，这势必增加生产成本，延长产品开发周期。CAE 技术提供了从制品设计到生产的完整解决方案，在模具制造之前，预测塑料熔体在型腔中的整个成型过程，帮助研判潜在的问题，有效地防止问题发生。采用 CAE 技术，可以完全代替试模，大大缩短了开发周期，降低了生产成本。

2. CAE 技术在注射成型领域的重要应用　近年来，CAE 技术在注射成型领域中的重要性日益增大，采用 CAE 技术可以全面解决注射成型过程中出现的问题。CAE 分析技术能成功地应用于三组不同的生产过程，即制品设计、模具设计和注射成型。三方面的应用分述如下：

（1）制品设计：制品设计者能用流动分析解决下列问题：

1）制品能否全部注满。仍为许多制品设计人员所关注，尤其是像盖子、容器和家具等大型制件。

2）制件的实际最小壁厚。如能使用薄壁制件，就能大大降低制件的材料成本。减小壁厚还可大大降低制件的循环时间，从而提高生产效率，降低塑件成本。

3）浇口位置是否合适。采用 CAE 分析可使产品设计者在设计时具有充分的选择浇口位置的余地，确保设计的审美特性。

（2）模具设计和制造：CAE 分析可在以下几个方面为辅助设计者和制造者，提供良好的模具设计：

1）良好的充填形式。对于任何的注射成型来说，最重要的是控制充填的方式，以使塑件的成型可靠、经济。单向充填是一种好的注射方式，它可以提高塑件内部分子单向和稳定的取向性。这种填充形式有助于避免因不同的分子取向所导致的翘曲变形。

2）最佳浇口位置与浇口数量。为了对充填方式进行控制，模具设计者必须选择能够实现这种控制的浇口位置和数量，CAE 分析可使设计者有多种浇口位置的选择方案并对其影响作出评价。

3）流道系统的优化设计。实际的模具设计往往要反复权衡各种因素，尽量使设计方案尽善尽美。通过流动分析，可以帮助设计者设计出压力平衡、温度平衡或者压力、温度均平衡的流道系统，还可对流道内的剪切速率和摩擦热进行评估，如此，便可避免材料的降解和型腔内过高的熔体温度。

4) 冷却系统的优化设计。通过分析冷却系统对流动过程的影响，优化冷却管路的布局和工作条件，从而产生均匀的冷却，并由此缩短成型周期，减少产品成型后的内应力。

5) 减小返修成本。提高模具一次试模成功的可能性是 CAE 分析的一大优点。反复地试模、修模要耗损大量的时间和资金。此外，未经反复修模的模具，其寿命也较长。

(3) 注射成型：制品设计者可望在制件成本、质量和可加工性方面得到 CAE 技术的帮助。

1) 强大的分析能力。更加宽广稳定的加工裕度流动分析，对熔体温度、模具温度和注射速度等主要注射加工参数提出一个目标趋势。通过流动分析，制品设计者便可确定各个加工参数的正确值，并确定其变动范围。会同模具设计者一起，并结合使用最经济的加工设备，设定最佳的模具方案。

2) 减小塑件的应力和翘曲。选择最好的加工参数使塑件的残余应力最小。残余应力通常使塑件在成型后出现翘曲变形，甚至发生失效。

3) 省料和减少过量充模。流道和型腔的设计采用平衡流动，有助于减少材料的使用和消除因局部过量注射所造成的翘曲变形。

4) 最小的流道尺寸。流动分析有助于选定最佳的流道尺寸，以减少流道部分塑料的冷却时间，从而缩短整个注射成型的时间，以及减少流道部分塑料的体积。

3.4.2 CAE 技术在我国的应用

尽管 CAE 技术有如此多的优点，是技术发展的必然趋势，但是，目前在我国 CAE 软件，尤其是国产的 CAE 软件却很少见到。主要原因在于：塑料企业对 CAE 软件普遍不重视，很少有企业主动采用。

1. 企业观念落后 许多企业认为只用制造模具使用的绘图和数控加工软件做模具就够了。其实，对塑料模具厂家来说，仅仅使用制造模具用的绘图和数控加工软件是远远不够的。因为通过塑料成型 CAE 软件分析，可以在模具设计已完成尚未开始制造时，提前进行模拟分析，及时纠正模具的设计缺陷。

使用 CAE 软件对模具厂家来说是减少坏模、降低生产成本的重要手段，这种预先模拟检测的方法在国外十分普及，而国内塑料模具企业普遍存在凭经验生产的现象，往往是通过反复试模来修改模具。其实这种传统的生产方式不仅成本高，而且不精确，费时费力。

2. 市场推广乏力 国内企业不爱用 CAE 软件，与 CAE 软件的宣传力度小、企业认识不到使用 CAE 软件的好处以及能把 CAE 软件真正用于企业生产的人才较为匮乏有关。国产 CAE 软件应当向国外企业学习，加大自身的宣传力度，并适当作些培训，使模具企业充分感受到 CAE 软件的好处，以提高市场份额。

美国 Modelflow 软件在国内市场营销上有庞大的市场开发资金，还建立了 Moldflow 应用技术培训体制，将其作为一项技术认证，通过工程人员的认证加强了市场推广力度。

3. 盗版软件猖獗 盗版软件猖獗是国内软件市场普遍存在一种现象，CAE 软件也面临着同样的问题。

3.5 塑料成型模拟

塑料成型是制造业中的一个主要组成部分，而流动模拟对塑料成型具有重要意义；运用塑料流动模拟能帮助设计人员优化成型工艺与模具结构，指导设计人员从成型工艺的角度改进产品形状结构、选择适合的塑料材料和成型设备，评判不同材料采用同一工艺与模具成型的可行性，分析可能出现的问题，达到降低生产成本、缩短模具开发周期的目的。对于简单的塑料制品的成型，只进行流动模拟分析即可；对于复杂精密塑件的成型，不仅要对流动过程进行模拟分析，还需要对充模、保压过程中塑件与模具的冷却进行分析，甚至需要分析开模后塑件的残余变形与应力等。在本节中，仅对塑料成型流动模拟的基本原理和注射过程模拟软件作简要介绍。

3.5.1 塑料流动过程模拟的基本原理简介

塑料成型过程中，由于塑料熔体的粘度高、雷诺数低，故熔体流动可简化为不可压缩的层流，符合牛顿流动定律。

熔体在型腔内流动的数值模拟分析分为一维、二维和三维。一维分析是二维分析的基础；二维分析是将任意形状的三维塑件模型展平成二维模型后，再分解成许多一维流动的基本单元进行一维分析；三维分析是在三维模型及其有限元网格的基础上进行的。二维分析主要用于确定塑料熔体和成型工艺参数的可行范围等，以及成型过程技术上的可行性；三维分析则用于完整的成型过程数值模拟与仿真分析。

1. 一维与二维流动分析 所谓一维流动，是指塑料熔体在流动过程中任意质点的运动可用单方向的流速来表征。一维流动有三种基本形式，分别为圆管流动、矩形板流动和径向流动。

由于二维流动单元是由一维单元串联组合而成，故二维分析在实质上与一维分析相同，只是需要处理不同流动路径的熔体流量和填充时间，而且还需要一定的经验。但当确定好流动路径和流动单元后，通过分析即可获得任一时刻熔体流动前沿位置及其温度、速度、压力的分布以及熔接缝位置等。

2. 三维流动分析 三维流动分析是对熔体在三维结构上的流动进行模拟分析，一般可以在二维流动分析的基础上进行。分析时必须首先将塑件的三维结构展平，并划分流动路径和单元，但这在实际分析中造成诸多的不便，且需要设计人员的经验。而采用有限元法分析熔体在型腔内的流动过程，则不必预先确定流动路径与单元，且很少依赖设计人员的经验。因此，随着有限元法的发展，有限元模拟已成为分析熔体流动过程的有效手段。目前，实际模拟分析中将三维流动问题分解为平面流动的二维问题和壁厚方向的一维问题，采用有限元和有限差分耦合的求解方法。压力场等二维问题采用有限元法求解，而通过对时间和厚度方向差分求解温度场。在求解过程中，有限元法与有限差分法交替进行。

3.5.2 塑料成型模拟软件简介

由于塑料成型数值模拟起着越来越重要的作用，以及实际的需要，国内外相继开发了相应的商品化软件，主要有美国 Moldflow 公司的 Moldflow 系列软件；美国 AC-Tech 公司的 C-Mold 系列软件（已被 Moldflow 公司并购）；美国 SDRC 公司的 Polyfill 和 Polycool-II 软件；德国 IKV 研究所的 CAD mould 系列软件；法国 CISIGRAPH 的 STRIM 100 软件。我国华中科技大学的华塑 CAE 3DRF 5.0 软件等。这些软件功能不一，有的与塑料模具 CAD/CAM 集成，有的分析功能十分强大，包括从流动分析、冷却保压分析到工艺参数优化和一些特种注射成型（如气体辅助注射）的分析等多种功能。以下主要介绍 Moldflow 软件。

1. Moldflow 系列软件简介　近年来，模具行业发展迅猛，在制造业中的地位日益突出。针对模具设计和塑料成型的 CAE 软件可以协助设计人员在模具设计过程中及早发现模具和成型过程中可能存在的问题，从而可以更加快速地做出设计方案，有效地缩短设计生产周期并降低成本。Moldflow 公司研发的系列软件为注射成型设计和生产提供了高效的解决方法。

Moldflow 公司总部位于美国波士顿，是一家专业从事塑料成型计算机辅助工程分析（CAE）的软件开发和咨询公司，是塑料分析软件的创造者，自 1976 年发行世界上第一套流动分析软件以来，一直主导着塑料 CAE 软件市场。

Moldflow 公司自建立以来，通过自身的不懈努力以及与科研机构、企业客户在研究和产品开发方面的紧密合作，创造出了多个世界第一，进而确立了在模流分析软件中的领导地位。2000 年，Moldflow 公司在美国的 NASDAQ 成功上市，同年，Moldflow 公司合并了另一家世界知名的塑料成型分析软件公司——美国 AC-Tech（Advanced CAE TechnologyInc.）公司及其产品 C-Mold。

经过近二十年的不断发展，Moldflow 系列软件的用户数量迅速增长，并且遍及世界工业领域各大知名企业，应用程度也得到不断的深入。Moldflow 的承诺就是将"更好、更快、更省"（Better，Faster，Cheaper）的产品设计带给每一位使用者。所有 Moldflow 产品围绕的都是 Moldflow 的战略——进行广泛的注射分析。通过"进行广泛的注射分析"将 Moldflow 积累的丰富注射经验带进制件和模具设计，并将注射分析与实际注射机控制相联系，自动监控和调整注射机参数，从而优化模具设计、优化注射机参数设置、提高制件生产质量的稳定性，使制件具有更好的工艺性。

2. Moldflow 软件主要技术特性和功能　Moldflow 公司的产品主要有：Moldflow Plastics Advisers（MPA）——为注射成型过程提供了一个低成本、高效率的解决方案；Moldflow Plastics Insight（MPI）——专业深入的模具设计分析集成系统；Moldflow Manufacturing Solutions（MMS）——完整的、协同合作的制造管理系统。图 3-1 为 Moldflow Plastics Insight（MPI）5.0 的手机壳体分析界面图。

MPI 的功能非常强大，包括流动分析、冷却分析、翘曲分析、收缩分析、结构应力分析、气体辅助注射成型分析、注射工艺参数优化等，是一专业级的模具设计分析集成系统软件。以下是 MPI 的基本模块（MPI/Flow Base Modules）主要技术特性和功能：

（1）模型及几何建模：能够对各种复杂的产品曲面进行造型，并能对模具冷流道、热流道及冷却管道方便的进行造型，并能自动进行有限单元网格划分。

（2）结果显示：能够对计算机计算结果按等值线、光照，或按照有限单元、单元节点等多种方式显示，并能方便的放大、缩小、旋转、平移显示结果。

（3）标准图形接口：能够将 CAD/CAM/CAE 软件的 IGES 格式造型文件方便地输入到 Moldflow 造型模块，节省造型时间，方便产品分析。

（4）有限单元文件接口：能够将 ANSYS、Patran、I-DEAS、C-Mold 软件产生的产品造型网格文件，通过此接口直接传入到 Moldflow 软件中，用于分析，无需再对产品进行造型。

（5）材料、工艺参数数据库：Moldflow 材料、工艺参数数据库中包括近 5000 种树脂材料和各种常用的模具材料、冷却液、注射机，为模拟分析提供选择；另外，此模块还可根据产品尺寸和所选材料提供初步的工艺参数，包括熔料温度、填充时间、锁模力、注射压力等。

图 3-1　Moldflow Plastics Insight（MPI）5.0 的手机壳体分析界面图

（6）实体模型网格自动生成：此模块可以将 CAD 软件（如 UG、Pro/E、Solid Works）中的三维几何产品造型通过 STL 格式直接划分成 Moldflow 网格文件，进行 Moldflow 分析；该模块使用户能更好地将已有的 CAD 软件与 Moldflow 软件配合使用，减少产品重复造型，方便快捷，是其他 CAD 软件和 Moldflow 软件之间的一座桥梁。

（7）流动分析：在产品造型、材料、工艺确定后，通过 Moldflow 流动分析模块的模拟，可以得到在注射过程中熔融树脂填充模具型腔时的各种结果及参数，如型腔温度、压力、熔料推进过程、锁模力大小、熔接痕出现位置、气穴出现位置等，并能根据产品的几何形状优化注射时注射机的螺杆曲线。

其他模块有：

（1）MPI/Fusion 双层面网格前处理器：将 IGES 面模型、STL 格式文件、STEP 格式文件、Parasolid 格式文件等直接划分有限元网格，即通过此模块可以直接将 CAD 模型转为 Moldflow 分析模型，无需再建模。

（2）MPI/COOL 冷却分析：通过 Moldflow 冷却分析模块，可以优化模具设计方案的冷却系统，包括冷却管道的数目、位置、尺寸，冷却过程中的各项工艺参数等。优化后的方案可以减少动、定模温差，缩短生产周期，提高生产效率。

（3）MPI/ Shrink 收缩分析：了解制品各个部分及各个方向的收缩情况及其原因，并可预测缩痕、收缩翘曲情况等。

（4）MPI/ Warp 翘曲变形分析：能够精确地计算因冷却及收缩不均匀而产生的产品收缩和变形，并分析其原因；帮助模具设计师缩放模具型腔尺寸，优化模具结构，使得制品的收缩变形减少，保证装配尺寸。

（5）MPI/Fiber 纤维取向分析：纤维取向分析模块可以对添加了纤维材料的塑料填充全过程进行模拟，确定纤维在制品中的取向，保证制品性能。

（6）MPI/Stress 残余应力分析：能够计算模具型腔在填充、保压、冷却等各个时期内，由于冷却不均匀、收缩不均匀、模壁摩擦等原因引起的产品各部分出现内应力；通过此模块的优化，可以保证制品有较好的力学性能、强度和韧性。

（7）MPI/Optim 优化设计专家：能优化流道尺寸、浇口位置，使型腔填充均匀，避免由填充不均匀所导致的残余应力、翘曲变形；提供优化的填充、保压阶段的螺杆行程—速度曲线及其他工艺参数，确保熔料在型腔中均匀前进。使用者无需丰富的经验，也可设计出合理的浇注系统，设定合理的工艺条件。

（8）MPI/Gas 气体辅助成型分析：气体辅助成型分析模块可以对采用气体辅助成型的工艺进行塑料流动、气体穿透情况分析，并提供相应的注射工艺及气体穿透参数，如注射时间、开始充气时间、保压时间、气体保压压力曲线、螺杆变速曲线等。

图 3-2　Moldflow 软件流动分析的填充时间分布图

（9）MPI/Tsets 热固性塑料成型分析：模拟热固性塑料在型腔中从物料熔融塑化到反应成型固化的过程，并预测树脂填充型腔时的各种参数，如型腔温度、压力、熔料推进过程、锁模力大小、熔接痕出现位置、气穴出现位置等。

（10）MPI/Flow 3D 真三维流动分析：该模块是建立在四面体立体网格上的真三维流动、保压分析。它主要用于厚壁制品的分析，预测成型过程中的各种参数，包括熔料推进过程、温度、压力、剪切应力等，通过以上结果可以分析制品成型后可能产生的缺陷，包括熔接痕、气穴、缩痕等。

图 3-2 是运用 Moldflow5.0 软件模拟扫描仪上盖板塑件注射过程的填充时间分布图。

3.6 逆向工程技术

在传统的产品开发过程中，一般从市场调研开始，在了解了市场需求后，抽象出产品的功能描述及产品规格，然后进行概念设计、总体设计、详细的零部件设计、制订工艺流程、设计工装夹具，完成加工、检验、装配及性能测试，最终完成产品的开发过程。这种开发模式的前提是产品开发人员已完成产品的图样设计或建立 CAD 模型，我们把这种从"设计思路→产品"的产品设计过程称为正向工程或顺向工程（Forward Engineering）。

如果我们掌握的产品初始信息并不是图样或 CAD 模型，而是各种形式的物理模型或实物样件；或当我们期望对已有产品进行分析、改进，以期得到优化时，必须寻求某种方法将这些实物（样件）转化为 CAD 模型，使之能应用 CAD/CAM/PDM/RP/RT 等先进技术完成有关任务。这种产品开发方式与正向工程正好相反，其设计流程是实物→设计，我们将这种由"产品→设计思路"的产品开发过程称为逆向工程或反求工程 RE（Reverse Engineering）。

3.6.1 逆向工程概述

逆向工程是 20 世纪 80 年代后期出现的先进制造领域中的新技术，尤其在近几年得到了快速发展。它是消化、吸收和提高先进技术的一系列分析方法和应用技术的组合，是一门跨学科、跨专业的综合性工程，是以先进产品（设备）为研究对象，应用现代设计理论方法，分析并掌握其关键技术，进而开发出同类的先进产品。传统的复制方法是用立体雕刻机或靠模铣床制作出 1:1 等比例的模具，再进行批量生产。这种模拟式的复制方式无法建立零件的 CAD 模型和图样文件，也无法对零件模型作修改，正在被新型的数字化逆向工程技术所取代。

逆向工程技术最早应用于汽车、飞机等行业。在这些行业中，产品的表面绝大多数是自由曲面，很难用精确的数学模型来描述。进行新产品开发时，首先按一定比例制作产品的实物模型，并对实物模型进行测量、分析、评估、修改，直至满足要求，然后建立产品的 CAD 模型，最终完成新产品的开发。由于条件的限制，早期对实物模型的测量大都采用手工测量方法，这种测量方法存在效率低、精度低，对操作人员要求高等缺点。从 20 世纪 60 年代开始，随着计算机技术、CAD/CAM 技术及高精度坐标测量机的发展，产品数据的采集逐渐转移到坐标测量机上完成。由坐标测量机进行产品数据的采集，大大提高了测量的精度和效率，也促进了逆向工程技术的使用和推广。

狭义的逆向工程以实物模型为设计制造的出发点，根据所测的数据构造 CAD 模型，继而进行分析制造，这又称为实物逆向。广义的逆向工程不仅包括实物逆向，还包括影像逆向、软件逆向、工艺逆向等，如在城市规划中就经常会用到影像逆向。但需指出的是，任何产品的问世不仅包含了对原有知识、技术的继承，也有对原有知识、技术的发展。因此，逆向工程不仅仅是对原产品的简单复制，更包含了对原产品的再设计和再提高。

1. 逆向工程的定义　目前为止，逆向工程还没有一个统一的定义，但对逆向工程有两种较具代表性的观点。

观点一：逆向工程是指根据现有的模型或参考零件，用测量设备获取零件表面上各点的三维坐标值，再应用测量数据建立产品的 CAD 模型，完成产品的概念设计，如图3-3 所示。

观点二：逆向工程是指首先对模型或参考零件进行数字化，然后利用 CAD 系统得到产品的 CAD 模型，结合快速成形技术制作样件或根据 CAD 模型进行模具的设计与制造，应用 CAM 软件生成数控加工程序并传送到 CNC 加工机床完成模具加工，如图3-3 所示。

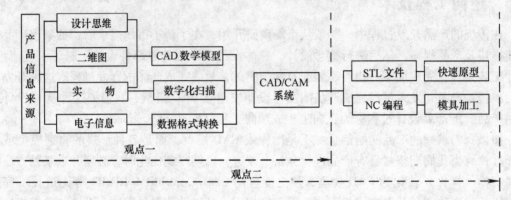

图 3-3　RE 技术的工作流程

目前人们更认可第一种观点。

2. 逆向工程的类型　在 CAD/CAM 中作为产品信息的来源主要有四种：设计思维、二维工程图、实物和产品电子信息。根据逆向工程中所使用的研究对象的不同，逆向工程分为影像逆向、软件逆向和实物逆向。就实物逆向而言，又包括形状（几何）逆向、功能逆向、材料逆向、工艺逆向等。

3.6.2　逆向工程技术的应用

逆向工程技术实现了设计制造技术的数字化，为现代制造企业充分利用已有的设计制造成果带来便利，从而降低新产品的开发成本，提高制造精度，缩短设计生产周期。

据统计，在产品开发中采用逆向工程技术作为重要手段，可使产品研制周期缩短 40% 以上。逆向工程技术的应用领域主要是飞机、汽车、玩具及家电等模具相关行业。近年来，随着生物、材料技术的发展，逆向工程技术也开始应用在人工生物骨骼等医学领域。但是，其最主要的应用领域还是在模具行业。由于模具制造过程中经常需要反复试模后修改模具型面，对已达到要求的模具经测量并反求出其数字化模型，在后期重复制造或修改模具时，就可方便地运用备用数字模型生成加工程序，快捷完成重复模具的制造，从而大大提高模具备份和复制的生产效率，降低模具制造成本。在我国，逆向工程技术特别是对以生产各种汽车、玩具配套件的企业有着十分广阔的应用前景。这些企业经常需要根据客户提供的样件制造出模具或直接加工出产品。在这些企业，测量设备和 CAD/CAM 系统是必不可少的，但是由于逆向工程技术应用不够完善，严重影响了产品的精度以及生产周期。因此，逆向工程技术与 CAD/CAM 系统的结合对这些企业的应用有着重要意义。一方面各个模具企业非常需要逆向工程技术，但另一方面又苦于缺乏必要的推广指导和合适的软件产品，这种情况严重制约了逆向工程技术在模具行业的推广。与 CAD/CAM 系统在我国几十年的应用时间相比，逆向工程技术为工程技术人员所了解只有十几年甚至几年的时间。时间虽短，但逆向工程技术广泛的应用前景已经为大多数工程技术人员所关注，这对提高我国模具制造行业的整体技术含量，进而提高产品的市场竞争力具有重要的推动作用。

目前，逆向工程技术的应用主要有以下几个方面：

1. 无零件设计图样逆向生成样件 在没有设计图样或者设计图样不完整的情况下，通过对零件原型进行测量，生成零件的设计图样或 CAD 模型，并以此为依据产生数控加工的 NC 代码，加工复制出零件原型。无零件设计图逆向生成样件的原理框图如图 3-4 所示。

2. 以试验模型作为设计零件及反求其模具的依据 对通过试验测试才能定型的工件模型，也通常采用逆向工程的方法。比如航天航空领域，为了满足产品对空气动力学等的要求，首先要求在初始设计模型的基础上经过各种性能测试（如风洞试验等）建立符合要求的产品模型，这类零件一般具有复杂的自由曲面外形，最终的试验模型将成为设计这类零件及反求其模具的依据。

3. 美学设计领域 例如，汽车外形设计广泛采用真实比例的木制或泥塑模型来评估设计的美学效果。此外，如计算机仿形、礼品创意开发等都需要用逆向工程技术的设计方法。

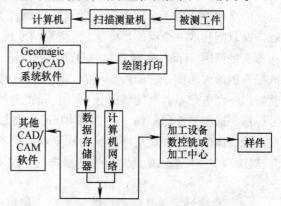

图 3-4 无零件设计图逆向
生成样件的原理框图

3.6.3 实物逆向的研究内容

实物逆向一般包括数据采集（产品数字化）、数据预处理、曲面重构和建立产品模型等几个阶段。

1. 数据采集 数据采集是指通过特定的测量设备和测量方法获取零件表面离散点的几何坐标数据。数据采集是逆向工程的关键技术之一。目前，数据采集使用的方法很多，常用的有接触式测量法、非接触式测量法和逐层扫描法三种，见表 3-1。

表 3-1 数据采集的常用方法

测量方法	说　　明		
接触式测量法	三坐标测量机		
	机器手		
非接触式测量法	光学测量		三角测量
			相位偏移
			结构光
			干涉
			图像分析
	超声波测量		
	电磁测量		
逐层扫描法			

（1）接触式测量法：接触式测量法是用机械探头接触实物表面，以获取零件表面上点的三维坐标值。接触式测量法具有测量精度、准确性及可靠性高，适应性强，不受工件表面颜色影响等优点。但测量速度慢，无法测量表面松软的实物。

三坐标测量机 CMM（Coordinate Measuring Machine）是目前广泛使用的，集机、光、电、算于一体的接触式精密测量设备。它一般由主机、测头和电气系统三大部分组成，其中测头是三坐标测量机的关键部件，测头的先进程度是 CMM 的先进程度的标志。三坐标测量机的测头可分为硬测头（机械式测头）、触发式测头和模拟式测头三种。硬测头主要用于手动测量，由操作人员移动坐标轴，当测头以一定的接触力接触到被测表面时，人工记录下该位置的坐标值。由于采用人工测量同时对测量力不易控制，因此测量速度很慢（测头每接触一次只能获取一个点的坐标值），测量精度低。但因价格便宜，目前使用仍较普遍。触发式测头是英国 Renishaw 和意大利 DEA 等公司于 20 世纪 90 年代研制生产的新型测头。触发式测头的最大功能是它的触发功能，即当探针接触被测表面并产生一定微小的位移时，测头就发出一个电信号，利用该信号可以立即锁定当前坐标轴的位置，从而自动记录下该位置的坐标值。这种测头测量精度可达 0.03mm，测量速度一般为 500 点/s，具有测量准确性高，对被测物体的材质和反射特性无特殊要求，且不受表面颜色及曲率影响等优点。缺点是不能对软质材料物体进行测量，测头易磨损且价格高。触发式测头是一种很具有发展潜力的测头。

（2）非接触式测量法：非接触测量法根据测量原理的不同，有光学测量法、超声波测量法、电磁测量法等，其中技术较成熟的是光学测量法，如激光扫描法和莫尔条纹法等。激光扫描法又有激光三角法、激光测距法、结构光法、数字图像处理法、干涉法等。

（3）逐层扫描法：逐层扫描法是一种新兴的测量技术，它不受结构复杂程度的影响并可以同时对实物的内外表面进行测量。逐层扫描法有工业计算机断层扫描成像法 ICT（Industrial Computer Tomograph）、核磁共振法 MRI（Magnetic Resonance Imaging）和层析法。

层析法是在数控铣床或磨床上，用铣（磨）削方式去除实物中具有一定厚度的一层材料，然后使用高分辨率的光电转换装置获取该层截面的二维图像，通过对二维图像的处理和分析，得出该层的内外轮廓数据。完成一层的测量后，再去除新一层材料，重复上述步骤，直至完成整个实物的测量。最后将各层的二维数据进行合成，即可得到实物的三维数据。

在实物逆向中，数据采集阶段的技术要点是实物边界的确定和表面形状的数字化，其中难点是边界的确定。目前边界的确定除了实物表面延拓求交法外，工程上也常采用人工测量边界或人机交互方式来定义实物的边界。

2. 数据预处理　通过测量设备对零件进行测量，所得的点数据一般比较多，尤其是应用激光测量设备所得的点有时多达几兆甚至十几兆（通常把用激光扫描法所测得的大量的点形象地称为点云（Point Cloud）。在对这么多的点数据进行曲面重构前，应对数据采集所得到的大量数据进行预处理。数据预处理一般包括数据平滑、数据清理、补齐遗失点、数据分割、数据对齐和零件对称基准的构建等。

3. 曲面重构　根据曲面的数字信息，恢复曲面原始的几何模型称为曲面重构。曲面重构是建立 CAD 模型的基础和关键。

根据重构方法的不同，曲面重构分为基于点-样条的曲面重构法和基于测量点的曲面重构法。

（1）基于点-样条的曲面重构法：其原理是在数据处理的基础上，由测量点拟合生成曲面的网格样条曲线，再利用 CAD/CAM 软件的放样、举升、扫描、边界等曲面类型完成曲面造型，最后通过曲面延伸、过渡、裁剪、求交等编辑操作，将各曲面片光滑拼接或缝合成整体的复合曲面模型。这种方法实际上是通过组成曲面的网格曲线来构造曲面。

（2）基于测量点的曲面重构：其通常采用曲面拟合的方法。曲面拟合包括曲面插值和曲面逼近。曲面插值是构造一个顺序通过一组有序的数据点集的曲面，通常用于精确测量；而曲面逼近是构造一个在满足精度要求的前提下最接近给定数据点集的曲面，用曲面逼近方法所生成的曲面不必通过所有的数据点。

4. 建立产品模型　通过曲面拟合所建立的表面模型中，常常会存在间隙、重叠等缺陷，因而不能满足实体模型对几何实体的拓扑要求。为了建立实体模型，需对拟合生成的曲面进行必要的编辑处理。

在建立产品模型的过程中，特别要注意特征建模技术的应用。特征不仅包含产品或零件的几何信息，而且包括非几何的功能信息、工艺信息及其他要求，因此在建立产品模型时，一个重要目标就是还原这些特征以及它们之间的约束，如果仅还原几何特征而未还原它们之间的几何约束，那么得到的产品模型是不准确的。

目前，对特征建模技术尤其是特征和约束的自动识别方法的研究已逐渐展开。

应该指出的是，使用 CMM 进行测量时存在一个复杂的综合误差，这一复杂的综合误差造成了 CMM 测量结果的不确定性。误差是由系统误差和随机误差组成的，只有系统误差可以被预测和补偿。CMM 本身的几何误差、结构的受力和受热变形、读数光栅的精度误差、控制软件算法误差等都可能引起 CMM 测量的系统误差；测量时由于探针的接触力和摩擦力的作用使探针发生偏转，这种偏转是随机的、无法预测的，所以这样的因素将导致测量的随机误差。

3.6.4　影像逆向技术

接触式测量法和非接触式测量法在某些数据采集场合中都存在一些缺点，如受实物表面属性状态的影响，表面障碍较难处理，测量速度较慢，工作效率较低等。针对这些问题，许多专家学者在探索更先进、快捷、高效的测量方法。影像逆向技术便是其中之一。1995 年 6 月，Pascal Fua 提出了基于立体图像的曲面重构技术，并已经将该方法系统化。此外，三维立体打印机也于 2006 年推向了市场。

相对于目前广泛使用的接触式测量法或非接触式测量法而言，影像逆向技术确实是一种全新的思维。影像逆向技术目前常用的方法有体视法、灰度法和光度立体法等。体视法的工作原理是根据同一个三维空间点在不同空间位置的两个（或多个）相机拍摄的图像中的视差，以及相机之间位置的空间几何关系来获取该点的三维坐标值。立体视觉测量方法可以对处于两个（或多个）相机共同视野内的目标进行测量。

3.6.5　逆向工程技术相关软件

伴随着逆向工程及其相关技术基础研究的进行，其成果的商业化也受到重视。早期是一些商品化的 CAD/CAM 软件集成了专用的逆向工程模块，如 Pro/Engineer 软件的 Scan Tool 模块、UG 软件的 Point Cloud 模块、Cimatron 软件的 ReEnge 模块等。由于市场需求的增长，有限的功能模块已不能满足数据处理、零件造型等逆向技术的要求，随后便形成了专用的逆向工程软件。目前面市的专用逆向软件产品类型已达数十种之多，其中较具代表性的有 EDS 公司的 Image Ware Surfacer、英国达尔康公司（DELCAM）的 Copy CAD、英国 MDTV 公司的 Strim 和 Surface Reconstruction 等。达尔康公司的 Copy CAD 软件采用三角化曲面造型法，具有强的曲面生成能力，可以接受多种坐标测量机的数字化数据，也可以进行多种数据格式的输出以进行其他后续处理。其数据模型及数据库管理均与系统的其他专业模块保持一致。当测量中产生的数字模型直接嵌入到 CAD/CAM 模块中时，会自动延续成为同一数据模型，便捷地生成复杂曲面和产品零件原型。此类逆向工程软件中还有一种属于外挂的第三方软件，如 Image Ware、ICEM Surf 等分别作为 UG 及 Pro/E 系列产品中独立完成逆向工程的点云数据读入与处理功能的模块，也能将测量的"点云"直接处理成质量很高的原型曲面。

3.6.6 逆向工程技术的发展趋势

逆向工程技术发展至今，在数据处理、曲面拟合、规则特征识别、专用软件开发等方面已取得了很大的进步。但在实际应用中，整个过程的自动化程度并不高，许多工作仍需由人工完成，技术人员的经验对最终产品的质量仍有较大影响。为了解决这些问题，还需在以下几个方面进行深入的研究：

（1）数据测量：开发面向逆向工程的专用测量系统，能根据实物的几何外形和后续应用，选择测量方式和测量路径，最终快速高效地实现产品外形的数字化。

（2）数据处理：研究适应不同的测量方法及后续用途的离散采集点的数据处理技术。

（3）软件技术：开发智能化软件，拟合曲面应能控制曲面的光顺性和光滑拼接。有效的特征识别和考虑约束的模型重建，复杂曲面的识别和重建方法。

（4）集成技术：开发基于集成的逆向工程技术，包括测量技术、基于特征和集成的模型重建技术、基于网络的协同设计和数字化制造技术等，操作简单、易于上手。

复习思考题

1. 数控编程一般步骤是什么？
2. 是否所有零件都可以数控加工？
3. 模具 CAE 技术与一般的 CAE 技术是否完全一样？
4. Moldflow 软件能够做什么？
5. 试述逆向工程技术的一般过程。
6. 逆向工程技术一般用什么软件？

第4章 UG NX 4.0

4.1 UG NX4.0 概述

UG 是 Unigraphics 的简称，它是美国 EDS 公司出品的一套集 CAD/CAM/CAE 于一体的软件系统，功能十分强大，覆盖了从概念设计到产品生产的整个过程，广泛运用在汽车、航天、医疗器材、模具加工及设计等方面。它能够完成最复杂的造型设计、装配功能、2D 出图功能、模具加工功能及与 PDM（产品数据管理技术）之间的紧密结合，使得 Unigraphics 在工业界成为一套无可匹敌的高级 CAD/CAM 系统。

Unigraphics 自从 1990 年进入我国以来，以其强大的功能和工程背景，已经在我国的航空、航天、汽车、模具和家电等领域得到广泛的应用。Unigraphics NX 4.0 是 NX 系列的最新版本，简称 UG NX4.0，它在原版本的基础上进行了多处的改进，在特征和自由建模方面提供了更加广阔的功能，使得用户可以更快、更高效、更加高质量地设计产品，以便更加贴近工业标准。

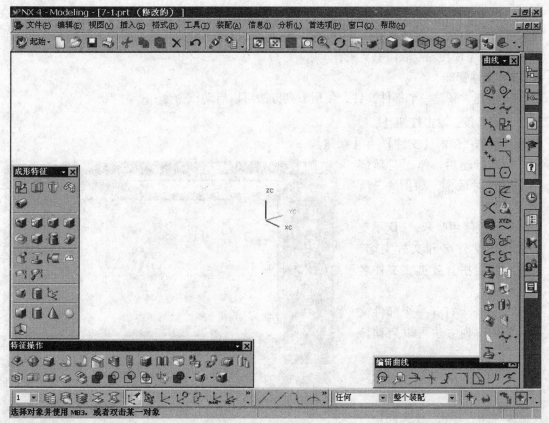

图 4-1　UG NX4.0 窗口

4.1.1 UG NX4.0 用户界面

1. 启动 UG NX4.0 启动方法：单击【开始】→【程序】→【UG NX4.0】→【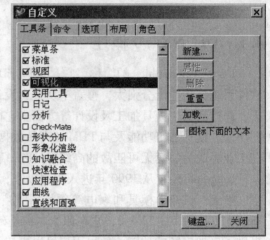
NX4.0】。

UG NX4.0 的窗口是完全符合 Windows 风格的窗口，其中窗口中有标题栏、菜单、图形
窗口、工具条、资源条、对话框、提示行、状
态行、进度表、快捷菜单等，如图 4-1 所示。

2. 鼠标 在 UG 中使用标准的 3 键鼠标，
其中【左键】用于选择；【中键】用于"确
定"；【右键】用于弹出快捷菜单。除此之外，
鼠标键与功能键组合还可以配置其他功能。

3. 工具条及定制 在 UG 中不同的模块
工具条是不同的，启动某个模块后，该模块的
工具条才可以被打开和使用。为了避免过多的
工具条在屏幕上显示，在 UG 中，还使用切换
类工具条用于打开或关闭其他工具条。

设置工具条，使用菜单【工具】→【自定
义】或鼠标指向工具条停靠位置右击，从快捷

图 4-2 "自定义"对话框中工具条选项卡

菜单中选择【自定义】，弹出"自定义"对话框，如图 4-2 所示。选择相应的复选框，可以隐
藏和显示工具条，添加或移去工具条命令，载入自定义的工具条。选择图标下面的文本复选框
可在工具条下面出现或取消中文注解。

4.1.2 文件管理

1. 新建 新建一个部件文件，使用下列方法可以启动该命令：

⊿ 工具条：单击按钮【　】。

⊿ 菜单：单击【文件】→【新建】。

命令启动后，弹出"新部
件文件"对话框，如图 4-3 所
示。

单位应使用毫米，UG 不支
持中文的文件名和文件夹名，
应建立汉语拼音或英文文件名
和文件夹名。

2. 打开 打开一个部件文
件。使用下列方法可以启动该
命令：

⊿ 工 具 条：单 击 按 钮
【　】。

⊿ 菜单：单击"【文件】→
【打开】"。

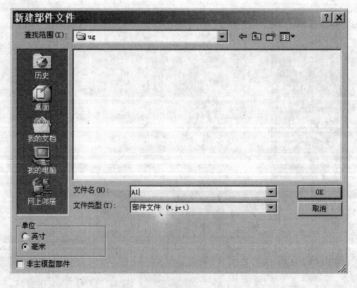

图 4-3 "新部件文件"对话框

命令启动后，弹出"打开部件文件"对话框，如图4-4所示。

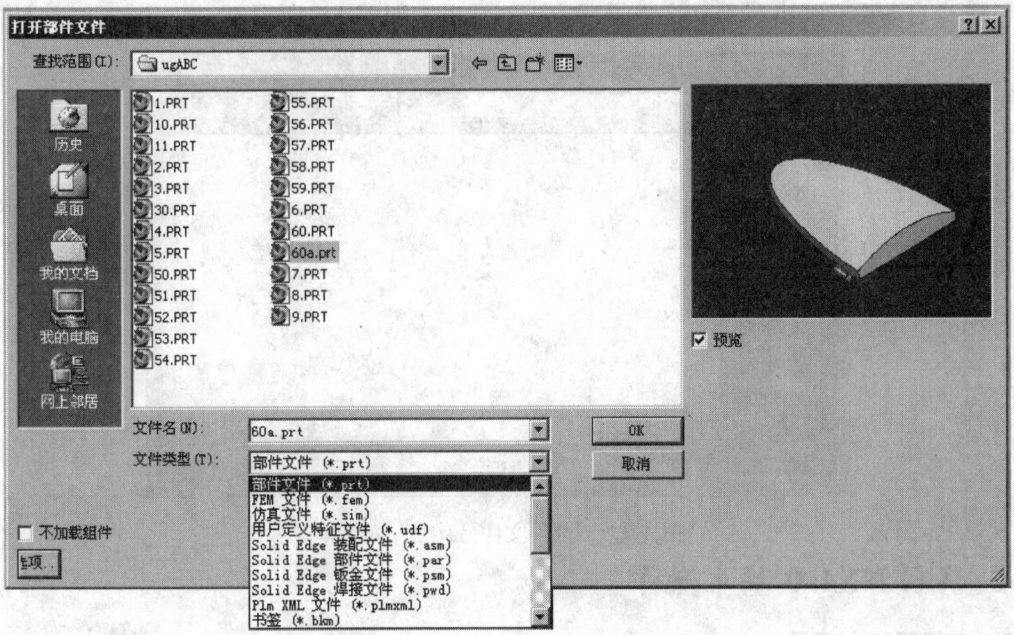

图4-4 "打开部件文件"对话框

3. 启动功能模块 UG中由不同的功能模块完成不同的工作，当建立一个新的部件时，仅进入"UG/基本环境"模块。这个模块只能作一些基本操作，如打印、查询等，不能建模、装配、制图等，需要使用菜单"起始"启动各自的模块，如图4-5所示。

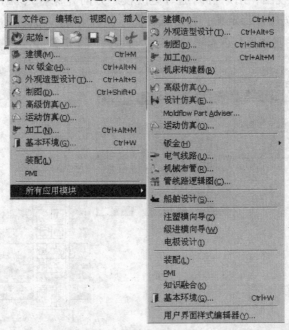

图4-5 应用模块菜单

4. 保存/另存为 保存/另存为部件文件。使用下列方法可以启动该命令：

人 工具条：单击按钮【🖫】。

人 菜单：单击"【文件】→【保存】／【另存为】"。

命令启动后，弹出"部件文件另存为"对话框，如图4-6所示。

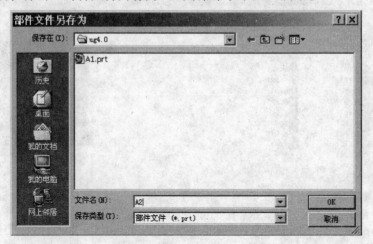

图4-6 "部件文件另存为"对话框

4.2 UG NX4.0 基本操作

4.2.1 视图与布局操作

视图是指实体模型在某个方向投影所得的图形。UG 系统已经建立了8个已命名的视图，如，主（前）视图、俯视图、右视图、等轴测视图等。用户也可以选择不同的方向进行投影，得到的不同的视图并命名他。其中系统命名的视图，用户可以改变投影方向但不能再保存；用户自定义视图，用户可以随时更改投影方向并保存（保存投影方向和显示比例等数据）。布局是指按用户指定的排列方式在图形窗口中显示的视图的集合。

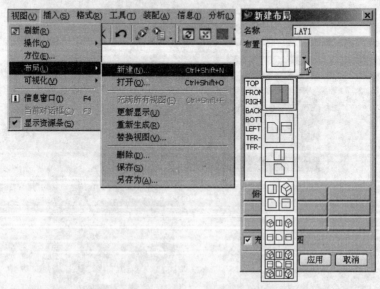

图4-7 布局子菜单图

1. 布局操作 可以建立、打开、删除和存储布局，并对布局中的某个视图进行替换、改变投影方向和显示比例等。单击菜单【视图】→【布局】弹出布局子菜单，可以对布局进行操作。单击菜单【视图】→【布局】→【新建…】，可以建立一个新的布局。命令启动后，弹出"新建布局"对话框如图 4-7 所示。UG 系统提供了 6 种布局，可以排列不同的视图。

2. 视图操作 用户可以建立、打开、删除和存储视图，并对视图进行改变投影方向和显示比例操作。单击菜单【视图】→【操作】，或光标在图形窗口中不指向任何对象，单击鼠标右键，在弹出的快捷菜单中进行操作。建立新的视图，只要选择合适的投影方向和显示比例，使用视图操作中的【另存为】保存视图即可。但不能以系统命名的视图名保存。用户可以命名一些特殊的投影方向和状态的视图，以便在工程制图中使用。

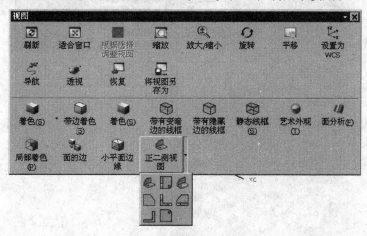

图 4-8 视图工具条

投影方向、缩放、移动、旋转可以使用图 4-8 视图工具条中相应的命令，也可以滚动鼠标滚轮可改变显示比例，按下鼠标中键+右键并拖动可改变模型的位置，压住鼠标滚轮并拖动可使模型旋转等。

4.2.2 层的操作

层可以视为透明的胶片，每个层可以放置不同类型的对象，用户可通过控制层的可见性和可选择性来管理和组织对象。UG中有 256 个层，每次只能从中选择一个层作为工作层。

使用菜单【格式】→【图层的设置…】，可以对层进行操作。在弹出的"层设置"对话框中（见图 4-9），可以设置层的可见、可选以及对层分组。

4.2.3 对象操作

1. 对象显示 使用菜单

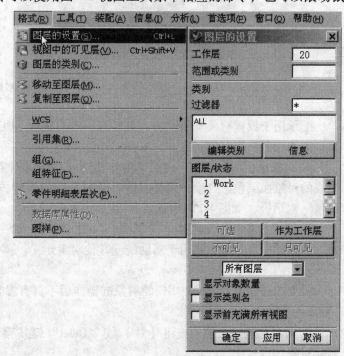

图 4-9 "层设置"对话框

【编辑】→【对象显示...】，可以对对象的显示进行一些操作，如颜色、线型、线宽和所在的层等。弹出的"编辑对象显示"对话框，如图 4-10 所示。

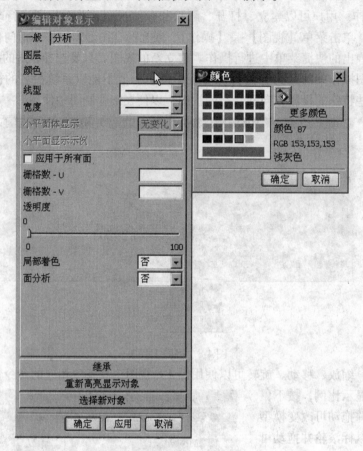

图 4-10　"编辑对象显示"对话框

　　继承用于设置对象与所选的对象具有一样的显示。UG 中使用"继承"来设置使对象在某个方面与另一个对象一致。

　　2. 对象显示的预设置　使用菜单【首选项】→【对象】→【对象首选项】可以对将要生成的对象在颜色、线型、线宽、透明度和所在的层等方面进行预设置。弹出的"对象首选项"对话框，如图 4-11 所示。

　　3. 对象的变换　使用菜单【编辑】→【变换】，命令可以对对象进行移动、旋转、镜像、阵列等操作。它主要用于辅助线或其他对象建立。弹出的"变换"对话框，如图 4-12. 所示。

　　需要注意：由于变换对 UG 的对象的操作后不具有参数化建模的特点，所以一般不使用"对象的变换"这一操作。

　　4. 对象的删除　使用按钮【✕】或"Delet"键或菜单【编辑】→【删除...】，可以删除对象。

　　5. 撤消操作　在 UG 中使用按钮【↺】可以撤消上一次操作，但撤消之后不能恢复。

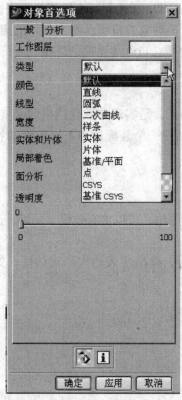

图 4-11 "对象首选项"对话框   图 4-12 "变换"对话框

4.3 UG NX4.0 通用工具

4.3.1 导航器

在 UG 中有一个特殊的"树形表"的图形窗口——导航器,它是用来表达其节点的相互关系。它主要有模型导航器、装配导航器和加工导航器,分别在建模模块、装配模块和加工模块中使用,其节点分别是:特征、部件、程序、刀具等,如图 4-13 所示。

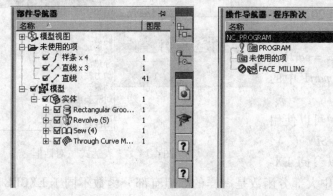

图 4-13 导航器

在导航器中用户可以对节点进行操作,如拖动节点(可以使用 < Shift > + 左键、< Ctrl > + 左键进行多重选择)对其位置进行调整;将光标移到节点上,单击鼠标左键在图形窗口中可高亮度显示，双击鼠标左键可以对节点进行编辑，单击鼠标右键将弹出快捷菜单等。因为 UG 是基于参数化特征建模，我们主要关心的是对象的特征而不是具体的点、线、面和体。有了导航器对于任何模型只要打开导航器，就可以知道其建模的思路、装配方法、加工思路等。

4.3.2 表达式

表达式是算术或逻辑赋值语句，用来控制模型的特征，是实现参数化建模的必要工具。它不仅可以用来控制零件建模特征参数，而且可以控制在一个装配体中不同零件的特征参数，甚至可以控制是否生成某个特征。

1. 表达式的定义　表达式可定义如下：

$$c = SQRT\ (a*a+b*b)$$

等号左边必须是一个简单变量，右边是数学或逻辑语句，可以含有数值、变量、运算符及函数等。注意变量大写与小写含义不同。

2. 表达式的建立　单击菜单【工具】→【表达式】，弹出"表达式"对话框，如图 4-14 所示。

建立方法：

1）使用表达式对话框建立表达式。

2）使用按钮【　】在 EXCEL 中建立表达式。

3）使用按钮【　】建立几何表达式。

4）使用按钮【　】建立部件间表达式。

3. 表达式的分类

1）数学表达式：$c = AQRT\ (a*a+b*b)$，表示 c 等于 a 的平方加 b 的平方。

2）逻辑表达式：$d = if\ (a>2)$ $(1)\ else\ (2)$，表示 a 若大于 2，则 d 为 1，否则为 2。

3）几何表达式：$p2 = 20$，系统自动建立的，用于约束几何尺寸。

4）部件间表达式：$x = part1::length$，表示 x 等于部件 $part1$ 中的 $length$。

4. 函数　在表达式中可以使用许多函数，如 $PI\ (\ )$，$SIN\ (\ )$，$SQRQ\ (\ )$ 等，用户可以参阅 EX-

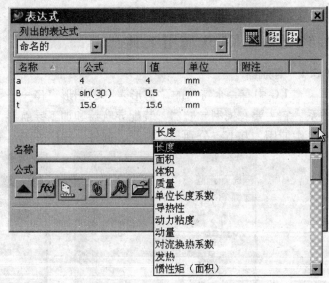

图 4-14　"表达式"对话框

CEL 中的函数，它与 UG 中大部分函数是一样的。但有部分函数不同于 EXCEL 中的函数，用户可以按 EXCEL 的函数建立，然后系统会自动转换。

4.3.3 分类选择器

UG 中经常需要选择对象，每次选择时一般都会弹出"分类选择"对话框，如图 4-15

所示。

（1）名称：通过对象的名称选择对象。

（2）过滤方式：用于设置不同的过滤器（类型过滤器、层过滤器、颜色过滤器、重置过滤器及其他过滤器）来选择对象，如层过滤器，设置层1、2、3，那么在上述层中的对象可以被选择。

（3）选择区域（矩形/多边形方式）：用于设置不同的区域矩形或多边形，以及与区域关系，在内、在外、交叉等。

（4）确定方式主要有

1）鼠标左键拾取并设定必要的过滤器。

2）对于名称，在对话框中输入名称（可以使用通配符?、*）。

3）对于选择区域，用鼠标定义选择区域及设定对象与区域的关系及过滤器。

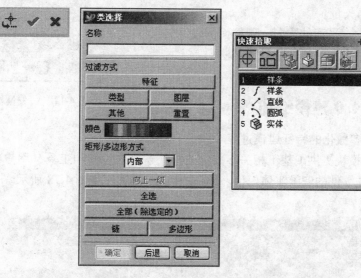

图4-15　"分类选择"对话框

注意：

①【Shift】+鼠标左键拾取，表示取消已选择的对象。

②在选择时，鼠标拾取位置有多个可选对象时，可能出现快速拾取确认对话框，选择其中某个数字，对应的对象会以高亮度显示，按下【确认】按钮即可选择对象。

4.3.4　点构造器

在UG中经常需要指定一个点，而每次需要确定点时，系统一般都会弹出"点构造器"对话框，如图4-16所示。

确定方式：

捕捉点：在UG中可以捕捉特殊点，如端点、交点、切点等。

坐标点：输入坐标值建立一个点。

偏置点：以某种偏置方式（矩形、圆柱、球形、矢量）相对参考点偏置的点。相当于相对坐标方式。

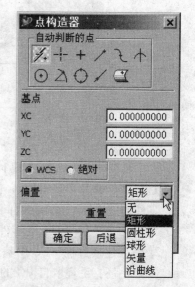

图4-16　"点构造器"对话框

4.3.5 矢量构成

在 UG 中经常需要确定一个矢量，而每次需要确定矢量时，系统一般都会弹出"矢量构成"对话框，如图 4-17 所示。

确定方式：

（1）智能矢量：根据所选择的对象自动判断矢量方向。

（2）两点：用指定的两点确定矢量。

（3）角度：在 XOY 平面内与 X 轴夹角确定矢量。

（4）边界/曲线矢量：根据选择的边界/曲线来确定矢量。如：选择直线，矢量方向为选择点到最近端；选择圆或圆弧，矢量方向为圆或圆弧所在平面的法向。

（5）在曲线上：所选择的曲线的某个点的切向矢量、法向矢量或所在平面矢量。

（6）面的法向：平面的法向，圆柱面的轴线矢量。

（7）基准面法向：选择的基准面的法向。

（8）基准轴：选择的基准轴矢量。

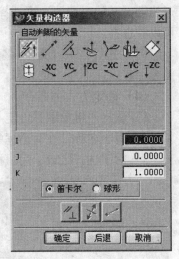

图 4-17 "矢量构成"对话框

4.4 UG NX4.0 建模综述

4.4.1 基于相关参数化的特征建模过程

"UG/建模"模块提供了基于相关参数化的特征建模的过程和工具，用户使用正确的建模策略就可以建立零件的三维实体模型。UG 的相关应用程序如图 4-18 所示。

图 4-18 UG 的相关应用程序

1. "UG/建模"模块的启动

⌐ 工具条：单击按钮【📷】。

⌐ 菜单：单击【起始】→【建模】，如图 4-19 所示。

零件的三维模型是由带时间标记的特征组成，即

零件三维模型 = Σ特征（时间标记）

2. 特征建模过程　UG 中基于特征的建模过程是仿真加工零件的过程，如图 4-20 所示。

（1）毛坯：毛坯取自 UG 的成型特征中的基本体素和扫掠体。

1）基本体素有长方体、圆柱体、锥体、球体等。

2）扫掠体有拉伸体、旋转体、沿导线扫掠体、软管等及其布尔运算等。

（2）加工：加工取自 UG 的成型特征及特征操作（见图 4-21）。

1）成型特征有添料操作：凸台、凸垫等；去料操作：孔、腔、键槽、沟槽等。

2）特征操作有倒角；圆角：边倒圆、面倒圆、软倒圆；面操作：拔模、裁剪；体操作：抽壳、螺纹；特征复制：引用。

4.4.2 基准特征

UG 中的基准特征用以辅助生成某些特征，主要有：工作坐标系、基准平面、基准轴等。

1. 坐标系 空间中任何实体模型的几何描述都需要使用坐标系统，在 UG 中定义了几种坐标系统，其中每种坐标系都遵循右手定则。

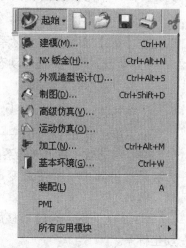

图 4-19　"UG/建模"模块的启动对话框

图 4-20　"成型特征"工具条

图 4-21　"加工与成型"工具条

（1）坐标系的分类：UG 中主要有绝对坐标系（ACS）、工作坐标系（WCS）、特征坐标系（FCS）、加工坐标系（MCS）、当前视图的坐标系（CSYS）。

1）ACS。它是固定不动的坐标系统，用户不可以移动它。

2）WCS。它是用户可以移动的坐标系统，是定义实体模型时坐标值输入的参考。在 UG 中，在大多数实体建模的情况下一般不需要移动坐标系，因为在使用特征建模时所有的特征只与模型的几何形状有关，而不依赖于模型在空间的位置和方向。但是某些功能要依赖于 WCS，而且在使用之前要求 WCS 要预先被定位，例如曲线、基本体素、变换操作等。

3）FCS。它是指用户在创建特征时，根据用户创建的特征类型，系统会自动创建的坐标系，以便于创建该特征，作为特征的一部分而被保存下来。当特征创建完成后，系统会自动地返回原 WCS，以后编辑该特征时系统会自动地返回原 FCS。

4）MCS。它是在 CAM 中使用的坐标系，在编程时用于确定被加工零件位置的坐标系，用户可以移动它。

5）CSYS。它是指用户根据特征在当前视图下创建的坐标系，也即把当前视图面（计算机屏幕面）作为坐标系的 XY 平面，Z 轴垂直于 XY 平面。

（2）工作坐标系的改变：在屏幕上，工作坐标系显示形式是（XC，YC，ZC），用户可以通过【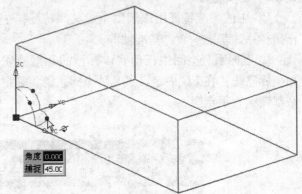】图标控制坐标系是否显示。常用的操作坐标系的方法有两种：动态和方位。

1）动态。用户使用"动态"可以移动或旋转坐标系。使用下列方法可以启动该命令：

⊾ 双击显示的坐标系。

⊾ 工具条：单击按钮【　】。

⊾ 菜单：单击【格式】→【WCS】→【动态】。

命令启动后，弹出坐标系的手柄，如图 4-22 所示，图中显示 7 个黄色操作手柄，操作方法是选中其中一个使之变成红色手柄，例如：

① 原点手柄。通过平移原点来移动坐标系。

a. 单击图中任意一点即将坐标轴的原点平移到该点。

b. 拖动原点手柄到任意一点释放，将坐标轴的原点平移到该点。

c. 可以使用点的构造器定位原点。

② 坐标轴手柄。通过移动或旋转改变坐标系。

图 4-22　动态操作坐标系

a. 双击坐标轴手柄就可以将该坐标轴翻转。

b. 选中一个对象使所选定的轴的方向与对象的方向一致，例如，直线的方向就是其两个端点的矢量方向，面是其法向等。

c. 在图中输入距离的值就可沿所选定的轴的方向移动坐标系。

d. 拖动坐标轴手柄到任意一点释放，将坐标轴沿所选定的轴的方向移动到该点（注意：可以在图中设置捕捉的间距）。

③ 旋转手柄通过绕某个轴（绿色）旋转改变坐标系。

a. 在图中输入角度的值就可绕所选定的轴的方向旋转坐标系。双击坐标轴手柄就可以将该坐标轴翻转。

b. 拖动旋转手柄到任意一点释放，将坐标轴沿所选定的轴的方向旋转坐标系。

2）方位。用户使用"方位"可以移动或旋转坐标系。使用下列方法可以启动该命令：

⊾ 工具条：单击按钮【　】。

⊾ 菜单：单击【格式】→【WCS】→【方位】。

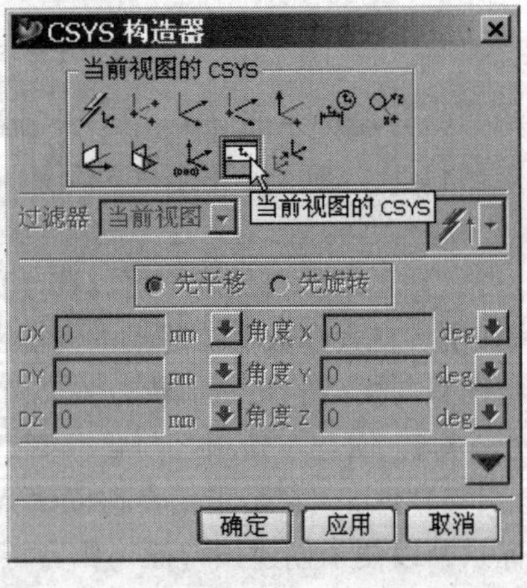

图 4-23　"CSYS 构造器"坐标系对话框

命令启动后，弹出"CSYS 构造器"坐标系对话框，如图 4-23 所示。构造坐标系对话框内内容十分丰富，许多建模必须用到它。

2. 基准平面　建立某些特征时系统需要用户指定平面为放置平面或参考平面，这时需要事先建立基准平面。例如，圆柱表面的键槽、草图的定位参考面、修剪面、特征与实体模型的表面成一定的角度等。

用户使用"基准平面"可以建立一个平面基准特征。使用下列方法可以启动该命令：

⚊ 工具条：单击按钮【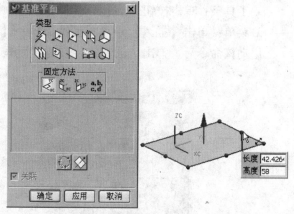】。

⚊ 菜单：单击【插入】→【基准/点】→【基准平面】。

命令启动后，在屏幕的左上角弹出工具条，如图 4-24 所示。用户仅使用该工具条内的项目，系统就可以智能而快速地建立基准平面。

图 4-24　"基准平面"建立对话框

3. 基准轴　在建立某些特征时系统需要用户指定一个方向参考，这时需要事先建立基准轴。例如，特征的水平参考、旋转体的旋转轴等。

用户可以通过"基准轴"命令建立一个基准轴特征。使用下列方法可以启动该命令：

⚊ 工具条：单击按钮。

⚊ 菜单：单击【插入】→【基准/点】→【基准轴】。

命令启动后，弹出工具条，如图 4-25 所示。该基准轴依赖于用户所选择的对象类型和约束条件，用户仅使用该工具条内的项目，系统就可以智能而快速地建立基准轴。

4.4.3　基本形状特征

1. 基本体素　基本体素包括：长方体、圆柱体、锥体、球体、球形拐角等五种简单的实体。这五种实体主要作为零件建模的毛坯使用，一般在一个零件建模中只使用一次，因为这类基本体素之间不相关，不能使用参数化编辑。用户可以用扫掠体代替。

图 4-25　"基准轴"建立对话框

1）长方体。该命令可建立一个长方体，使用下列方法可以启动该命令：

⚊ 工具条：单击按钮【▨】。

⚊ 菜单：单击【插入】→【设计特征】→【长方体】。

启动该命令后，弹出"长方体"创建对话框，如图 4-26 所示。

建立方法有三种，即原点、边长方法；两点、高度方法；对顶点方法（须捕捉三维空间点）。

2）圆柱。该命令可建立一个圆柱体。使用下列方法可以启动该命令：

⚊ 工具条：单击按钮【▮】。

⚊ 菜单：单击【插入】→【设计特征】→【圆柱体】。

启动该命令后，弹出"圆柱体"创建对话框，如图 4-27 所示。

建立方法有两种，即直径、高度方法（须指定方向）；高度、弧方法（须指定圆弧）。

3）圆锥。该命令可建立一个圆锥体或圆台。使用下列方法可启动该命令：

⊥ 工具条：单击按钮【▲】。

⊥ 菜单：单击【插入】→【成型特征】→【圆锥体】。

启动该命令后，弹出"圆锥体"创建对话框，如图 4-28 所示。

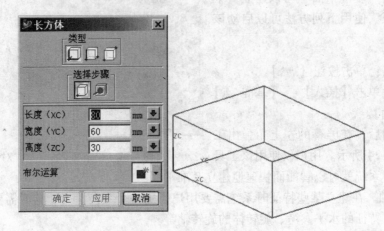

图 4-26 "长方体"创建对话框

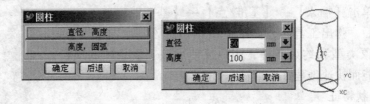

图 4-27 "圆柱"体创建对话框

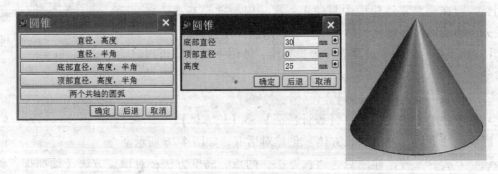

图 4-28 "圆锥"体创建对话框

建立方法有五种，即直径、高度方法；直径、半角方法；底部直径、高度，半角方法；顶部直径、高度，半角方法（以上四种须指定方向）；两个共轴的弧方法。

4）球体。该命令可建立一个球体。使用下列方法可启动该命令：

⊥ 工具条：单击按钮【●】。

人 菜单：单击【插入】→【设计特征】→【球体】。

启动该命令后，弹出"球"键对话框，如图4-29所示。

建立方法有两种，即直径、圆心方法；圆弧方法。

2. 草图 草图也就是二维平面轮廓。在零件建模过程中，毛坯一般都采用扫掠体，较少使用基本体素，因为基本体素不具有相关参数化设计的条件，即不能对其位置进行编辑。UG中扫掠法主要是采用平面轮廓扫掠法实体建模。下面先介绍平面轮廓的建立。

（1）草图概念：草图是组成一个二维轮廓的曲线集合。由于草图的曲线完全可以先徒手绘制，再由用户给定的约束条件（尺寸约束和几何约束），精确地确定图形的几何形状，所以称之为草图。通过添加

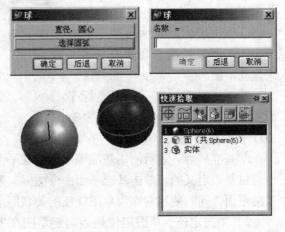

图4-29 "球"创建对话框

约束来表达设计者的意图，并通过修改约束可以迅速地达到改变设计，从而实现参数化设计。故草图是UG基于相关参数化的特征建模的核心基础。

1）草图。用户可以通过"草图"命令进入草图任务环境。在此环境中可以创建草图特征，修改草图的关联面，创建或编辑草图曲线。使用下列方法可以启动该命令：

人 工具条：单击按钮【⌗】。

人 菜单：单击【插入】→【草图】。

启动该命令后，弹出"草图任务环境"对话框，如图4-30所示。

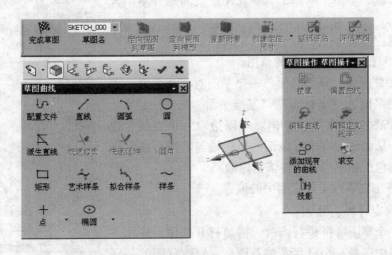

图4-30 "草图任务环境"对话框

①完成草图。表示完成草图曲线的绘制，退出"草图任务"环境对话框。

②草图名。表示草图特征的名称，默认是从"SKETCH_000"开始编号，用户也可以

自己设定名称。它还有一个作用就是选择已存在的草图。

③草图视图方向。表示能直接看到草图的视图方向。

④模型视图方向。表示原建模
的视图方向。

⑤草图平面。表示通过选择一
个实体平面或基准平面为关联平面
来建立草图。

⑥坐标平面。表示使用坐标平
面为关联平面来建立草图。主要有
XOY 面、YOZ 面、XOZ 面。

图4-31　草图"定位"对话框

⑦基准平面。表示使用基准平面为关联平面来建立草图。该基准平面可以是已定义的，
也可以是未定义的。单击基准平面命令图标，系统会弹出基准平面的定义工具条让用户定义
基准平面，同时使用它作为草图特征的关联面来定义草图。

2）草图定位。草图定位是指确定草图在零件实体模型中的位置，主要有：草图位置、
草图平面。

①草图位置。这是指确定草图对象与草图之外的对象之间的位置关系。

可以使用【创建定位尺寸】命令来建立草图的位置。使用该命令弹出"定位"对话框，
如图4-31所示。选择定位方式，选择草图之外的对象，再选
择草图对象，确定定位尺寸。此外，还可以编辑和删除定位
尺寸。

②草图平面。这是指定义或重新定义草图关联平面。

可以使用"重新附着"【　】命令来重新定义草图关联
平面。屏幕出现"草图平面"工具条让用户重新选择草图关
联平面。

使用步骤：

A. 建立草图或选择已存在的草图。

a. 选择关联平面。草图必须与一个平面对象相关联，可
以选择"草图平面"、"坐标面"、"基准平面"等方法建立。

b. 指定草图平面的 X 轴方向。可以拾取一个直线、边
界、基准轴，从而使标有平行标记的坐标轴与之平行或双击
坐标轴上的绿色的圆圈可以翻转该坐标轴。

c. 确定草图在零件实体模型中的位置。

d. 按下确定【　】按钮。

若要对某个草图特征进行修改，需要打开草图，使用方
法是从草图名中选择一个已存在的草图名，修改草图的关联
面。

B. 创建或编辑草图曲线。

C. 使用按钮【　】退出草图任务环境。

图4-32　草图环境的设置

3）设置草图任务环境。使用菜单"预设置草图"命令可以对草图任务环境进行设置，如图4-32所示。

①捕捉角，表示徒手绘制直线时，直线与X轴（Y轴）的夹角小于该参数时，系统自动认为是水平（垂直）线。

②尺寸标记，表示在草图中使用尺寸约束时，所标注的尺寸显示的内容，主要有表达式、参数名称、参数值。

③改变视图方向，在进入或退出草图任务环境时，是否改变视图的显示方位。

④保持层状态，在进入或退出草图任务环境时，是否使原工作层自动成为当前工作层。

⑤显示自由度箭头，表示是否显示自由度箭头。

⑥动态显示约束，当对象较小时是否显示约束。

⑦保留尺寸，当退出草图工作环境时是否保留草图中的尺寸约束使用的尺寸标注。

（2）智能工作环境：在草图任务环境中，当用户绘制草图曲线时，系统会自动地使用智能工作方式进行工作，其主要方式有：智能尺寸约束，智能几何约束，自动捕捉点，自动辅助线，动态曲线。要注意的是，系统为了避免太多运算，只保持对五个对象的智能判断，而不是对全体草图曲线。对象的更新方式是用户创建的一个草图曲线或移动鼠标经过一个草图曲线，就更新一次，剔除出去的草图曲线总是最早进入的，所以用户要系统对某个草图曲线作出判断时，要移动鼠标使光标经过它。

1）智能尺寸约束。智能尺寸约束是指在创建草图曲线时，系统会自动地使用用户输入的数据作为尺寸约束条件来约束图形。

在创建草图曲线时，系统会自动跟踪鼠标的移动，动态地显示鼠标点的XY坐标值或对象参数，称之为动态输入框，因为它还有一个作用就是输入数据，如图4-33所示。当有XY坐标值或对象参数显示时，用户可以对相应条目【Tab】键上下转换输入数据（要按下【Enter】键），系统将自动锁定该值。如输入长度为34mm，那么不管用户怎样移动鼠标，所绘制的直线长度总是34mm。如解除锁定须删除输入并按下【Enter】键。

2）智能几何约束。它是指在创建草图曲线时，系统会自动地使用显示的几何约束条件来约束图形。

在创建草图曲线时，系统会自动地跟踪鼠标移动的点，自动判断与其他曲线之间几何关系，并在屏幕上显示可能的几何约束，当用户按下鼠标左键就表示采用它作为几何约束条件。几何约束条件如图4-34所示。

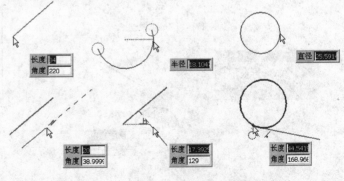

图4-33 智能尺寸约束和几何约束

当有几何约束符号显示时，单击鼠标左键采用它；单击鼠标中键锁定它，再单击鼠标中键解除锁定。锁定后无论用户怎样移动鼠标，系统都会自动使用该几何约束来约束图形。

用户使用"草图约束"命令中的约束命令，单击两根曲线，弹出"智能约束"选择框，如图4-34所示。按下图中的【几何约束】按钮就可以使用相应的几何约束；选中图中的

"尺寸约束"复选框就可以设置使用用户输入的数据成为尺寸约束。一般情况下，先几何约束，后尺寸约束。

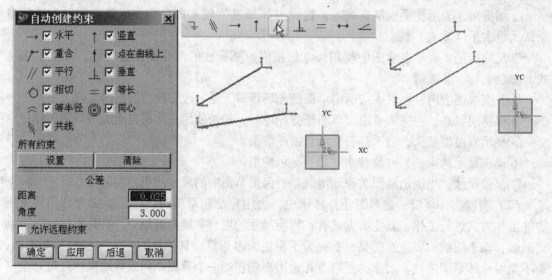

图 4-34 智能几何约束条件

3）自动捕捉点。在创建草图曲线时，系统会自动地使用捕捉功能帮助用户捕捉某些特殊的点，并在屏幕上显示出来，当用户按下鼠标左键就表示采用它作为输入的点。但这些点不会自动地作为条件加入几何约束，用户可以使用"自动创建约束"将它作为条件进入几何约束，如图 4-35 所示。用户在移动鼠标时，按下并保持【Alt】键，也可以临时关闭自动捕捉点。

4）自动辅助线。在创建草图曲线时，系统会自动地使用辅助线帮助用户绘制曲线。辅助线有两种：一种是点线，表示与另一个对象对齐；另一种是虚线，它是智能几何约束的一部分，表示用户使用几何约束条件。图 4-36 中点线辅助线表示鼠标移动到的点与矩形左边线的中点竖直方向对齐，虚线辅助线表示当前点所作的线与圆的相切几何约束。

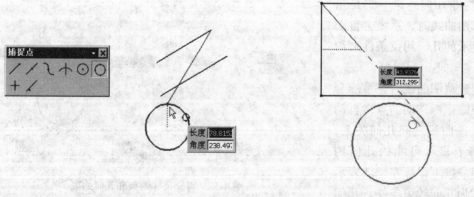

图 4-35 捕捉点   图 4-36 自动辅助线

5）动态曲线。在创建草图曲线时，系统会自动地跟踪鼠标移动，动态画出曲线，如图 4-37 所示。

（3）草图曲线：草图曲线即在草图中建立的曲线。用户可以使用智能工作方式、快速裁剪和延伸等手段，动态地建立草图曲线。为了使其与其他曲线有区别，系统在默认的情况下设置草图曲线为蓝绿色。在草图中可以创建的曲线有：轮廓、直线、弧、圆、派生线、圆角、矩形、样条线、点，椭圆、艺术样条线等。所有草图曲线都可以使用拖动的方法改变其位置、形状和大小（未约束的部分）。

1）轮廓。执行"轮廓"命令【✍】可以动态地连续地（上一段的终点是下一段的起点）创建直线和圆弧。默认情况下系统首先绘制直线，用户可以拖动一下鼠标左键切换到圆弧，再次拖动返回直线。当一段圆弧绘制完成后会自动返回直线。若上一段已绘制了直线，则切换到圆弧时只能是两点绘制一个圆弧，即起点和终点。其中圆弧起点可能与上一段直线相切或垂直，这取决于切换点的位置（拖动鼠标左键的位置）。

2）直线。执行"直线"命令【✍】可以动态地创建直线段。与轮廓的区别是不连续创建，不能切换到圆弧。

图 4-37 动态曲线

3）圆弧。可以动态地创建圆弧段。与轮廓的区别是不连续创建，不能切换到直线。如图 4-38 所示。

4）圆。可以动态地创建圆，有如下两种方法：

①圆心直径法【⊙】。有两种方法：圆心、圆弧上一点；圆心，输入直径值。

②点定圆法【○】。有两种方法：圆弧上三点，或输入直径值。

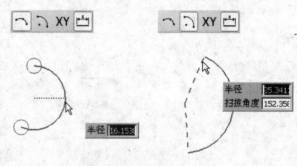

图 4-38 创建圆弧

例 4-1 已知一圆 L 与矩形 M，在矩形 M 的四个角点处绘制与其半径相等的四个圆，如图 4-39 所示。

①选择圆心直径法。

②选择圆 L 的圆心，再移动鼠标到圆弧上系统自动捕捉到圆弧上的点，按下【Enter】键，使系统记下半径值。

③选择矩形 M 的四个角点位置放置圆即可。

5）派生线（见图 4-40）。使用"派生线"【▨】命令，可以创建一条直线，主要有：偏置线、两平行线、等分线、等分角线。使用该命令后光标会改变，如图 4-40 所示。

①偏置线。单击鼠标左键可以创建一条相对于最新创建的直线偏置一定距离并与原直线等长的直线。

②两平行线等分线。依次选择两条平行线，系统会自动创建与这两条平行线等距的直线，长度可以用户自己设定。

③等分角线。依次选择两条不平行的直线，系统会自动创建等分这两条直线夹角的直线，长度可以由用户自己设定。

6）圆角（见图 4-41）。使用"圆角"【▨】命令，可以动态而快速地在两个曲线之间创建圆角。当该命令启动后，在屏幕左上角会显示裁剪开关，有三项选择，让用户选择是否裁剪原曲线。选择两条曲线方法是依次选择两条曲线或选择两条曲线交点。用户可以输入半径值用于多个相同半径的倒圆角。

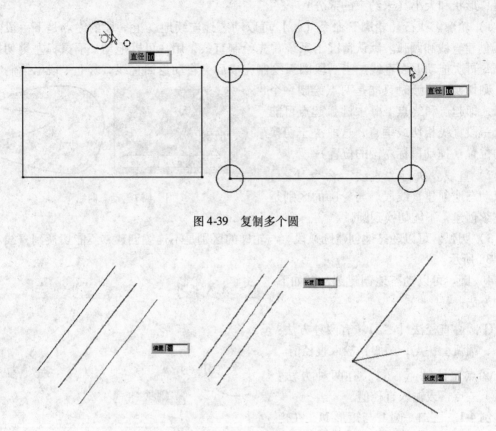

图 4-39　复制多个圆

图 4-40　派生线

①单个圆角。选择两条要倒圆角曲线（可以预览到结果），单击鼠标或输入半径值。在有预览时，可用【Page Up】键求另解。

②多个圆角。输入半径值，回车，依次选择曲线或拖动鼠标左键穿过曲线要倒圆角的部分释放左键。

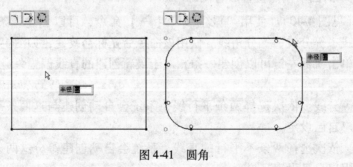

图 4-41　圆角

7）矩形（见图 4-42）。使用"矩形"【▢】命令，用户可以定义矩形的对角点来绘制矩形，有三种绘制矩形的方法，用二点，用三点，从中心绘制。

8）添加曲线。使用"添加现有的曲线"【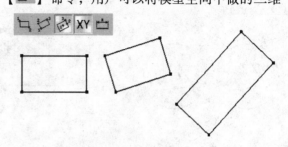】命令，用户可以将模型空间中做的二维曲线或点添加到当前草图中去，使之成为当前草图的一员。添加的对象的颜色由绿色变为蓝绿色，但对象位置不改变。在使用该命令时会弹出一个分类选择器对话框让用户选择曲线或点。另外，三维曲线或二维曲线所在的平面与草图平面不平行的不能添加。

图 4-42　矩形

9）投影曲线（见图 4-43）。使用"投影曲线"【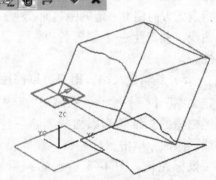】命令，用户可以将模型空间中做的对象（实体和空间曲线）按垂直于草图工作面的方向投影到当前草图中去，使之成为当前草图的一员。添加的对象的颜色由绿色变为蓝绿色。但原对象的性质不改变。

除上述曲线之外还有椭圆、二次曲线、样条等曲线。

图 4-43　投影曲线

（4）草图曲线编辑

1）快速裁剪（见图 4-44）。使用"快速裁剪"【】命令，可以在任意方向上快速裁剪任何曲线到边界上或删除曲线（不与其他曲线相交）。使用该命令后光标会改变。

①单个曲线裁剪。移动鼠标到要裁剪的曲线上，可以预览裁剪结果，单击左键裁剪。

②多个曲线裁剪。可以拖动鼠标左键，穿过曲线要裁剪掉的部分，释放左键。

③裁剪到边界。用【Ctrl】＋鼠标左键选择边界，再依次拾取曲线要裁剪掉的部分，可用【Shift】＋鼠标左键取消边界。

2）快速延伸（见图 4-45）。用户可以使用"快速延伸"【】命令在任意方向上快速延伸曲线到边界上。使用该命令后光标会改变。

①单个曲线延伸。移动鼠标到要延伸的曲线上，可以预览延伸结果，单击左键延伸。

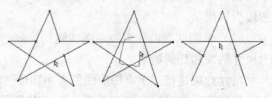

图 4-44　快速裁剪

②多个曲线延伸。可以拖动鼠标左键，穿过曲线要延伸的部分，释放左键。

③延伸到边界。用【Ctrl】＋鼠标左键选择边界，再依次拾取曲线要延伸的部分，可用【Shift】＋鼠标左键取消边界。

3）镜像。如图 4-46 所示，用户可以使用"镜像"【】命令，将草图曲线以一条直线为对称中心线，镜像复制成新的草图曲线。镜像复制的曲线与原曲线形成一个整体，并产生一个镜像约束，且保持相关性。其中所选的作为中心线的直线变为参考线，显示为淡色虚线。

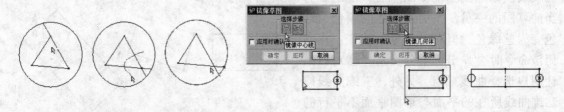

图 4-45　快速延伸　　　　　　　　　　　　　　　图 4-46　镜像

4）偏置。如图 4-47 所示，用户可以使用"偏置"【　】命令，将草图中的曲线沿指定的方向偏置一定的距离而产生一条新的曲线，并产生一个偏置约束，且保持相关性。

5）编辑定义串。用户可以使用"编辑定义串"【　】命令，在原来的草图中将已经扫掠的二维轮廓添加或删除一些草图曲线。添加：单击鼠标左键，删除：【Shift】+鼠标左键。图 4-48 所示的编辑串实例，将正方形通过编辑串替换原图中的圆形草图曲线，实体即刻发生变化。

在草图工作环境中还可以使用菜单"编辑转换"中的镜像、阵列、复制、移动等，也可以使用"编辑曲线"等命令，但这些命令不具有参数化设计条件，不能参数约束，故较少采用。

（5）草图曲线的约束：草图曲线约束分为尺寸约束和几何约束。

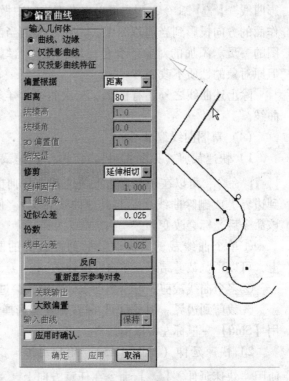

图 4-47　偏置

尺寸约束是指对于草图曲线的大小和形状的约束，就像工程制图中的尺寸标注。几何约束是确定草图曲线间的相互关系，在图中表现为曲线上的几何约束符号，如图 4-49a 所示。要注意的是不仅可以对草图曲线进行约束，还可以对草图曲线与其他对象之间建立约束，如坐标轴、实体上边界等。所有的约束可以直接使用"删除"【　】命令删除，为了避免选择时错误地选择到其他对象，选择时可以使用过滤器。如图 4-49b 所示。

1）尺寸约束。用"尺寸"【　】命令可以添加、修改和删除对象的尺寸约束。执行该命令后，弹出"尺寸"对话框，如图 4-50 所示。双击尺寸约束可以修改尺寸的值。选择尺寸标注并拖动可以移动尺寸标注文本的位置。

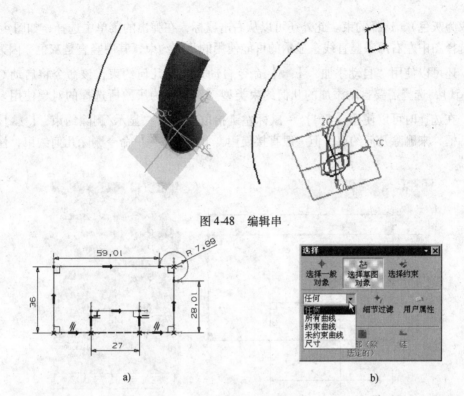

图 4-48 编辑串

图 4-49 草图曲线约束

a) 几何约束 b) "选择" 对话框

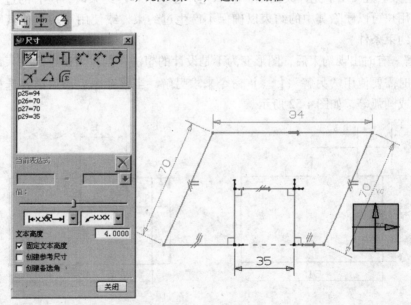

图 4-50 "尺寸约束" 对话框

2) 几何约束。使用"创建约束"【】命令，可以手动添加对草图曲线的几何约束。方法是：选择要约束的曲线之后，系统将在屏幕左上角弹出可能使用的约束（其中已经应用的约束为灰色），选择约束。此外还可以从右击鼠标，在弹出的菜单中选择，如图4-51所示。如选择图中左右两条竖直线，显示的可能使用的几何约束，其中竖直是灰色，因为已经应用过。还可以使用"自动添加"【🗚】命令自动地添加几何约束，该命令将启动对话框（见图4-51），选择需要自动添加的几何约束类型（注意，为了给所选择的对象使用多个几何约束，在选择时可以使用【Ctrl】＋鼠标左键拾取。使用"显示/删除约束"【✖】命令启动对话框，来删除几何约束，但一般直接使用"删除"【✕】命令删除几何约束，注意使用过滤器。

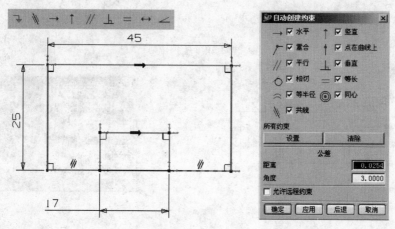

图4-51 几何约束

3）欠约束。在UG中允许欠约束，但不允许过约束。过约束时，所有的过约束链将用黄色表示，用户可以删除其中的约束以确保不产生过约束，或使用【🖼】使其转换成仅作参考不作为约束条件。

4）另解。有时出现约束后，图形变为不是设计的想法，其原因是给定约束后数学上的一种解，这时需要使用"另解"【🖼】命令来求另解。当该命令启动后需要选择产生另解的关键约束或圆弧等，如图4-52所示。

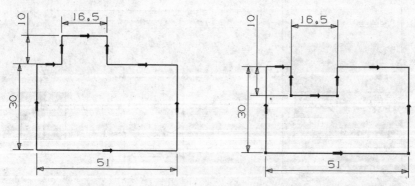

图4-52 另解

3. 扫掠体 将二维轮廓在空间中平移、旋转、沿导线扫掠，所产生的拉伸体、旋转体、沿导线扫掠体、软管等称之为扫掠体。在UG中不同的扫掠对象，可能产生不同的扫掠体，应注意以下三点：

1）对象类型。在 UG 中扫掠的对象主要有实体的面、实体的边、曲线、成链曲线及片体。由于可以直接扫掠实体的面或边，所以无须用户事先抽取；成链曲线是指用户只要选择一段曲线按下"确定"，系统会自动地分析出所有相连的曲线。另外，在选择曲线和实体的边时要求用户选择的曲线集合是封闭的，若出现曲线相互交叉，则系统会自动地要求用户指定一个封闭的区域。

2）扫掠体类型。主要有实体和片体。实体是指封闭成体积的表面的集合，其厚度不为 0；片体是指不封闭成体积的表面的集合，其厚度为 0。在 UG 中两者都称为体。扫掠体的类型取决于系统的设置和扫掠的对象类型，如图 4-53 所示。

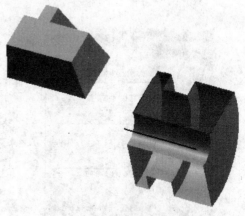

①系统设置。默认情况下，扫掠的结果是实体。菜单"【预设置】→【建模】…"命令可以控制扫掠的结果。使用该命令可以弹出"建模设置"对话框，如图 4-54 所示。设置"体类型"的不同可以得到不同的扫掠体，有实体和片体。

图 4-53　扫掠体类型

②扫掠对象类型。当系统设置为实体时，实体的面和片体扫掠的结果都为实体；实体的边和曲线的扫掠的结果取决于曲线，若曲线在同一平面内，且是封闭的则扫掠的结果是实体，否则是片体。

3）布尔运算。当生成一个扫掠体时，系统会自动地提示用户使用布尔运算，如图 4-55所示。

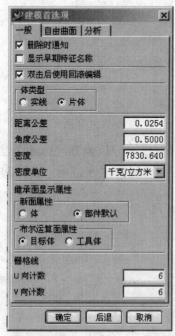

图 4-54　"建模设置"对话框

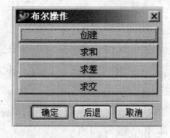

图 4-55　布尔运算

（1）拉伸体：拉伸体是指将对象沿线性的方向扫掠而成的实体或片体特征。可以使用下列方法启动命令：

⅄ 工具条：单击按钮【■】。

⅄ 菜单：单击"【插入】→【设计特征】→【拉伸】…"。

命令启动后，弹出"拉伸体"对话框，如图4-56所示。

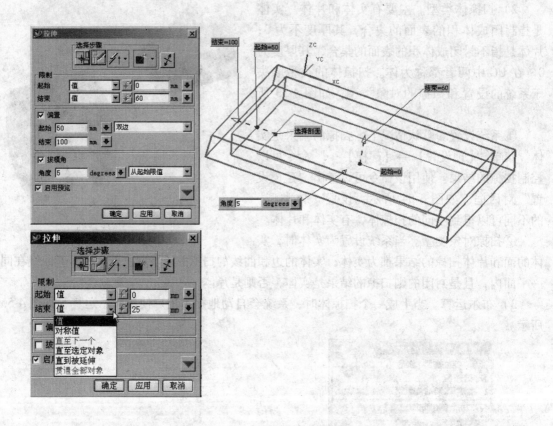

图4-56　"拉伸体"对话框

1）拉伸方式。主要有方向和距离、选择剖面→选择草图面→拉伸方向。在这里选择意图十分重要，如单个曲线，已连接的曲线，相切曲线，面的边，片体边缘，特征曲线及任何。最后在实体与实体之间进行布尔运算。

2）拉伸参数。主要有拉伸距离、偏置、拔模角度等。

3）使用步骤有四点。

①选择拉伸对象。

②确定拉伸方式。

③确定拉伸方向。

④输入拉伸参数。

例4-2　将图4-57a所示二维轮廓拉伸成实体。

①新建文件

a. 新建一个文件名为"A2. PRT"部件文件。

b. 启动 UG 中的建模模块。

②新建草图特征

a. 启动【草图】命令。

b. 选择 XOY 平面为草图平面，采用默认的 X 轴方向，按下【确定】按钮。

c. 使用草图绘制直径为 50 的圆 2、直径为 30 与圆 2 相距 60 的圆 3。

d. 分别绘制与两个圆相切半径为 120 的弧线。

e. 退出草图。

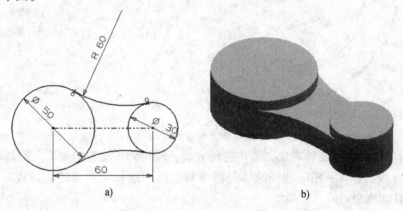

图 4-57 二维轮廓拉伸成实体

③选择拉伸命令，在选择意图对话框中打开在相交处停止命令，用单个曲线或相切曲线选择里面的 4 条线，拉伸距离为 − 5 到 5。

④选择拉伸命令，在选择意图对话框中关闭在相交处停止命令，用单个曲线选择 2 个圆，拉伸距离为 − 10 到 10。

⑤做并集。结果如图 4-57b 所示。

（2）回转体：回转体是指将对象绕某一轴线旋转而成的实体或片体特征。使用下列方法启动命令：

🙼 工具条：单击按钮【 】。

🙼 菜单：单击【插入】→【成型特征】→【回转】。

命令启动后，弹出"回转体"对话框，如图 4-58 所示。

1）旋转方式。主要有轴—角度、裁剪至面、在两个面之间裁剪。除了

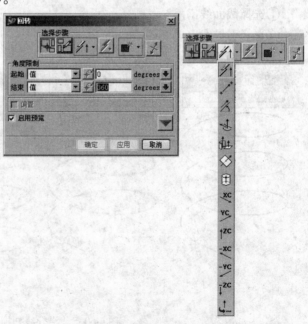

图 4-58 "回转体"对话框

"轴—角度"之外，其他的几个方法都要求在拉伸方向上必须有实体与之进行布尔运算，如图 4-59 所示。其中选择"轴—角度"方法，当旋转角度为 360 时，选择不封闭的旋转对象也可以生成实体。

2）旋转参数。主要有旋转角度、偏置等。旋转角度方向采用右手规则，即大拇指指向旋转轴而四指指向旋转角度方向。

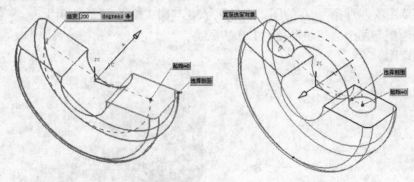

图 4-59　旋转的方式

3）使用步骤有选择旋转对象，确定旋转方式，确定旋转轴方向及输入旋转参数。

（3）沿导线扫掠体：沿导线扫掠体是指将对象沿导线扫掠生成的实体或片体特征。使用下列方法启动命令：

△ 工具条：单击按钮【 】。

△ 菜单：单击【插入】→【成型特征】→【扫掠向导】。

命令启动后，弹出"沿导线扫掠"对话框，如图 4-60 所示。

使用步骤：

①选择截面线串。

②选择引导线串。

③输入偏置参数，如图 4-60 所示。

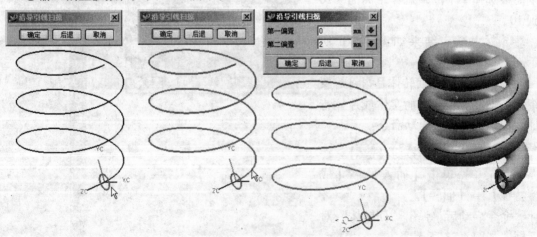

图 4-60　"沿导线扫掠"对话框

（4）管道：管道是指将对象沿导线扫掠生成的管道特征。使用下列方法启动命令：

人 工具条：单击按钮【■】。

人 菜单：单击【插入】→【成型特征】→【管道】。

该命令启动后，弹出"软管"对话框，如图4-61所示。

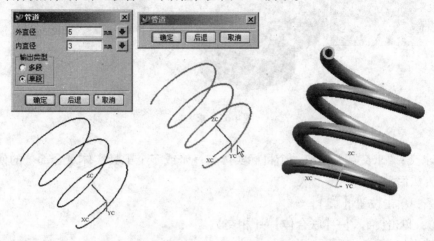

图4-61　"软管"对话框

使用步骤：

①选择软管参数。

②选择引导线。

4. 布尔运算

（1）求和："求和"是指两个或两个以上的实体合并成一体。使用下列方法启动命令：

人 工具条：单击按钮【■】。

人 菜单：单击【插入】→【联合体】→【求和】。

启动命令后，弹出"求和"对话框，操作结果如图4-62所示。

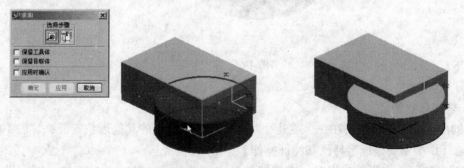

图4-62　"求和"对话框

（2）求差："求差"是指一个目标实体减去一个或多个工具实体，使用下列方法启动命令：

人 工具条：单击按钮【■】。

人 菜单：单击【插入】→【联合体】→【求差】。

操作结果如图4-63所示。

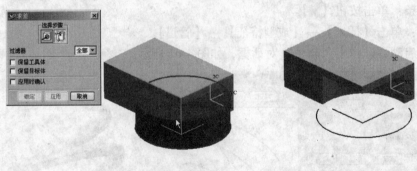

图 4-63　求差

（3）求交："求交"是指取一个目标实体与一个或多个工具实体重合部分的使用实体。使用下列方法启动命令：

　　工具条：单击按钮【　】。

　　菜单：单击【插入】→【联合体】→【相交】。

　　操作结果如图 4-64 所示。

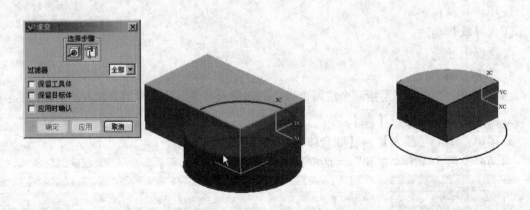

图 4-64　求交

4.4.4　辅助形状特征

　　辅助形状特征是指依附在一个或几个基本形状特征之上的其他形状特征，它们不能独立存在。在 UG 中主要是成型特征和特征操作。

　　1. 成型特征　在零件建模时，成型特征是用于在毛坯的基础上进行细节部分设计。主要有添料操作：圆台、凸垫等；去料操作：孔、腔、键槽、沟槽等。

　　（1）概述：在使用成型特征时，需要确定下列三个基准。

　　1）特征放置平面。大多数成型特征需要使用一个平面来确定成型特征的放置位置。用户可以选择一个已存在的平面。如果要放置在非平面上，则需要用户自己建立一个基准平面，例如，轴类零件的圆柱表面上的键槽。

　　2）特征坐标系。有些成型特征需要用特征坐标系的 X 轴方向来确定成型特征的水平参考（长度方向）。用户可以选择一个已存在的边、面、基准轴、基准平面作为成型特征的水平参考；如果用户使用水平参考不方便，则可以转换成垂直参考（见图4-65）。

3）特征定位。定位是使用定位尺寸来确定成型特征在放置平面上的相对位置。用户可以在创建成型特征时确定成型特征的定位，也可以在成型特征建立后再编辑成型特征的定位。定位时首先确定目标对象，然后确定成型特征的工具或刀具对象。

 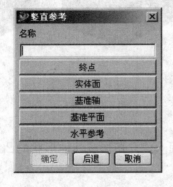 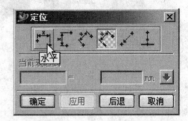

图4-65 特征坐标系的建立

①水平定位。用于确定成型特征在水平方向（特征坐标系的 X 轴方向）的特征定位基准（有些成型特征的定位基准可以由用户选择）与用户所选的边之间的距离。这种定位方法需要特征坐标系，若在此之前用户未建立特征坐标系，则系统会自动提示用户通过确定水平参考建立特征坐标系。

②竖直定位。用于确定成型特征在竖直方向（特征坐标系的 Y 轴方向）的特征定位基准与用户所选的边之间的距离。这种定位方法一般与水平定位配合使用。

③平行定位。用于确定成型特征的定位基准与用户所选的点之间的距离。

④垂直定位。用于确定成型特征的定位基准与用户所选的边之间的距离。

⑤点到点定位。用于确定成型特征的点与用户所选的点重合。

⑥点到线定位。用于确定成型特征的点与用户所选的边重合。

成型特征使用步骤如下：

①选择成型特征类型。

②选择放置平面和选择水平参考。

③输入参数。

④确定定位方式。

（2）添料操作

1）圆台。圆台是指在一个面上建立圆柱或圆锥的凸起特征。可以使用下列方法启动命令：

⚲工具条：单击按钮【▤】。

🖙菜单：单击【插入】→【设计特征】→【圆台】。

启动命令后，弹出"圆台"对话框，如图 4-66 左图所示。

图 4-66　圆台

2）凸垫。凸垫是指在一个面上建立矩形或其他形状的凸起特征。可以使用下列方法启动命令：

🖙工具条：单击按钮【▣】。

🖙菜单：单击【插入】→【设计特征】→【凸垫】。

命令启动后，弹出"凸垫"对话框，如图 4-67 所示。

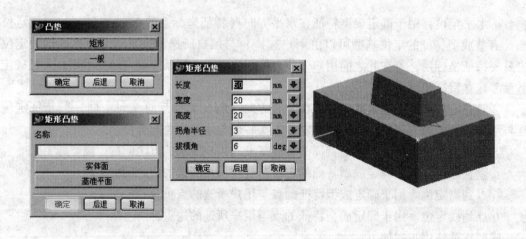

图 4-67　"凸垫"对话框

凸垫类型有矩形凸垫和一般凸垫。其中一般凸垫是建立凸起的一般方法，可以在任意形状表面上建立任意形状的凸起，其顶部表面可以是曲面。凸起的底部和顶部可以用曲线定义，且曲线可以不在底部或顶部，系统按投影方法将曲线投影到底面或顶面。如图 4-68 所示。

3）凸起。凸起是指在一个面上建立草图或其他形状的截面曲线，在目标面和封盖面间建立有拔模锥度的实体。可以使用下列方法启动命令：

↘工具条：单击按钮【　】。

↘菜单：单击【插入】→【设计特征】→【凸起】。

命令启动后，弹出"凸起"对话框，如图4-69所示。凸起和一般凸垫是有区别的。

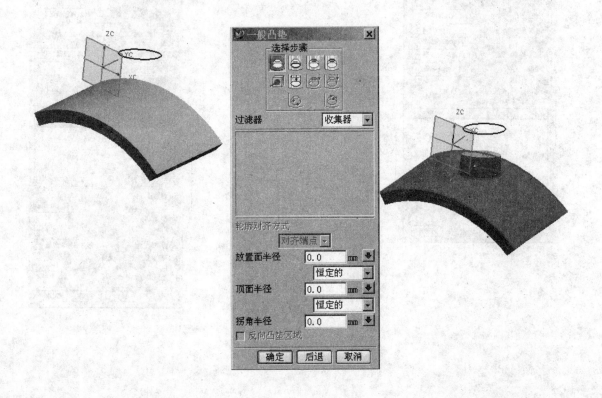

图4-68　一般凸垫

4）肋板。肋板为两个相交面添加加强肋，可以使用下列方法启动命令：

↘工具条：单击按钮【　】。

↘菜单：单击【插入】→【设计特征】→【三角形加强肋】。

命令启动后，弹出"三角形加强肋"对话框，按"弧长百分比"方式定好加强肋位置，如图4-70所示。

（3）去料操作

1）孔。孔是指在一个平面上建立一个圆柱或圆锥的孔特征。可以使用下列方法启动命令：

↘工具条：单击按钮【　】。

↘菜单：单击【插入】→【设计特征】→【孔】。

命令启动后，弹出"孔"对话框，孔的类型有简单孔、沉头孔、埋头孔，也可以生成通孔，如图4-71所示。

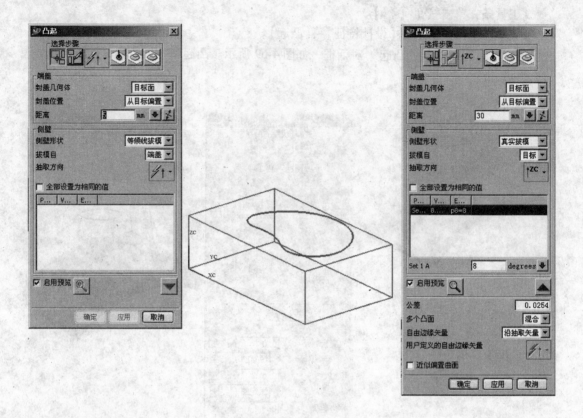

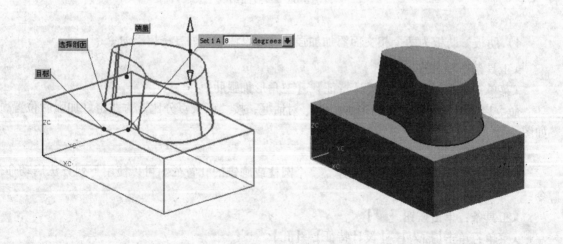

图 4-69　凸起

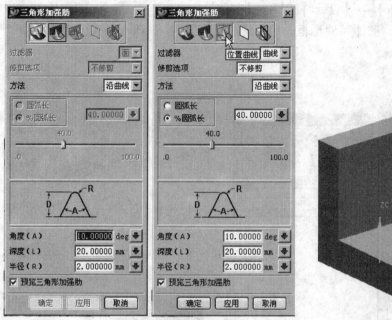

图 4-70 肋板

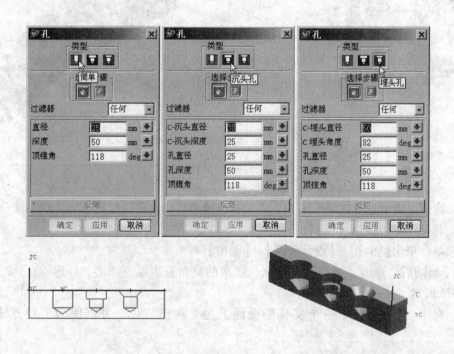

图 4-71 孔

2）腔体。腔体是指在一个平面上建立一个圆柱、矩形或一般的空腔特征。可以使用下列方法启动命令：

↘工具条：单击按钮【▣】。

↘菜单：单击【插入】→【设计特征】→【腔体】。

命令启动后，弹出"腔体"对话框，腔体的类型有圆柱、矩形、一般的腔体，如图 4-72 所示。

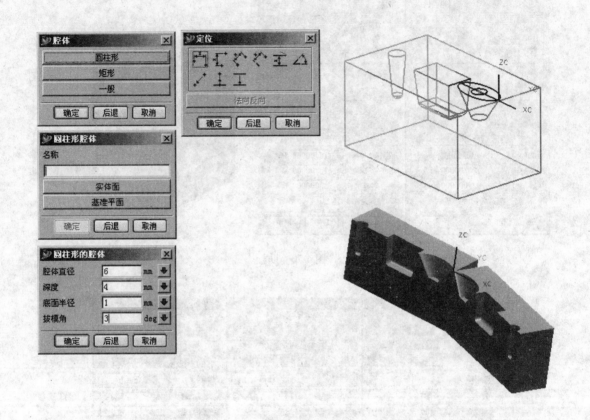

图 4-72　腔体

3）键槽。键槽是指在一个平面上建立一个键槽特征。可以使用下列方法启动命令：

↘工具条：单击按钮【▣】。

↘菜单：单击【插入】→【设计特征】→【键槽】。

命令启动后，弹出"键槽"对话框，键槽的类型有矩形、球形、U 形、T 型、燕尾形。如图 4-73 所示。

4）沟槽。沟槽是指在一个实体的平面上建立沟槽特征。可以使用下列方法启动命令：

↘工具条：单击按钮【▣】。

↘菜单：单击【插入】→【设计特征】→【沟槽】。

命令启动后，弹出"沟槽"对话框，沟槽的类型有矩形、球形、U 形，如图 4-74 所示。

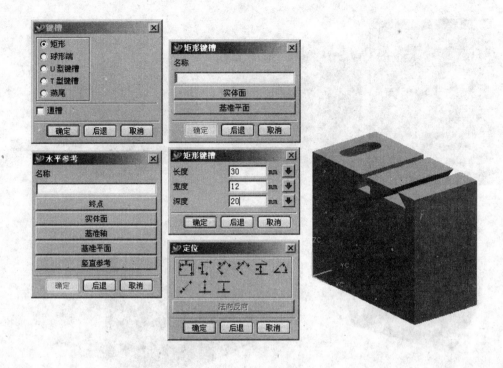

图 4-73 键槽

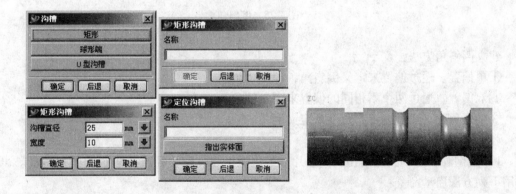

图 4-74 沟槽

2. 特征操作　在零件建模时，特征操作是用于在毛坯的基础上进行细节部分设计。主要有倒角；圆角：边倒圆、面倒圆、软倒圆；面操作：拔模、裁剪；体操作：抽壳、螺纹；特征复制：引用。

（1）倒斜角：倒斜角是指对实体的边或面建立斜角特征。可以使用下列方法启动命令：

↳工具条：单击按钮【　】。

↳菜单：单击【插入】→【细节特征】→【倒斜角】。

命令启动后，弹出"倒斜角"对话框，如图 4-75 所示。

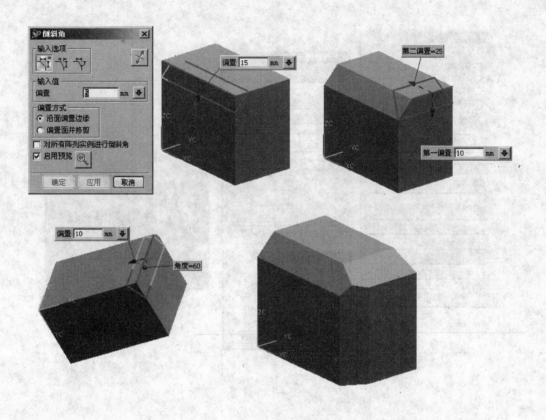

图 4-75　倒斜角

建立倒斜角方法：

①单偏置。通过偏置来定义倒斜角，即 45°倒角。

②双偏置。通过两个不相同的偏置来定义倒角。

③偏置角度。通过偏置和角度来定义倒角。

（2）圆角

1）边倒圆。边倒圆是指在实体或片体的边缘上建立定半径或变半径的圆角特征。可以使用下列方法启动命令：

人工具条：单击按钮【　】。

人菜单：单击【插入】→【细节特征】→【边倒圆】。

命令启动后，弹出"边倒圆"对话框，如图 4-76 所示。在 UG 中边倒圆是采用滚动球方式进行倒圆角，即用一圆球沿所选择的边滚动，并且与边的两个侧面保持相切。

边倒圆步骤：

①普通边倒圆

a. 选择"边界"方法。

b. 选择圆角对象。

c. 输入圆角参数和设置必要的选项。

d. 按下【确定】按钮。

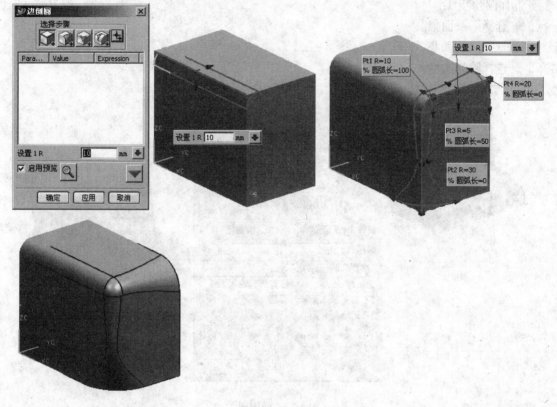

图 4-76　边倒圆

②变半径边倒圆

a. 选择"边界"方法。

b. 选择圆角对象。

c. 输入圆角参数和设置必要的选项。

d. 在已选择的边上依次再选择要改变半径的点，并输入半径值 a

e. 按下【确定】按钮。

2）面倒圆。面圆角是指在实体或片体的两组面上建立定半径或变半径的圆角特征。可以使用下列方法启动命令：

⊾工具条：单击按钮【⤵】。

⊾菜单：单击【插入】→【细节特征】→【面倒圆】。

命令启动后，弹出"面倒圆"对话框，如图 4-77 所示。在 UG 中面倒圆是在边圆角产生的圆角不符合要求时使用或者是对圆角半径有特殊要求时使用。

①圆角类型。主要有圆球、二次曲面、圆盘等参数（用于蜗轮叶片）。

②圆角半径。主要有恒定、规律控制、相切线控制。

③附着方式。由于该命令可用于不同的实体之间或不同的片体之间，故需要确定裁剪和附着方式。

④面集方向。指向圆角中心。

⑤面圆角步骤：

a. 选择第一面集。

b. 选择第二面集。

c. 选择陡峭边缘。

d. 选择相切控制线。

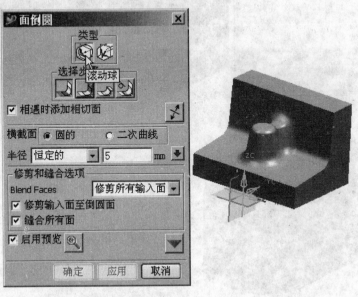

图 4-77　面倒圆

3）软圆角。软圆角是指在实体或片体的两组面上建立变半径的圆角特征，过渡更加光滑、自然。可以使用下列方法启动命令：

ㄑ工具条：单击按钮【 】。

ㄑ菜单：单击【插入】→【细节特征】→【软圆角】。

命令启动后，弹出"软圆角"对话框，如图 4-78 所示。在 UG 中软圆角比面圆角或边圆角产生出的圆角更具有艺术效果。

①光顺性。切矢连续软圆角与所选的面集相切连续；曲率连续软圆角与所选的面集曲率连续。

②软圆角步骤

a. 选择第一面集；选择第二面集。

b. 选择第一相切曲线；选择第二相切曲线。

c. 按下【定义脊线】按钮，选择脊线；按下【应用】按钮。

（3）面操作

1）拔模。拔模是指对实体面按指定方向进行倾斜。可以使用下列方法启动命令：

ㄑ工具条：单击按钮【 】。

ㄑ菜单：单击【插入】→【细节特征】→【拔模】。

命令启动后，弹出"拔模"对话框，如图 4-79 左上图所示。

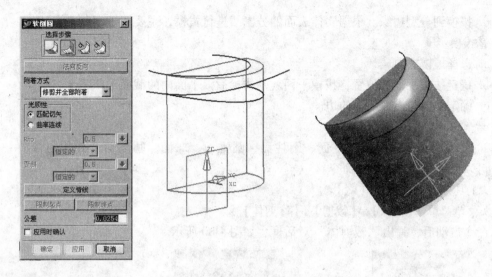

图 4-78　软圆角

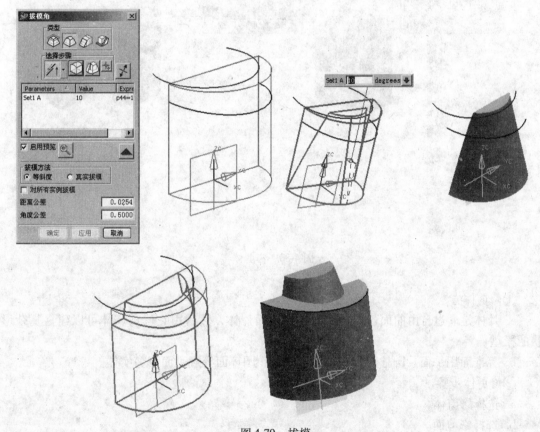

图 4-79　拔模

①拔模方法

a. 从固定平面拔模。是普通的拔模。

b. 从固定边缘拔模。用于不在同一平面的边的拔模，且可以实现变角度拔模。

c. 对面进行相切拔模。拔模后与选择的面相切（需要选择相切面）。

d. 拔模到分型边缘。根据实体表面的分割线进行拔模，主要用于塑胶模设计。

②拔模步骤

a. 选择拔模方向。

b. 确定拔模平面的位置，拔模平面就是拔模后该平面内的截面形状不变。

c. 确定需要拔模面或面的边。

d. 输入参数。

2）修剪体。裁剪是利用平面、圆柱面、圆锥面、球面、圆环面及片体来裁剪一个实体。可以使用下列方法启动命令：

↘工具条：单击按钮【▣】。

↘菜单：单击【插入】→【裁剪】→【修剪体】。

命令启动后，弹出"裁剪体"对话框，如图4-80所示。

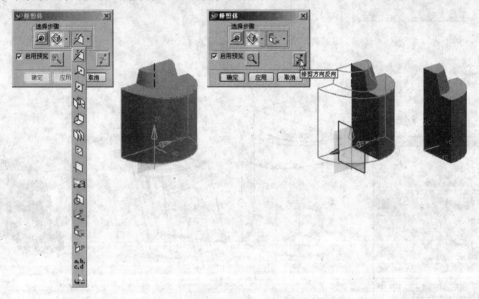

图4-80　修剪体

①修剪体方法

a. 片体是通过自由曲面建模的方法建立曲面片体，然后用它修剪实体可以建立复杂形状的模型。

b. 标准面用平面、圆柱面、圆锥面、球面、圆环面等规则面修剪实体。

②修剪体步骤

a. 选择修剪体。

b. 选择修剪面。

c. 选择修剪方向。

分割体【▣】操作步骤与修剪体【▣】基本相同，不同的是分割体【▣】操作切除了实体且彻底删除了以前的参数。

（4）体操作

1）抽壳。抽壳是用于挖空实体建立薄壳零件。可以使用下列方法启动命令：

⅄工具条：单击按钮【▧】。

⅄菜单：单击【插入】→【偏置/比例】→【抽壳】。

命令启动后，弹出"抽壳"对话框，如图4-81所示。

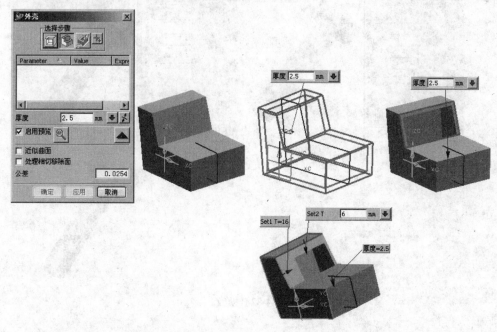

图4-81　抽壳

①抽壳方法

a. 面抽壳通过选择的穿透面和偏置面抽壳。

b. 面域抽壳通过选择种子面和由边界表面限制的一个面的集合建立抽壳。

c. 体抽壳形成一个空心体。

②抽壳步骤

a. 选择抽壳的类型。

b. 根据抽壳的类型选择对象。

c. 输入厚度。

d. 若变厚度则需要选择偏置面及其对应的厚度。

2）螺纹

⅄工具条：单击按钮【▤】。

⅄菜单：单击【插入】→【偏置/比例】→【螺纹】。

命令启动后，弹出"螺纹"对话框，如图4-82所示。

①螺纹表示方法

a. 符号螺纹　用标准螺纹符号表示螺纹。

b. 详细螺纹　用螺纹实际形状表示螺纹，与实际造型一致，但运算量大。

②螺纹输入步骤

a. 选择螺纹的类型。

b. 选择对象。

c. 输入参数。

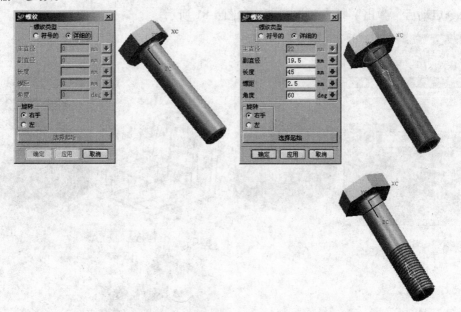

图 4-82　螺纹

3）比例

↙工具条：单击按钮【　】。

↙菜单：单击【插入】→【偏置/比例】→【比例】。

命令启动后，弹出"比例"对话框，如图 4-83 所示。利用该对话框可以进行比例操作。

①比例操作方法

a. 选择要进行比例操作的实体或片体。

b. 选择比例操作的类型。

c. 根据所选的不同比例类型设定不同的参数，完成比例操作。

②"比例"对话框中的三种比例操作类型

a. 均匀的。该方法需要选择一个参考点，根据所选参考点和比例因子，在坐标系所有方向上进行均匀缩放。

b. 轴对称。该方法需要选择一个参考点和一个参考轴，根据所设的比例因子在所选轴方法和垂直于该轴的方向进行等比例缩放。

c. 一般。该方法需要选择一个参考坐标系，根据所设的比例因子在 X、Y、Z 三个轴向进行不同比例缩放。

（5）特征复制

1）实例。实例是指将特征进行环形、矩形阵列、镜像复制实体或镜像复制特征。可以使用下列方法启动命令：

↙工具条：单击按钮【　】。

↙菜单：单击【插入】→【关联复制】→【实例】。

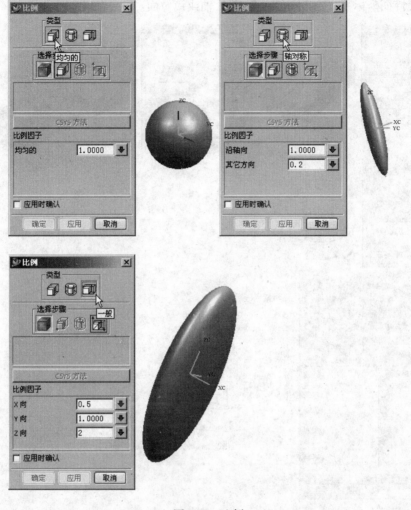

图 4-83　比例

命令启动后，弹出"实例"对话框，如图 4-84 所示。其中"图样面"是使用特征坐标系（FCS）来定义 X 轴或 Y 轴并生成图样面特征而非引用特征。

①实例制作方法

a. 矩形阵列。将特征按矩形复制。

b. 环形阵列。将特征按环形复制。

c. 镜像体。将体按镜像复制。

d. 镜像特征。将特征按镜像复制。

e. 图样面。按所示图形复制。主要图案有矩形、圆形（X 轴是指圆的轴线方向）、镜像。

②实例制作步骤

a. 选择合适的引用方法。

b. 选择特征。

c. 选择特征放置面。

d. 定义特征坐标系（FCS）的 X 轴和 Y 轴或镜像面。

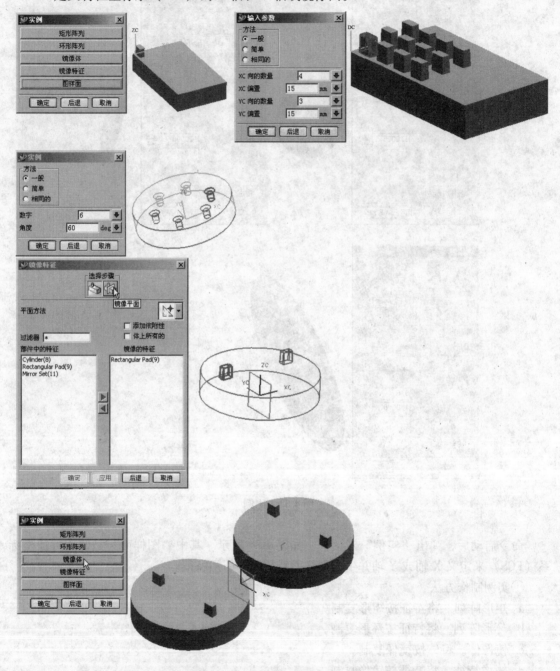

图 4-84　实例

2）抽取。抽取是在部件内相关联地复制曲线、表面、区域及体生成抽取特征。可以使用下列方法启动命令：

‸工具条：单击按钮【　】。

↳菜单：【插入】→【关联复制】→【抽取】。

命令启动后，弹出"抽取"对话框，如图 4-85 所示。在抽取特征上可以建立新的特征。抽取特征一般用于放置、定位及裁剪的参考（见图 4-85）；工具实体如被保留，则可多次使用。

①抽取类型。主要有曲线、表面、区域、体。

②时间标记。当选中该选项后，在抽取之后建立的特征将不被抽取。

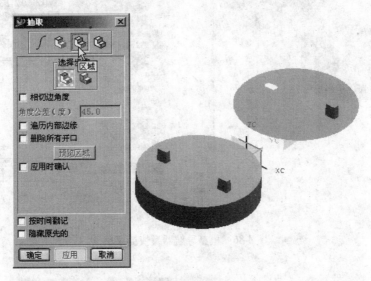

图 4-85　抽取

4.4.5　编辑特征

编辑特征就是保持构成特征的几何图素之间的拓扑关系不变，通过指定不同的参数值来实现特征形状的变化。

1. 模型导航器　模型导航器提供了可视化的特征相关性的图素。通过单击屏幕右边的"模型导航器"启动模型导航器，选中某个特征，"父"特征用红色表示，"子"特征用绿色表示，右击鼠标，可以弹出快捷菜单。单击【物体相关性浏览】打开"对象依赖性浏览"对话框，单击"信息"打开所选特征的所有信息窗口，如图 4-86 所示。模型导航器还可以通过单击【工具】→【模型导航器】设置他的显示方式：按时间顺序，快速查看，完全查看。

2. 编辑参数　在模型导航器中双击特征，可以弹出"编辑参数"界面，如图 4-87 所示。用户可以编辑特征的所有参数，包括特征参数、特征类型、特征放置面、特征定位参数等。不同的特征，显示的对话框不同。此外还可以删除特征。抑止特征（暂时从模型中移去），用户单击特征前面框，去除绿色的对号，可实现对特征的抑止，为修改带来极大的方便。

3. 重排特征时序　重排特征时序是通过改变特征创建的次序来编辑模型。在模型导航器中，选择特征并用鼠标拖动到合适的位置或右击弹出的快捷菜单中的"排在前面"和"排在后面"进行重排特征时序，如图 4-88 所示。

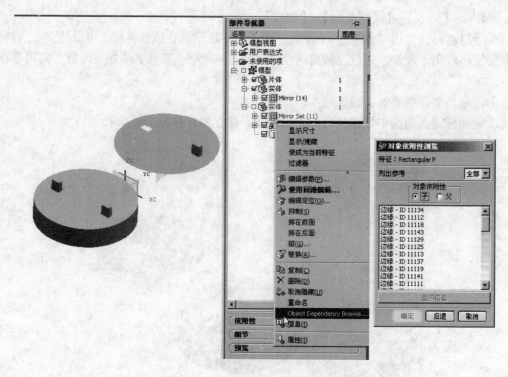

图 4-86　模型导航器及快捷菜单

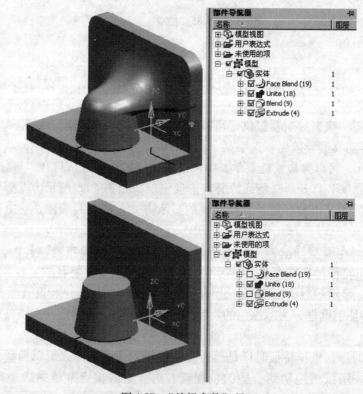

图 4-87　"编辑参数"界面

图 4-88　重排特征时序

4. 插入特征　在建模过程中有时需要使用插入特征技术，而不使用建立特征再改变时序。因为有些特征（如圆角）建立后，再建立其他特征就不容易定位，所以需要使用插入特征。要插入特征，只要将插入点的特征设置为当前特征（在模型导航器中右击"使成为当前特征"），即可建立新的特征，如图 4-89 所示。

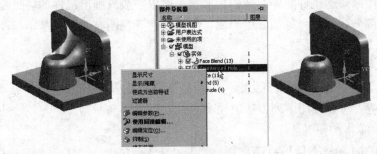

图 4-89　当前特征

5. 用表达式抑制特征　用表达式抑制特征是根据表达式的值来决定特征是否被抑止。当表达式的值为"非 0 特征不被抑止；为"0"时，特征被抑止。它提供了一种智能的方法建模。建立方法：单击【编辑特征】→【由表达式抑制】，弹出"由表达式抑制"对话框，如图 4-90 所示。

图 4-90　"由表达式抑制"对话框

4.5 工程制图应用综述

4.5.1 UG NX4.0 工程制图模块

"UG NX4.0 工程制图"模块提供了绘制和管理工程制图的完整的过程和工具，可以自动生成与实体模型完全相关联的工程制图，即当实体模型发生变化时，工程制图同步更新几何形状和尺寸、自动消除隐藏线、自动生成剖面线，并支持 GB、ISO、ANSI 标准。使用下列方法可以启动制图模块。

人工具条：单击按钮【 】。

人菜单：单击【起始】→【制图】，如图 4-91 所示。

4.5.2 三维实体转二维工程制图

在 UG 中主要使用三维实体转二维工程制图命令，最终转入 Auto CAD 软件之中转换出国标二维工程图。

视图主要用来表达机件的外部结构和形状，所以一般只画出机件的可见部分，必要时才画出其不可见部分，而不可见部分用剖视、剖面表达。视图有四种：基本视图、向视图、斜视图和局部视图。

1. 图样

(1) 新建图样：该命令用于设置一个新的图样幅面及图样名，图样幅面大小、比例、单位、投影角等。可以使用下列方法启动命令：

人工具条：单击按钮【 】。

人菜单：单击【图样布局】→【新建图样页】。

命令启动后，弹出"新图样"对话框，如图 4-92 所示。

(2) 打开图样：该命令用于打开一个已设置的图样。可以使用下列方法启动命令。

人工具条：单击按钮【 】。

人菜单：单击【图样布局】→【打开图样页】。

(3) 删除图样：该命令用于删除一个已设置的图样。可以使用下列方法启动命令。

人工具条：单击按钮【 】。

人菜单：单击【图样布局】→【删除图样】。

(4) 显示图样：该命令用于切换工程图样与实体模型的显示，可以使用下列方法启动命令。

人工具条：单击按钮【 】。

人菜单：单击【图样布局】→【显示图样页】。

2. 基本视图　基本视图是机件向基本投影面投影所得的视图。基本视图有多个投影方向分别是：前视图、左视图、俯视图、右视图、仰视图、后视图以及正等侧视图和正二侧视图。

基本视图可以采用添加视图命令中的输入视图建立主视图，然后再使用添加视图命令中的正交视图建立其他视图，分别介绍如下：

(1) 基本视图：使用基本视图【 】命令，可以在图样上建立不同投影方向、不同表达方式的视图。可以使用下列方法启动命令。

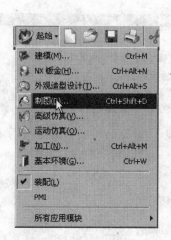

图 4-91 "UG/制图"模块的启动   图 4-92 "新建图样"对话框

⅄工具条：单击按钮【   】。

⅄菜单：单击【插入】→【视图】→【基本视图】。

命令启动后，弹出"基本视图"对话框，如图 4-93 所示。

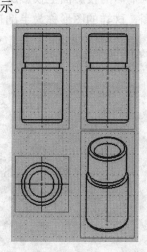

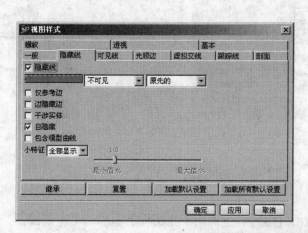

图 4-93 "基本视图"对话框

其中在视图样式中有一般、隐藏线、可见线、光顺边、虚拟交线、跟踪线、剖面、螺纹、透视和基本等栏目，可以根据不同的要求进行设置。

（2）视图类型：主要有投影视图、正交视图、局部放大视图、简单剖、阶梯剖、半剖、旋转剖、展开剖、局部剖等，如图 4-94 所示。

（3）剖视：为了能够清楚地表达出零件的内部形状，在机械制图中常采用剖视的方法。

1）全剖视图。用剖切面完全地剖开机件所得的剖视图称为全剖视图。

↘工具条：单击按钮【⊡】。

↘菜单：单击【插入】→【视图】→【剖视图】。

使用步骤：

①选择"图样布局"命令中的剖视图按钮【⊡】。

②选择俯视图。

③选择剖切平面的位置、箭头位置。

④指定剖视图的中心，在图样中选择合适的位置放置视图即可，如图 4-95 所示。

2）半剖视图。当机件具有对称平面时，在垂直于对称平面的投影面上投影所得的图形，可以以对称中心线为界，一半画成剖视，另一半画成视图，这样的图形称为半剖视图。

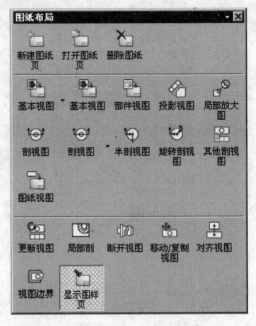

图 4-94 "视图类型"对话框

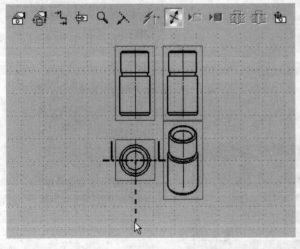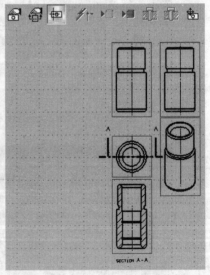

图 4-95 全剖视图

"图样布局"命令中的半剖视图【⟳】，主要用于在图样上添加一个半剖视图，当用户选择"图样布局"命令中的按钮【⟳】时，对话框将更改，如图 4-96 所示。

使用步骤：

①选择"图样布局"命令中的半剖视图按钮【 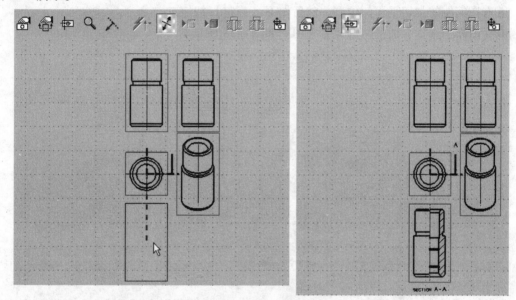 】。

②选择俯视图。

③选择剖切平面的位置及箭头位置。

④选择折弯位置。

⑤指定半剖视图的中心，在图样中选择合适的位置放置视图即可，如图 4-96 所示。若想去掉视图中的图框，可在首选项→制图→视图对话框里去掉边界栏显示边界前的对勾。如图 4-97 所示。

图 4-96　半剖视图

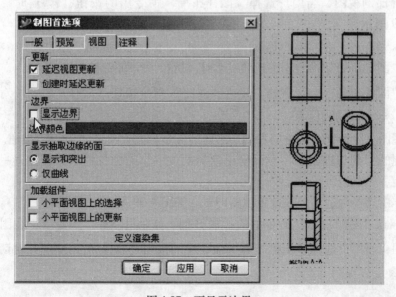

图 4-97　不显示边界

3）旋转剖视图。旋转剖【】，主要用于在图样上添加一个旋转剖视图，当用户选择"图样布局"命令中的按钮【】时，对话框将更改，如图4-98所示。

使用步骤：

①选择"图样布局"命令中的按钮。

②在俯视图上，选择合适的点及比例。

③选择旋转点的位置，确定。

④选择一个剖切平面的位置，确定。

⑤选择其他的剖切平面的位置，然后按下【确定】按钮。

⑥在图样中选择合适的位置放置视图。如图4-98所示。

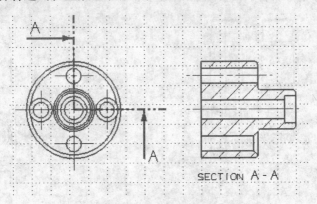

图4-98　旋转剖视图

4）阶梯剖视图。"图样布局"命令中的"其他剖视图"命令【】，主要用于在图样上添加一个阶梯剖视图，当用户选择"图样布局"命令中的按钮【】时，出现一对话框，如图4-99所示。

使用步骤：

①选择"图样布局"命令中的按钮【】，投影一个俯视图。

②选择"图样布局"命令中的"其他剖视图"命令按钮【】，出现一对话框，选择"阶梯剖"命令中的按钮【】。

③在俯视图上，选择箭头方向和剖切平面的矢量方向，单击"应用"按钮。

④在出现的"剖切线创建"对话框中依切割位置、箭头位置、折弯位置一一选择，然后按下【确定】按钮。

⑤在图样中选择合适的位置放置视图即可。如图4-99所示。

5）展开剖。"图样布局"命令中的"展开剖"命令【】，主要用于在图样上添加一个展开剖视图，当用户选择"图样布局"命令中的按钮【】时，出现一对话框，如图4-100所示。

使用步骤：

①"图样布局"命令中的按钮【】，投影一个俯视图。

②选择"图样布局"命令中的"其他剖视图"命令按钮【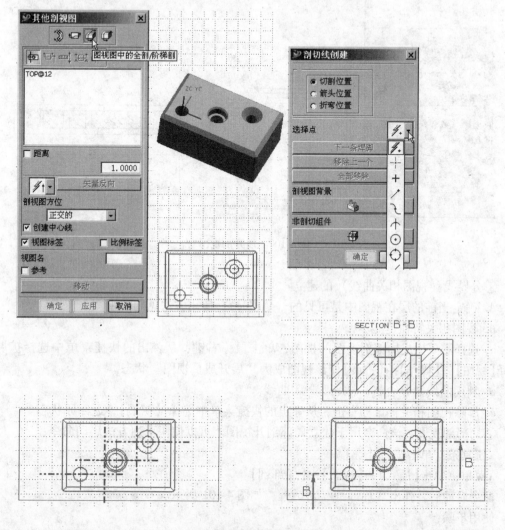】，出现一对话框，选择"展开剖"命令中的按钮【】。

③在父视图上，选择箭头矢量方向，单击【应用】按钮。

④在出现的"剖切线创建"对话框中选择切割位置，然后按下【确定】按钮。

⑤在图样中选择合适的位置放置视图即可。如图4-100所示。

图4-99　阶梯剖视图

6）局部剖视图。用剖切面局部地剖开机件所得的剖视图，称为局部剖视图。局部剖视图适用于机件的内、外结构都需表达而机件又不对称，不能采用半剖视图的时候。当机件的轮廓线与对称中心线重合，不宜采用半剖视图，必须用局部剖视图。

局部剖视图用波浪线或双折线分界。当被剖结构为回转体时，允许将结构的中心线作为局部剖视图与视图的分界线。

因此建议使用"样条"作为分界线。应该注意的是，在建立局部剖视图之前应生成一条封闭不相互缠绕的分界线，且分界线必须是视图相关曲线。

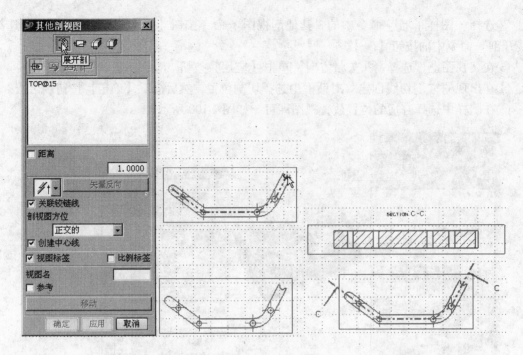

图 4-100　展开剖视图

①分界线（视图相关曲线）的建立

A. 确定当前的层在视图中是可见的（Visible），使用方法见局部视图。

B. 视图相关特性建立。

a. 选择需要生成局部剖视图的视图，单击鼠标右键，从弹出的快捷菜单中选择扩展或选择【视图】→【操作】→【扩展】使该视图成为"展开成员视图"状态。

b. 利用曲线命令绘制"样条"封闭曲线。

c. 解除视图相关：鼠标右击，从弹出的快捷菜单中选择【扩展】，返回原状态。

②局部剖视图。该命令用于建立局部剖开视图。可以使用下列方法启动命令：

✦工具条：单击按钮【🖼】。

✦菜单：单击【插入】→【视图】→【局部剖】。

命令启动后，弹出"局部剖"对话框，如图 4-101 所示。

使用步骤：

a. 选择需要生成局部剖视图的视图。

b. 选择一点作为剖切面通过的基准点。

c. 选择剖切平面的矢量方向。

d. 按下按钮【🖼】，选择分界线。

e. 必要时，可编辑分界线。按下【应用】按钮即可生成局部剖视图，如图 4-101 所示。

③轴测图的局部剖视图。在工程中经常需要将三维模型剖开显示，以表示其内部结构，如图 4-102 所示。根据局部剖视图的做法，剖切立体图的原理是：给定一个参考点，用曲线生成一个封闭区域，该区域按照用户指定的拉伸方向拉伸出一个实体，并用这个零件布尔减去这个实体得到剖切图。

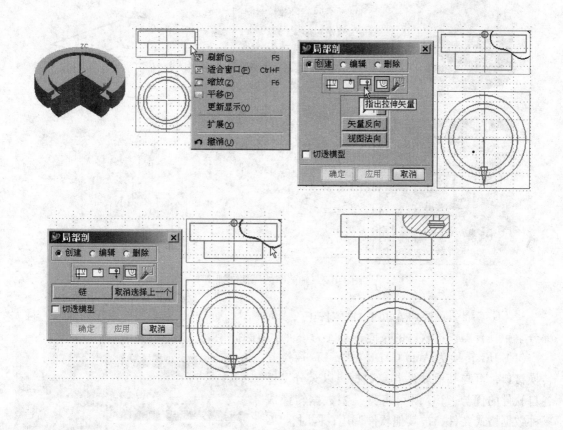

图 4-101　局部剖视图

以图 4-102 的三维实体为例对其进行 1/4 剖切。操作步骤如下：

a. 加入一个轴侧视图到图样中。

b. 选择该轴侧视图，单击鼠标右键，从弹出的快捷菜单中选择【扩展】或选择【视图操作】→【扩展】使该视图成为"展开成员视图"状态。

c.【格式】→【WCS】→【方位】，重置坐标系，在 XOY 平面上利用曲线命令绘制"矩形"曲线。

d. 解除视图相关：鼠标右击，从弹出的快捷菜单中选择【扩展】，返回原状态。

e. 选择"图样布局"命令中的"局部剖"命令按钮【🖼】。命令启动后，弹出"局部剖"对话框，如图 4-102 所示。

f. 选择该轴侧视图。

g. 选择一点作为剖切面通过的基准点。

h. 选择剖切平面的矢量方向。选两个点作为拉伸矢量方向较好。

i. 按下【🖼】按钮，选择"矩形"分界线。

j. 按下【应用】按钮即可生成局部剖视图，如图 4-102 所示。

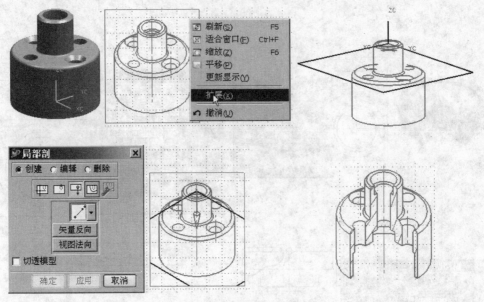

图 4-102　轴测图的局部剖视图

3. UG 二维图转换到 Auto CAD 软件中　Auto CAD 软件的二维图形功能较为强大，且大部分学生具有操作该软件的技能，不失为一种学习的捷径。

（1）UG 转换为 Auto CAD 格式：UG 通过其转换接口，可与其他软件共享数据，以充分发挥各自软件的优势。UG 既可将其模型数据转换成多种数据格式文件，被其他软件调用；同时，UG 也可读取由其他软件所生成的各种数据格式文件。UG 数据转换主要是通过文件的输入、输出来实现的，可输入、输出的数据格式有多种，如 CGM、DXF、STL、IGES 等。通过这些数据格式可与 Auto CAD、3DMAX、Solid Edge、Ansys 等软件进行数据交换。

复杂的 UG 工程图转换到 Auto CAD 中，转换主要是二维图形的转换。其转换的内容主要是视图（包括投影视图、局部放大图、剖视图和向视图等）。

在转换复杂的装配工程图时，为避免因有关参数设置不当而引起多余线条和视图丢失等问题，在转换过程中，可以采用 CGM 数据格式过渡，这样安全可靠。

1）将 UG 工程图转换成 CGM 格式文件。

↘方法：选择【文件】→【导出】→【CGM】菜单项。

↘功能：将 UG 工程图转换为 CGM 格式文件

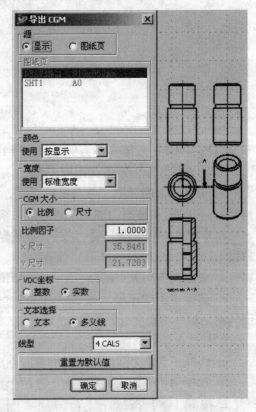

图 4-103　输出 CGM 格式文件对话框

输出。

操作说明：选择该菜单项后，弹出如图 4-103 所示对话框，依照对话框设置，确定，弹出输入 CGM 文件名称对话框。在输入文件名后，单击【确定】。

2）CGM 格式文件转换为 Auto CAD 对象。

⊾方法：选择【文件】→【导入】→【CGM】菜单项。

⊾功能：将 CGM 格式文件转换为 UG 工程图。

操作说明：选择该菜单项后，弹出如图 4-104 所示对话框，依照对话框选定刚才导出的 CGM 格式文件，确定，则在窗口中显示输入的对象。

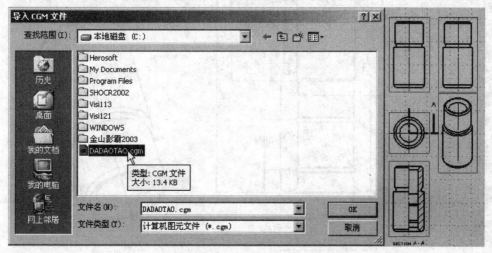

图 4-104　输入 CGM 格式文件对话框

3）CGM 格式文件转换为 Auto CAD 对象。

⊾方法：选择【文件】→【导出】→【DXF/DWG】菜单项。

⊾功能：将 CGM 格式文件转换为 DXF/DWG 格式。

操作说明：选择该选项后，弹出如图 4-105 所示对话框。在选择输出对象前，先要告诉系统是输出显示部件中的对象，还是输出存在的文件中的对象。命名 Auto CAD 文件名，确定。

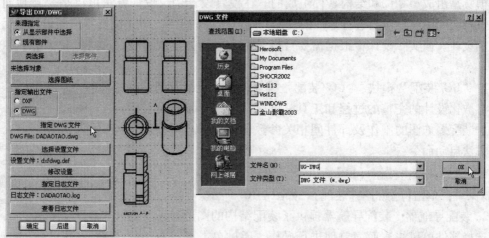

图 4-105　输出 Auto CAD 格式文件对话框

（2）在 Auto CAD 软件编辑 UG 二维图形：在 Auto CAD 软件中打开转换的 DXF/DWG 格式文件，设置图层、线型进行编辑、标注即可，如图 4-106 所示。

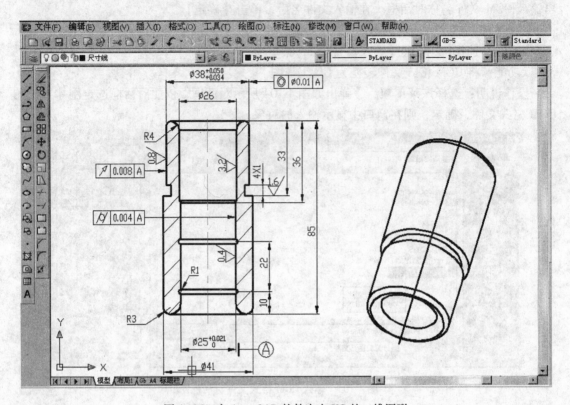

图 4-106 在 Auto CAD 软件中出 UG 的二维图形

4.6 UG NX4.0 装配建模

4.6.1 装配建模综述

模具是由成型零件和结构零件组成的。在模具设计中，设计方法可以是"自顶向下"，即先进行装配图设计然后进行零件图设计；或"从底向上"，即先进行零件图设计然后进行装配图设计。但实际设计中根据需要可以是两种设计方法混合使用。

1. "UG/装配"模块 "UG/装配"模块提供了装配及部件间相关参数化设计的完整的过程和工具，可以自动进行装配及装配检查、装配爆炸图的制作及部件间相关参数化设计等。可以使用下列方法启动命令：

↘工具条：单击按钮【🖼】。

↘菜单：单击【起始】→【装配】，如图 4-107 所示。

2. 装配导航器 装配导航器提供了装配结构的图形显示，通过它选择部件可以快速而简单地进行操作。通过单击屏幕右边的"装配导航器"启动装配导航器，如图 4-108 所示。

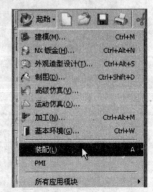

图 4-107 "UG/装配" 模块的启动

图 4-108　装配导航器

1）图标说明。图标""表示装配的部件，由若干个零件装配而成；图标"⬜"表示单个零件，即只有一个零件模型的部件。黄色表示在工作部件中；黑色表示不在工作部件中；灰色表示已关闭。其他图标表示装配部件的文件状态、配合状态及数量等。用户用鼠标指向图标，系统会自动弹出文字说明。

2）部件的工作方式。在 UG 的装配建模中，部件有两种不同的工作方式：工作部件和显示部件。工作部件是可以编辑和修改的部件，这一点与零件建模不同。单个零件建模时，这个部件既是工作部件又是显示部件；而装配建模时，只有一个部件是工作部件，其余的都是显示部件。通常通过在装配导航器中双击部件即可使之成为工作部件。

3. 虚拟装配技术

（1）虚拟装配：UG 的装配建模使用的是"虚拟装配（Virtual Assemblies）"技术，被装配的部件和子装配件不是整个部件文件被复制，只是用组件（指向被装配部件的引用集的指针）来装配。用这种技术装配，被装配件与原部件之间是指针引用链接关系。当原部件发生变动，会自动地反映在装配中的组件（被装配部件）中，从而提高装配速度，降低了内存的使用量。虚拟装配技术具有以下优点：

1）被装配件可以是不同的单位制（英制或米制）。

2）被装配件可以是不同的 UG 版本建立的部件。

3）对部件文件及文件夹用户只要有可读权限的都可以用来装配。

（2）引用集：引用集是指部件中被用于装配建模的、可命名的部分数据。它可以是几何实体、基准面、基准轴、草图等。建立的任何引用集都属于部件并随该部件文件一起存储。在一个部件中可建立许多引用集。使用菜单"格式→引用集……"命令可以建立引用集。使用该命令，弹出"引用集"对话框，如图 4-109 所示。

4. 主模型技术　为了便于并行工程的开展，以确保不同的设计人员共同地完成设计，在装配中必须使用主模型技术，即不允许在含有零件模型的几何体的部件文件中直接装配。其优点是：装配模型与零件模型保持相关性；原设计不会被修改，以确保关键数据被控制和强制执行。主模型技术的使用，是因为 UG 使用虚拟装配技术进行装配，这样操作不会增加对计算机的性能要求。具体方法是：

1）新建一个部件文件，文件名为 XXX ＿ ASSM（其中 XXX 为原实体模型名）。

2）装配所需要的部件。

4.6.2 装配操作

在 UG 中装配操作主要有装配、装配条件、组件重定位、干涉检查、引用集替换等。

图 4-109 "引用集"对话框

1. 从底向上装配建模 从底向上装配（Bottom-up Modeling）就是先设计零部件，然后将零部件自底向上逐级进行装配。这种装配方法较符合人们的传统习惯，使用步骤如下：

1）采用主模型的技术，即新建一个装配文件。

2）采用绝对定位的方法添加第一个组件。

3）采用装配定位的方法依次添加其他组件。

（1）装配：是指添加一个部件到装配件中。使用下列方法可以启动该命令：

↖工具条：单击图标【🖼】。

↖菜单：单击【装配】→【组件】→【添加现有的组件】。

命令启动后，弹出如图 4-110 所示的对话框。

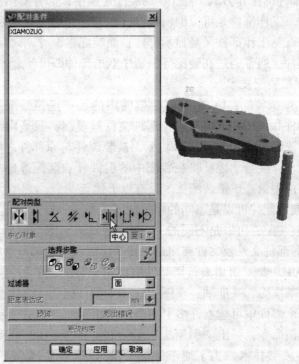

图 4-110 "装配"对话框

1）定位。主要定位方式有绝对定位、装配定位、重定位。

2）约束与自由度。在空间中被装配件有 6 个自由度，分别是 3 个移动自由度和 3 个旋转自由度，装配就是添加约束条件限制被装配件的自由度。在 UG 中已限制的自由度用红色表示，未限制的自由度用粉红色表示。UG 装配中允许欠约束装配，即不限制被装配件的所有自由度的装配。

3）装配类型。有 8 种装配的约束条件。

①装配【✳】。将相互配合的两个零件上的配合对象（必须是两个类型相同的对象）定位在一起。平面对象是两者共面且法线相反；圆柱对象要求直径相等才能使其轴线共线；圆锥要求角度相等才能使其轴线共线；线对象是两者共线。

②对齐【▯】。用相互配合的两个零件上的配合对象对齐在一起进行定位。平面对象是两者共面且法线一致；圆柱、圆锥面及圆环面对象是其轴线共线；线对象是两者共线。

③角度【✕】。用相互配合的两个零件上的配合对象的矢量方向成一定的夹角（逆时针为正）进行定位。

④平行【∥】。用相互配合的两个零件上的配合对象的矢量方向平行进行定位。

⑤正交【⊥】。用相互配合的两个零件上的配合对象的矢量方向垂直进行定位。

⑥中心【✳】。用相互配合的两个零件上的配合对象的中心对齐进行定位。

⑦距离【▯】。用相互配合的两个零件上的配合对象之间的最短距离进行定位。

⑧相切【◒】。用相互配合的两个零件上的配合对象相切进行定位。

4）改变约束。当装配后还存在自由度时，可以使用"改变约束"来改变组件的位置。

（2）组件阵列：用于装配相同零件，可以快速而方便地建立约束条件。使用下列方法可以启动该命令。

⊾工具条：单击按钮【▦】。

⊾菜单：单击【装配】→【组件】→【创建阵列】。

命令启动后，弹出"创建组件阵列"对话框，如图 4-111 所示。

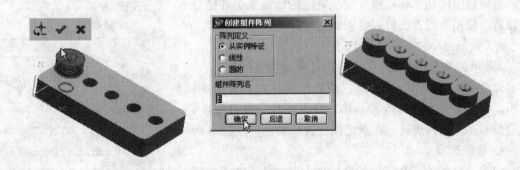

图 4-111 "创建组件阵列"对话框

阵列方式有：

1）特征引用集阵列。通过与第一个组件相同的特征引用集阵列。

2）线性的主组件阵列。通过第一个组件的线性阵列。

3）圆形的主组件阵列。通过第一个组件的圆形阵列。

2. 创建新组件　创建新组件【 】命令用于新建部件文件或移动/复制对象到新的部件文件。该命令用于在装配图中建立几何模型，然后将几何体移动到新的部件文件中去。因为在装配图中进行建模有时要引用其他的几何对象作为参考，而显示部件的几何体是可选择的，工作部件是可以建模的，这样就可以方便建模。使用下列方法可以启动该命令：

↘工具条：单击按钮【 】。

↘菜单：单击【装配】→【组件】→【创建新的组件】。

图 4-112　"创建新组件"对话框

命令启动后，弹出"分类选择"对话框，选择对象（移动/复制）或不选择（新建），按下【确定】按钮；在弹出的"选择部件名"对话框中输入新的部件文件名，按下【确定】按钮；在弹出"创建新的组件"对话框中设置参数，如图 4-112 所示。创建了新组件后必须保存部件文件，否则它仅在内存中。

3. 编辑组件　编辑组件里有一项重要任务就是重定位组件。重定位组件用于移动没有完全定位的已装配组件到合适的位置。使用下列方法可以启动该命令：

↘工具条：单击按钮【 】。

↘菜单：单击【装配】→【组件】→【重定位组件】。

命令启动后，弹出"重定位组件"对话框，如图 4-113 所示。移动方式为点到点、平移、绕点旋转、绕直线旋转、重定位、在轴之间旋转、在点之间旋转和鼠标直接拖动。

4. 装配选项

（1）干涉检查：用于分析装配件中存在的干涉。使用下列方法可以启动该命令：

↘工具条：单击按钮【 】。

↘菜单：单击【装配】→【组件】→【间隙分析】。

若出现干涉，则弹出"过切检查"对话框，其中"硬"表示干涉非常严重，如图 4-114 所示。

图 4-113　"重定位组件"对话框

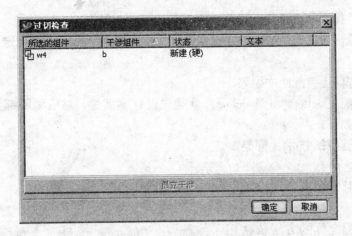

图 4-114 "过切检查"对话框

图 4-115 "加载选项"对话框

（2）加载选项：当使用菜单【文件】→【打开】，打开一个装配件时，系统将寻找和装载装配件引用的组件部件，其中装载选项规定系统从何处和怎样装载部件文件。使用菜单【文件】→【选项】→【加载选项】，弹出"加载选项"对话框，如图 4-115 所示。

加载方法：

1）按照保存的。按保存时各个组件文件的目录载入组件文件。一般使用"按照保存的"选项。

2）从目录。按当前目录载入组件文件。

3）搜索目录。按规定的搜索目录载入组件文件，搜索路目录用"【定义搜索目录】按钮定义。

例4-3 从底向上装配冷冲模架。

从底向上装配（Bottom-up Modeling）就是先设计零部件，然后将零部件自底向上逐级进行装配。步骤如下：

1）采用主模型的技术，即新建一个装配文件。

2）采用绝对定位的方法添加第一个组件。

3）采用装配定位的方法依次添加其他组件。

如图4-116所示，共有6个模具零件，采用自底向上的方法，完成零部件的装配建模。

（1）使用主模型方法创建装配文件：

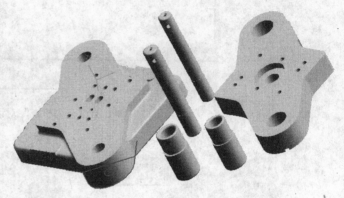

图4-116　装配建模实训图

1）新建一个文件名为 ZHUANGPEI _ ASSM 的部件文件。

2）启动【装配】模块。

（2）装配 XIAMOZUO：使用【装配】→【组件】→【添加已存在的】，将 XIAMOZUO 按绝对定位装配进来。依次装配 Shangmozuo、Dadaotao、Dadaozhu、Xiaodaotao、Xiaodaozhu 五个零件，如图4-117所示。

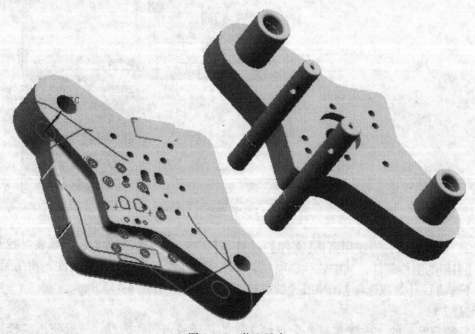

图4-117　装配导套

（3）装配导套：配对约束，中心（1 至 1）约束将部件 Dadaotao、Xiaodaotao 按配对定位装配到 Shangmozuo，如图 4-117 所示。

（4）装配导柱：距离约束（－1），中心（1 至 1）约束将部件 Dadaozhu、Xiaodaozhu 按配对定位装配到 Xiamozuo，如图 4-118 所示。

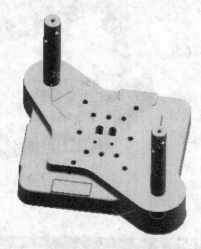

图 4-118　装配导柱

（5）上模翻转：配对约束，将部件 Shangmozuo 按配对定位装配翻转，如图 4-119 所示。

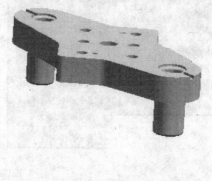

图 4-119　上模翻转

（6）合模装配：中心约束将上模部件按配对定位装配到下模，如图 4-120 所示。

4.6.3　爆炸视图

爆炸视图在装配图中是将零件从装配位置移开，以便清楚地显示装配关系的视图。使用菜单【装配】→【爆炸视图】，弹出爆炸视图子菜单，如图 4-121 所示。

1. 生成爆炸　建立一个新的爆炸视图名。使用下列方法可以启动该命令：

⊾工具条：单击按钮【▨】。

⊾菜单：单击【装配】→【爆炸视图】→【创建爆炸视图】。

命令启动后，弹出"生成爆炸"对话框，输入名称。以上节模架装配为例，如图4-122所示。

2. 自动爆炸组件　在爆炸视图中，通过设置一个爆炸距离量，使组件沿配合的法向自动地生成爆炸效果图。使用下列方法可以启动该命令：

入工具条：单击按钮【　】。

入菜单：单击【装配】→【爆炸视图】→【自动爆炸组件】。

命令启动后，弹出"分类选择"对话框，选择需要爆炸的组件，再弹出"爆炸距离"对话框，如图4-123左上图所示，输入距离或选中"添加间隙"（用于每个组件之间）。

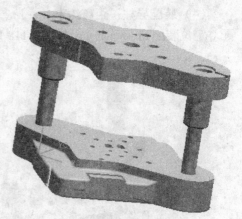

图4-120　合模装配

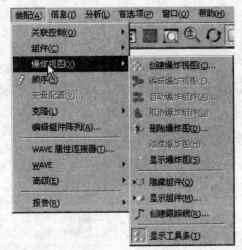

图4-121　爆炸视图子菜单

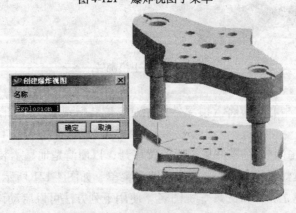

图4-122　创建模架爆炸视图

3. 编辑爆炸 编辑爆炸视图中组件之间的位置和距离。使用下列方法可以启动该命令：

ᐱ工具条：单击按钮【🖉】。

ᐱ菜单：单击【装配】→【爆炸视图】→【编辑爆炸】。

命令启动后，弹出"编辑爆炸视图"对话框，如图 4-124 左图所示。

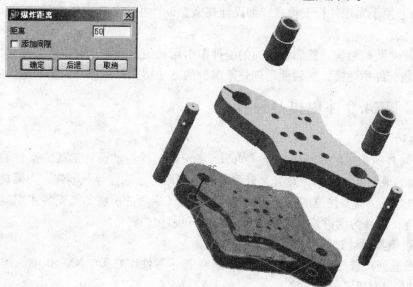

图 4-123　设置爆炸距离

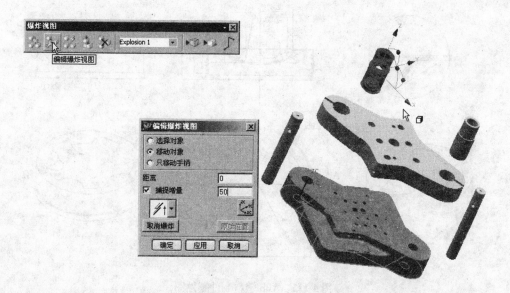

图 4-124　爆炸视图中组件之间的位置和距离

使用方法：

1）选中"选择"选项，选择组件，＜Shift＞＋鼠标左键可以取消选中的组件。

2）选中"移动对象"选项，在图中坐标系上选择移动方向（单击黄色的坐标轴）或选择旋转方向（单击黄色球）来沿坐标轴移动或旋转组件。

3）可以不断重复上述两步，编辑所有的组件。

自顶向下建模（Top _ down Modeling）是指先设计产品的总体参数、外形轮廓尺寸及各个零部件的位置，然后做各个零部件的具体结构设计。其优点是：一些关键数据可以被控制和强制执行，便于实现并行工程；详细设计在概念设计并未全部完成就可以开始。

使用方法：

1）先建立装配结构，然后在不同的组件中引用其他组件的几何体定义几何体。

2）在装配件中建模，然后使用创建新组件的方法将几何体移动到新的组件中。

4.7 UG NX4.0 注射模具设计

4.7.1 概述

UG NX4.0 所提供的塑料模向导（Mold wizard）模具自动设计工具，整合了模具设计和制造中大量的最佳实践经验，尤其是分型线和分型面的自动搜寻及创建，为模具设计人员提供了极大的方便。需要注意的是塑料模向导模块是 UG 附加模块，需安装才能应用。本节以某一 ABS 塑料制件为例讲述 UG NX4.0 注射模具设计过程。

4.7.2 注射模具设计过程

1. 三维造型 选择图 4-125 所示 ABS 塑料制件零件图在 UG NX4.0 中创建三维实体造型，以文件名 A28 保存。

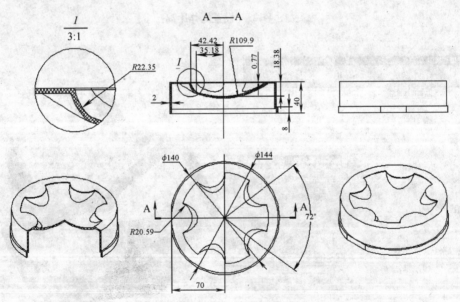

图 4-125 ABS 塑料制件零件图

2. 起动塑料模向导

1）单击按钮【　】，打开"A28"文件，进入 UG NX4.0 界面。

2）选择菜单【起始】→【所有应用模块】→【塑料模向导（Mold wizard）】，启动 UG/Mold wizard 模块，如图 4-126 所示。

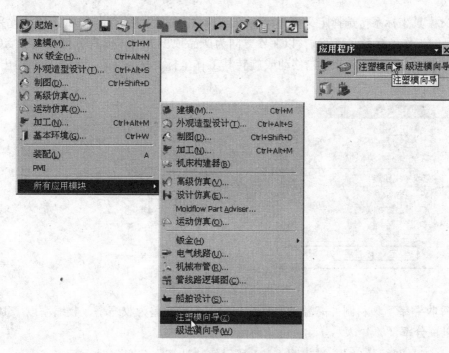

图 4-126 塑料模向导的启动

3）命令启动后，在屏幕窗口将自动出现图 4-127 的塑料模向导工具条。

3. 加载产品和项目初始化

1）选择加载产品图标【】，打开加载产品文件对话框。

2）确定后便会出现图 4-128 所示的"项目初始化"对话框。

图 4-127 塑料模向导工具条

3）选择米制单位，可使用默认项目名称和默认路径设定，使用者也可自行指定。

4）完成产品加载和项目初始化，出现图 4-129 所示的产品布局，然后开始下一模具设计工作。

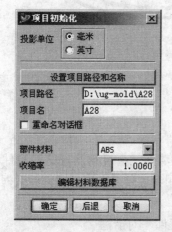

图 4-128 "项目初始化"对话框

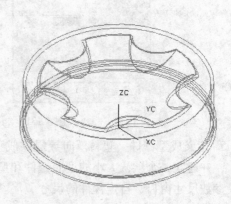

图 4-129 产品布局

3. 定义模具坐标系 选择定义模具坐标系图标【】。加载产品和项目初始化采用实体模型本身的工作坐标系（WCS），以 +Z 方向为产品顶出方向，模具分型面位于 XC—YC 平面。在绘图区域中，使用者应先移动或旋转其工作坐标，达到 +Z 向为产品的顶出方向，如图 4-130 所示。

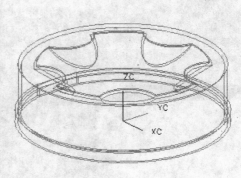

图 4-130 定义模具坐标系

4. 计算收缩率 塑料制件高温时的尺寸与常温的尺寸差为收缩率，收缩率以 1/1000 为单位，或以百分率（%）表示。

1）选择工具图标【】，进入图 4-131 所示的"计算收缩率"对话框。

2）选择第一个均等收缩率图标【】。

3）输入 ABS 材料的收缩率 1.006。

4）确定后，系统会彩色显示出收缩率计算后的塑料制件，与原有塑料制件以示区别。

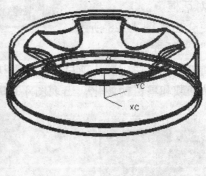

图 4-131 "计算缩水率"对话框

5. 定义成型镶件 塑料模向导提供成型镶件的定义功能，会自动测量塑料制件的外形尺寸，并建立一个默认大小的型芯镶件和型腔镶件。使用者也可以在成型镶件对话框底部的模块参数尺寸窗口，自定镶件的尺寸。

1）选择【】工具，进入图 4-132 所示的"成型镶件"对话框。

2）修改 X 向长度、Y 向长度的值分别为 190mm、195mm。

3）确定后退出，完成成型镶件尺寸的定义。

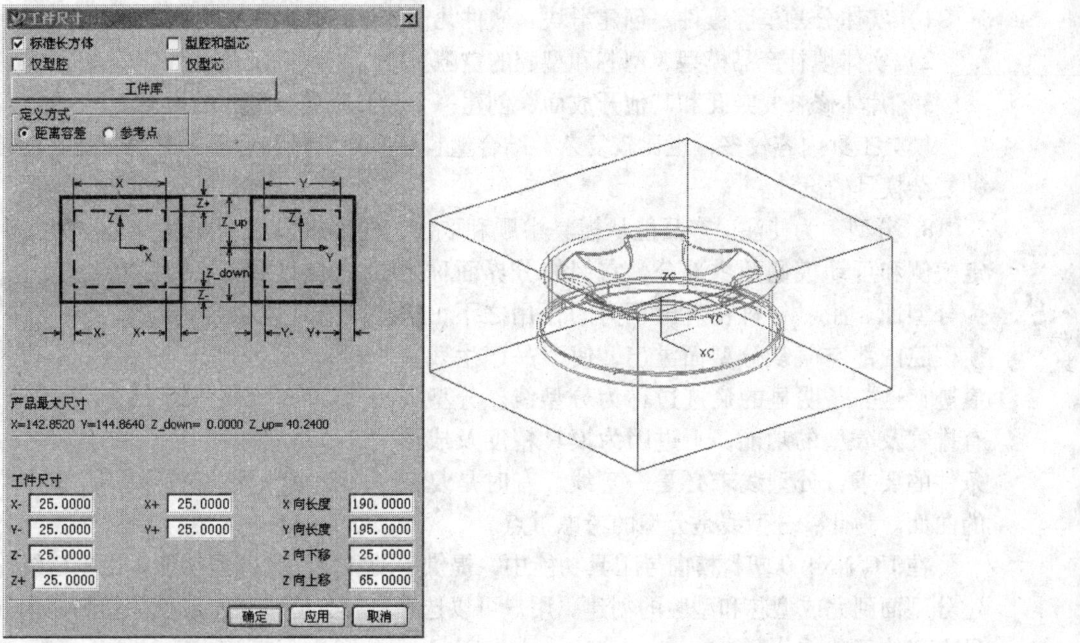

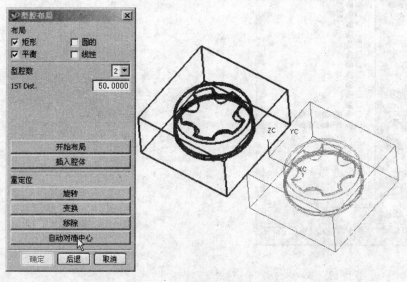

图 4-132　"成型镶件"对话框

6. 型腔布局　上述模具坐标系定义的是型腔方向和分型面位置，但它没有确定模腔在 XC-YC 平面中的分布。型腔布局提供了型腔在 XC. YC 平面中的分布功能，通过增加型腔、移除型腔或重新放置成型镶件到模具装配的结构中。系统内有矩形、圆形平均配置方式，如果是单一型腔，系统自动将型腔定位在成型镶件中央；但是在多型腔的时候，就要使用平衡功能，使型腔配置平衡。在图 4-133 所示的"型腔布局"对话框中，选择开始布局图标【 】时，画面上会出一个大十字箭头的坐标，由用户依据设计需要选择模腔布局方向。

图 4-133　"型腔布局"对话框

7. 塑料模向导工具【】如图 4-134 所示，可用于：

1）实体分割模腔镶件，创建滑块、嵌件几何体。

2）实体填补产品模型、型芯和型腔的空隙。

3）片体修补复杂孔和其他开放面，创建一个隔离型芯、型腔的模型。

模具工具内容较多，也比较复杂，结合塑料模向导工具和后面的分型功能，能够完成各种复杂模具的设计。

8. 分型　为使注射产品能从模具中顺利取出，注射模具必须能够分型。为此模具分成定模侧和可动模侧两个部分，它们的分界面称之为分型面。注射材料在射出压力的作用之下，迫使模腔内部空气从分型面溢出，使产品产生残留痕迹，这一条明显的痕迹边称为分型线。分型线有排气及分型的功能，不过因为模具精度及成形条件的要求，分型线未必是一直线，有时是复杂的曲面。为此，分型线是分型的考虑重点。

图 4-134　"模具工具"对话框

在 UG NX4.0 塑料模向导工具功能中，提供手动和自动的分型功能，由分型线搜寻、创建分型面到完成型芯和型腔的创建。用户可以选择自动分型步骤，或使用塑料模向导中的工具来建构复杂的分型线。

（1）创建分型线

1）单击分型【】工具，进入"分型管理器"对话框，见图 4-135 所示。

2）选择设计区域按钮【】，进入"塑模部件验证"对话框中的定义未定义的区域，使之成为型芯或者型腔区域，如图 4-136 及图 4-137 所示。

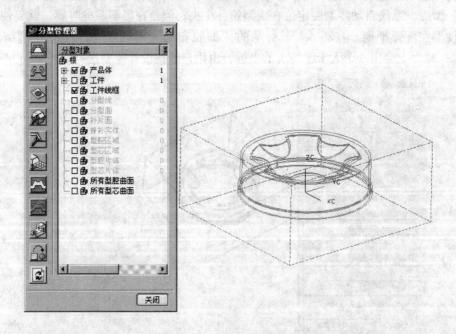

图 4-135　"分型管理器"对话框

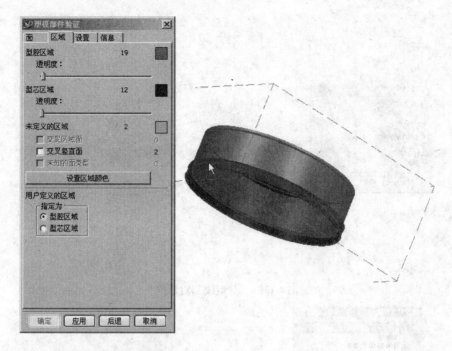

图 4-136 "塑模部件验证一"对话框

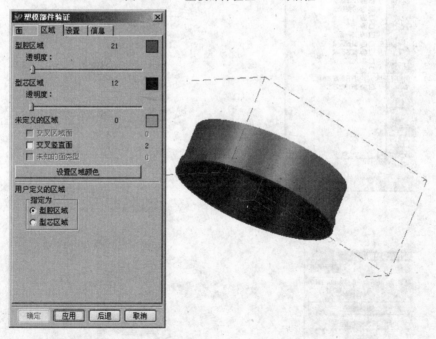

图 4-137 "塑模部件验证二"对话框

3）选择抽取区域和分型线按钮【】，进入"分型线"对话框，单击【确定】按钮，抽取出分型线，如图 4-138 所示。

（2）创建分型面

1）选择创建/编辑分型面按钮【】，进入"创建分型面"对话框，如图 4-139 所示。

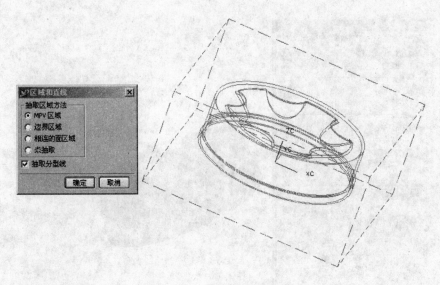

图 4-138 "分型线"对话框

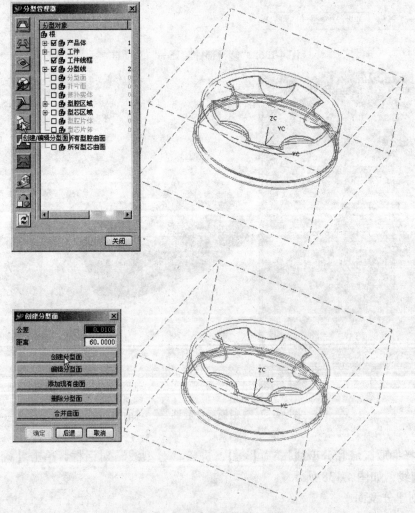

图 4-139 "创建分型面"对话框

2）在"分型面"对话框中，选择"有界平面"项，确定后分型面创建成功，如图 4-140 所示。

（3）创建型芯和型腔

1）选择创建型芯和型腔按钮【△】，进入"型芯和型腔创建"对话框，如图 4-141 及图 4-142 所示。

图 4-140 分型面创建成功

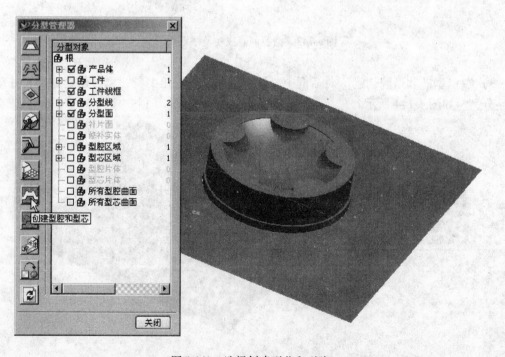

图 4-141 选择创建型芯和型腔

图 4-142 "型芯和型腔创建"对话框

2）在"型芯和型腔创建"对话框中，选择创建型腔按钮工具，型腔创建成功，如图 4-143 所示。

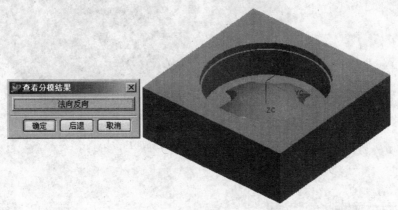

图 4-143 型腔创建成功及结果图

3）在"型芯和型腔创建"对话框中，选择创建型芯按钮工具，型芯创建成功，并结束产品分型。如图 4-144 所示。

图 4-144 型芯创建成功及结果图

9. 加入模架　塑料模向导包含有电子表格驱动的模架库,可以用来选择或修改不同形式、功能和尺寸的米制、英制两类标准模架,用户也可以在标准模架管理系统文件中建立自定的模座。加入模架时,使用者要先决定模架的品牌,接着选择不同的模架类型、模架代号和模架尺寸大小以及旋转模架方向。

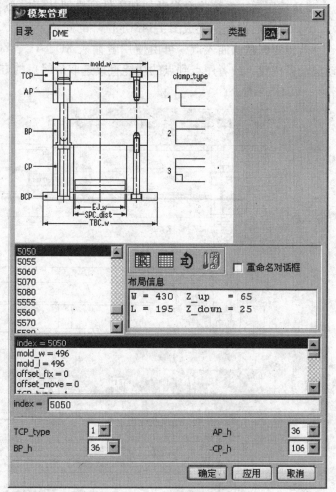

1）选择加入模架工具【▣】,进入图 4-145 所示的"模架"对话框。

2）选择 DME 品牌的模架。

3）选择 2A 模架类型。

4）选择模架代号 5050。

5）应用后,生成图 4-147 所示的模架。

6）设计中发现图 4-145 所示的模架模板厚度不足以包容整个型芯和型腔,必须调整相应模板的厚度。

7）选择距离测量工具按钮【▣】,按图 4-146 所示,测量模架和型芯/型腔的尺寸偏差。

8）测量出模架和型芯/型腔的尺寸偏差为:ZC 向 = 11mm 和 ZC 向 = 65mm。

图 4-145　"模架"对话框和调整前的模架

9）在图 4-145"模架"对话框中,将上模板的厚度由 36mm 变为 76mm,下模板由 36mm 变为 56mm。

10）确定后退出模架模块,软件再次生成图 4-147 所示的模架。使用者可以根据实际所需,使用 Microsoft Excel 创建新的客制化模架,以供实际调用,模架建立之后,BOM 表也会自动产生。

10. 标准零件　塑料模向导提供了标准零件工具,供使用者选用,也可以参考标准件型号通过 Microsoft Excel 来增加或是修改标准零件。在标准零件对话框中提供了各种电极和嵌件等标准零件。

（1）安装定位环　定位环安装步骤如下:

1）选择标准零件【↓】工具,进入图 4-148 标准零件对话框。

2）标准件目录选择 DME。

3）分类选择定位环（Injectong 及 Locating Ring）。

4）定位环序号选择 A28 _ misc _ 002。

5）应用后，系统将会自动加载零件到模架几何中心。

6）确定后退出，完成图 4-148 定位环的安装。

若想变更默认插入点，可由使用者输入 XC、YC、ZC 坐标，或者旋转和移动、或者拖动滚动条位置，或者用点到点的功能直接选取最终点的方式来定位。

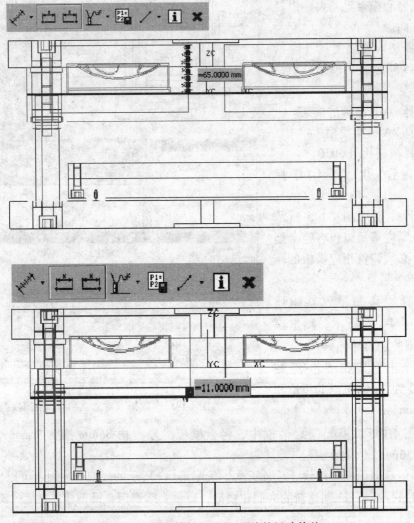

图 4-146　测量模架和型芯/型腔的尺寸偏差

（2）安装浇口套　安装浇口套的步骤如下：

1）选择标准零件【 】工具，进入图 4-149 所示的"标准零件"对话框。

2）标准件目录选择 DEM。

3）分类选择浇口套（Sprue Bushing）。

4）应用后，系统将会自动加载浇口套到模架几何中心。

5）选择距离测量工具，量测到浇口套端面到分型面的距离为 50mm。

6）在图4-150所示的对话框中，调整浇口套长度由46mm变为86mm，12号变为25号。

7）确定后退出，完成浇口套的安装。

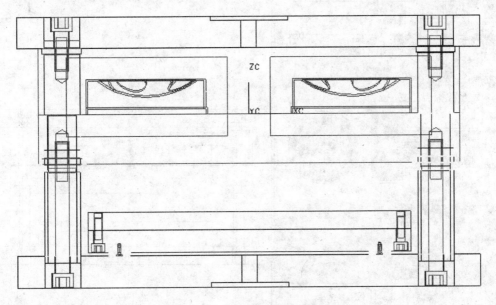

图 4-147　塑料模具的合适模架

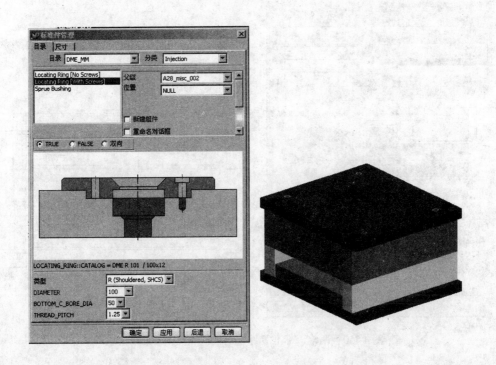

图 4-148　"标准零件"对话框和定位环的安装

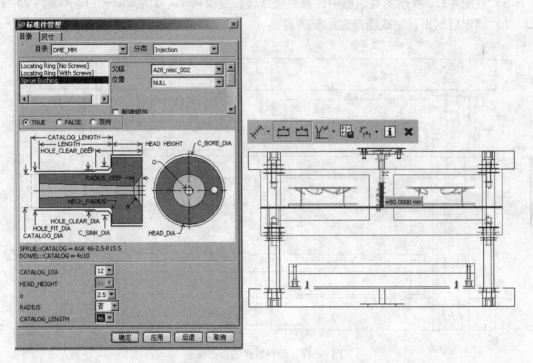

图 4-149 "标准零件"对话框和浇口套生成

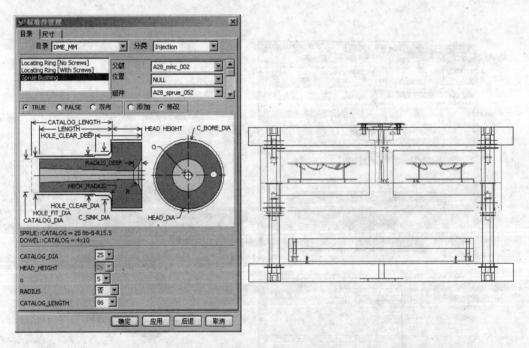

图 4-150 调整"标准零件"对话框和浇口套最终生成

（3）加入推杆：

1）选择标准零件【 ⧈ 】工具，进入图 4-151 所示的"标准零件"对话框。

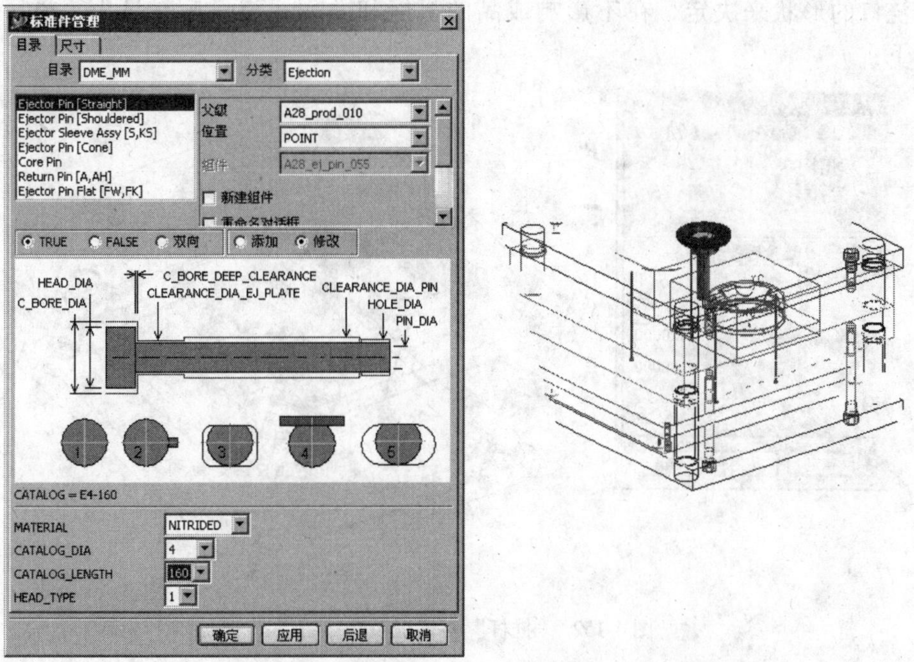

图 4-151　"标准零件"对话框和推杆生成步骤

2）标准件目录选择 DME _ MM。

3）分类选择推杆（Ejection）。

4）选择尺寸参数 pin _ d = 4 mm 及 L = 160 mm。

5）按下【应用】按钮后，使用点构造器选定图 4-151 所示的放置推杆位置点（在塑料制件的四周边缘处），然后根据实际情况，调整每一推杆的确切位置。

6）确定后，系统将会自动嵌入推杆。

7）选择零件推杆【 ⧈ 】工具，进入图 4-152"推杆"对话框。

8）选择片体修剪所有推杆。

9）窗口选择刚刚制作的所有推杆。

10）确定后，系统将自动切除所有推杆的多余部位，完成图 4-152 所示的推杆的安装。为使图形清晰，例子中仅安装了 4 根推杆，其余推杆可根据实际情况安装。

11. 设定滑块/斜销　塑料模具常因制品有倒勾的区域，很难脱模，而需要使用滑块或斜销来侧抽协助脱模。本功能提供方便自动的滑块和斜销设定。滑块和斜销的主体通常是由多个组件组合而成，这些组件在 UG 是以组的方式建立的，使滑块和斜销类似像标准件一样容易使用，当然也可以编修尺寸和增加客制化设定。本塑料制件的模具由于没有使用到滑块/斜销。这里不再介绍。

12. 设定浇口　塑料模具必须要有引导塑料进入模腔的流道系统，包括主流道、分流道、浇口，浇口是位于分流道和型腔的关键流道，浇口的位置、数量、形状、尺寸等要依据塑料的成型特性和产品的外观要求，进行设计；它是否适宜，直接影响到制品的外观、尺寸精度、物性和成型效率。浇口大小的取舍，视制品之重量，成型材料特性和浇口的形状来决定，在不影响成品的机能和效率，浇口应尽量小。浇口的创建步骤如下：

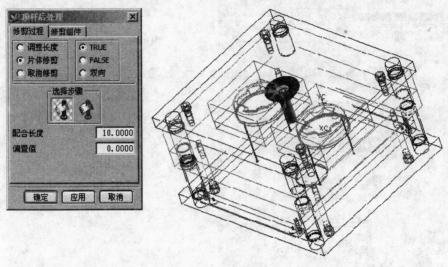

图 4-152 "推杆"对话框及修剪结果图

1）选择浇口【■】工具，进入"浇口"对话框。

2）确定后进入点选择窗口。

3）选择控制点。

4）选择浇口所在位置线的象限点。

5）确定并退回"浇口"对话框。

6）完成如图 4-153 所示浇口的创建。

13. 设定分流道　分流道是塑料从主流道到浇口的填充路径，可依需求量、质量、成本、塑料材质等要素，来决定采用何种分流道方式。在容许情况下，分流道的断面尺寸和长度宜小。

分流道工具可同时用来建立和修改分流道路径，使分流道沿着设计引导线产生，同时提供多种不同的分流道断面形式。

分流道设计有三个步骤：

1）设计引导线。

2）投影到分型面。

3）创建分流道沟槽。

分流道的数据库，同样提供客制化功能，可编修建立各公司的专属数据库。

（1）设计引导线　其设计步骤如下：

1）选择分流道【■】工具，进入图 4-154 所示的"分流道"对话框。

2）选择引导线，定义为过点，进入点构造器。

3）选用控制点，选择两个浇口底部轮廓线的中点。

4）确定后完成如图 4-154 所示的引导线定义。

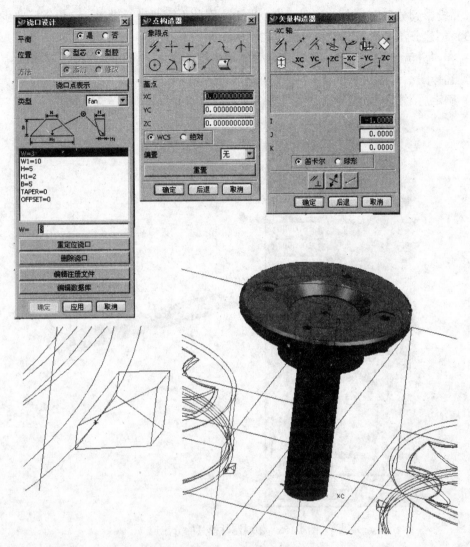

图 4-153　创建浇口

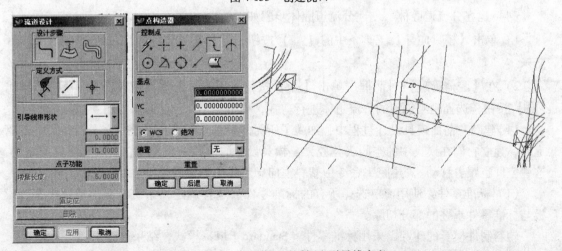

图 4-154　"分流道"对话框和引导线定义

（2）投影到分型面　由于分型面为一平面，因此不需要进行投影，这里省略此步骤。

（3）创建分流道沟槽　创建分流道沟槽的步骤如下：

1）在"分流道"对话框中选择创建分流道沟槽，进入"分流道沟槽"对话框。

2）选择图示沟槽截面和输入沟槽截面相关图示参数。

3）确定后退出，完成分流道生成工作。创建后的分流道如图 4-155 所示。

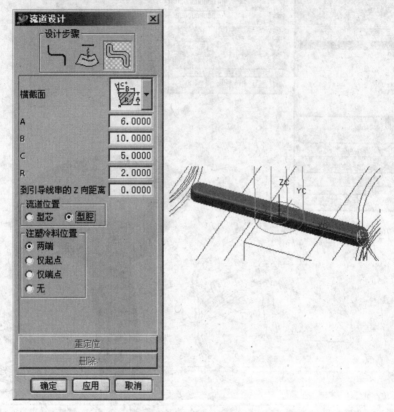

图 4-155　塑料制件模具的分流道

（4）建立分流道腔体　创建分流道腔体步骤如下：

1）单击【模具向导】工具条中的【<img>】按钮，打开【腔体管理】对话框，如图 4-156 所示。

2）在【腔体管理】对话框中单击【<img>】按钮，在屏幕上选择型腔作为目标体，单击【<img>】按钮，选择刚刚创建的分流道体进行剪裁，单击应用，创建结果如图 4-156 所示。

14. 建腔　前面模具设计过程中，加入了所需的最基本标准件及浇口、分流道、冷却管道等，建立它们在模具中的空间（建腔）是模具设计的最后一步。当它们改变位置的时候，这些空间也跟着移动。"建腔"命令由塑料模向导工具中的建腔提供。

（1）标准零件：使用窗口选择所有的标准零件后选择确定，系统将自动地把模座和模板与标准零件重叠的部分切除。

塑料制件模具的建腔，采用标准零件（Standard Part）模式，结果如图 4-157 所示。

（2）目标体：选择目标体功能时，用户可单独选定模座、模腔或模板等所需建腔的目标体。选择确定后，系统将所选定的目标体中与全部标准零件相重叠的部分自动从目标体中切除。

可单独选择所需建腔的目标体和标准件，选择确定后，系统将它们相重叠的部分自动从目标体中切除。

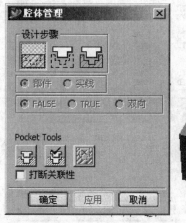

图 4-156　分流道腔体创建结果

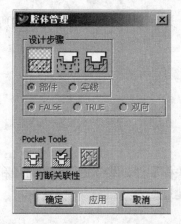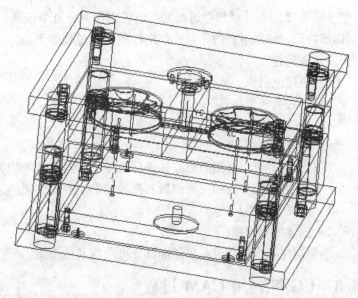

图 4-157　分流道腔体创建结果

15. 零件材料清单　零件材料清单也称零件列表（BOM）功能，是基于模具装配，用 UG 装配菜单下的部件清单功能产生一个与装配信息相关联的零件列表（BOM），并输出成文字文件。

选择零件材料清单按钮【▦】，出现 BOM 对话框，根据需要可以列出标准零件和所有零件材料清单，图 4-158 给出了两种 BOM 输出方式下，材料清单的部分列表，如果需要可以再结合 CAD 绘图模块来绘制爆炸图和零件表。

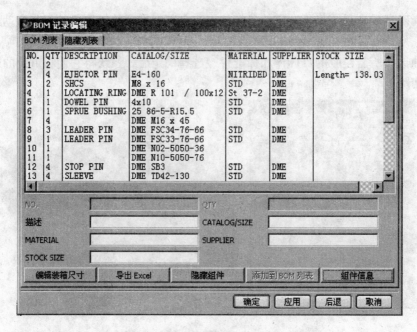

图 4-158　标准零件和所有零件部分材料清单

16. 电极制作及冷却管道布置　电极制作共分五个步骤，其中设计者必须考虑电极的所有详细特征，增加电极的完整性。电极图创建过程如下：

1）创建包裹体。

2）创建电极头。

3）创建电极坐标系。

4）创建电极脚。

5）创建电极图。

冷却管道，可以让用户交互选择标准冷却管道形式和相关标准件，共分定义引导路径和产生冷却管道两部分及相关的编辑和修改功能。冷却管道创建过程如下：

1）定义引导路径。

2）创建冷却管道。

电极制作及冷却管道布置详细命令可参阅其他书籍。

4.8　UG NX4.0 CAM 过程

在 UG NX4.0 环境中，数控编程的基本操作主要包括创建程序、创建加工刀具组、创建几何体、创建加工方法和创建操作等。

4.8.1　UG CAM 概念

1. 主模型技术　为了便于并行工程的开展，在 CAM 中需要使用主模型技术，以确保不同的设计人员共同地完成设计。因为使用主模型技术，数控编程员只需要有原零件模型文件的可读权限，防止其他人员对模型的修改，且设计人员对模型的修改会自动地在相关的文件中反映。

创建主模型方法如下：

1）新建一个部件文件，文件名为"XXX_ MFE"（其中 XXX 为原实体模型名）。

2）启动"UG/装配"模块。

3）分别使用下列方法添加零件模型、毛坯部件。

①菜单：单击【装配】→【组件】→【添加已存在的】。

②从选择载入的部件选项中选择部件文件，或按下【选择部件文件】按钮添加部件文件（只要求文件有可读权限）。

③按图 4-159 进行设置后，选择【确定】按钮。

④设置 XC，YC，ZC 的值都为 0，选择【确定】按钮。

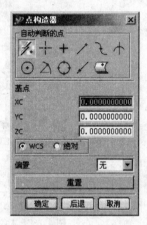

图 4-159 主模型方法的使用步骤

2. UG CAM 流程 UG CAM 流程如图 4-160 所示。

4.8.2 UG CAM 基本过程

1. 启动"UG/加工"模块 "UG/加工"模块提供了创建数控加工工艺、创建数控加工程序及车间工艺文件的完整的过程和工具，可以自动创建数控程序、检查、仿真等项目。

"UG/加工"模块的启动可采用下列方法：

⋏ 工具条：单击按钮【 ✔ 】。

⋏ 菜单：单击【起始】→【加工】，如图 4-161 所示。

2. 加工环境设置 在每个部件文件第一次启动"UG/加工"模块时，都会弹出"加工环境"对话框，如图 4-162 所示。软件要求用户设置加工环境。

（1）CAM 进程配置：选择加工类型，如车加工、钻加工、平面铣、型腔铣、固定轴曲面轮廓铣、顺序铣、线切割等。

（2）CAM 设置：根据所选择加工类型，选择操作类型。

3. 创建刀具 "创建刀具"命令用于选择刀具的类型、设定刀具尺寸参数和刀具材料，然后添加到 CAM 中，以便于加工中使用。使用下列方法可以启动该命令：

⋏ 工具条：单击按钮【 ✔ 】。

⋏ 菜单：单击【插入】→【刀具】。

命令启动后，弹出"创建刀具"对话框，如图 4-163 所示。

创建刀具的方法:选择合适加工类型；选择刀具类型设置刀具尺寸参数；选择刀具的材料。

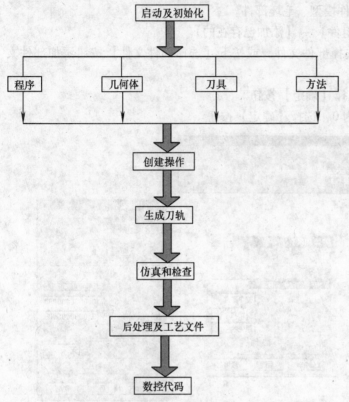

图 4-160　UG CAM 流程图

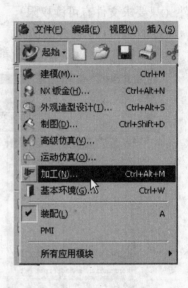

图 4-161　"UG/加工"模块的启动

图 4-162　"加工环境"对话框

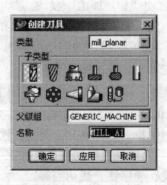

图 4-163　"创建刀具"对话框

（1）刀具类型：根据模具加工的类型不同，可以使用的不同的刀具。常用铣削刀具类型如图4-164所示。

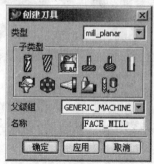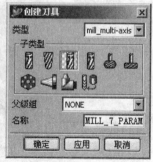

图4-164　常用铣削刀具的类型

1）用户自定义刀具。选择合适的刀具类型，按下【应用】按钮，弹出"刀具参数"对话框，如图4-165所示。设置刀具各个部分的参数。

2）从刀库选择刀具。从UG提供的刀库中选择刀具。选择按钮【🔩】，按下【应用】按钮，弹出"库类选择"对话框，如图4-166所示。首先从刀库中选择刀具的类型，然后输入刀具查询的规则（可以使用"＞"、"＜"和"＝"等符号），从查询的结果中选择合适的刀具。

（2）选择刀具的材料：从刀具材料库中选择刀具的材料。按下【Material】按钮，弹出"刀具材料库"对话框，如图4-167所示。选择合适的刀具材料即可。

4. 几何体

（1）几何体：几何体主要用来定义MCS（加工坐标系）、工件（包括材料）、毛坯、检查等，以便操作时使用。使用下列方法可以启动该命令：

⅄ 工具条：单击按钮【🔲】。

⅄ 菜单：单击【插入】→【几何体】。

命令启动后，弹出"创建几何体"对话框，如图4-168所示。

（2）MCS：确定MCS，是为了便于确定被加工零件位置，方便数控程序的编制。用户可以单击按钮【🔲】，在弹出的

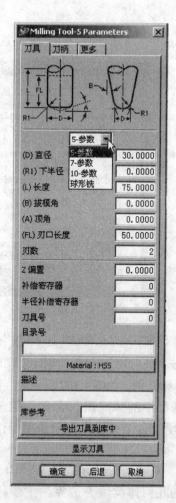

图4-165　"刀具参数"对话框

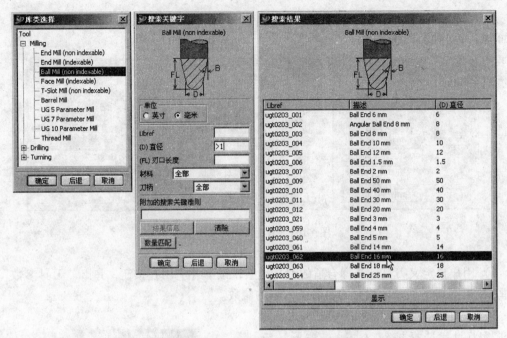

图 4-166　"库类选择"对话框

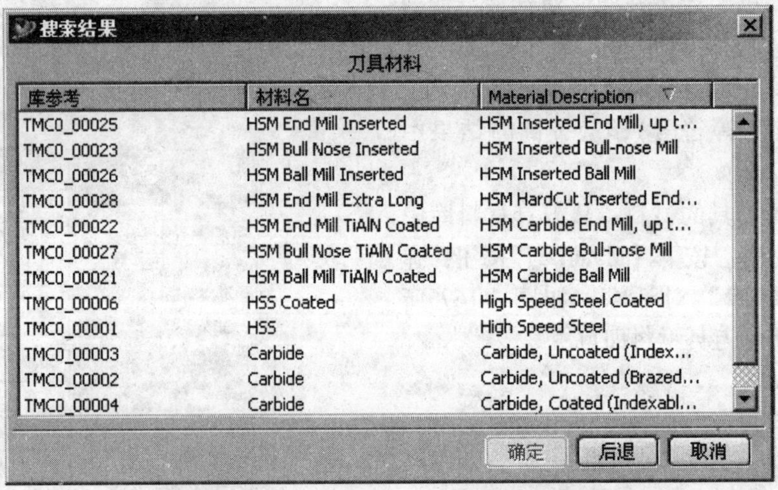

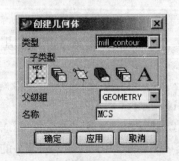

图 4-167　"刀具材料库"对话库

"创建几何体"对话框中选择按钮【🗙】,按下【应用】按钮,弹出"加工坐标系"对话框,如图 4-169 所示。

对话框中的"间隙"含义是用于建立安全平面,"下限"含义是用于建立最低平面。

(3) MILL_BND (边界):MILL_BND 的几何体类型为边界。主要用于平面铣。用户可以使用单击【🗑】

图 4-168　"创建几何体"对话框

按钮，在弹出的"创建几何体，对话框中选择类型为"mill _ planar"，按下按钮【】（MILL _ BND）指定边界，弹出"MILL _ BND"对话框，如图 4-170 所示。

1）MILL _ BND 几何体的类型。工件边界【 】、毛坯边界【 】、检查边界【 】（用于定义刀具应该避让的边界）、裁剪边界【 】（用于定义刀具可以运动的范围的边界）和底平面【 】（用于定义刀具最低的深度的平面）。

2）定义方法。选择某种类型，按下【选择】按钮，弹出对话框后进行定义。如工件边界的定义，按下【选择】按钮弹出"工件边界"对话框，如图 4-171 所示。其中圆圈表示边界的起点，箭头表示边界的方向。

单击【编辑】按钮可对定义的工件边界进行编辑，如图 4-172 所示。

①边界平面的位置。边界平面的位置决定了是否分层铣削。用户使用平面为"手工的"则可将边界的平面移动到其他平面上；"自动"表示边界平面在所选的平面上。

②（工件的）材料侧。表示工件材料的侧边。如加工内腔，刀具切削腔的内侧，材料侧是指边界的外侧。

图 4-169 "加工坐标系"对话框

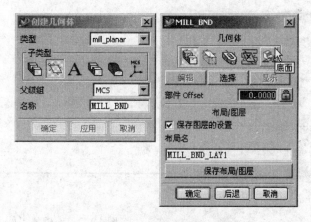

图 4-170 "MILL-BND"对话框

注意：

①在上述几何体的选择中，大部分都有"材料侧"选项，但含义不同，如工件的"材料侧"表示工件的材料的侧边；毛坯的"材料侧"表示毛坯要加工的材料侧边。

②应注意建立的几何体在加工导航器中的位置，因为指定的工件几何体的类型是从它的父几何体中继承信息。

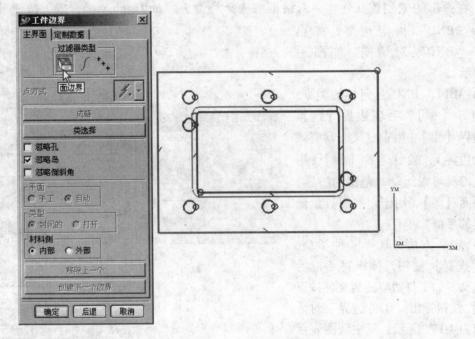

图 4-171　"工件边界"对话框

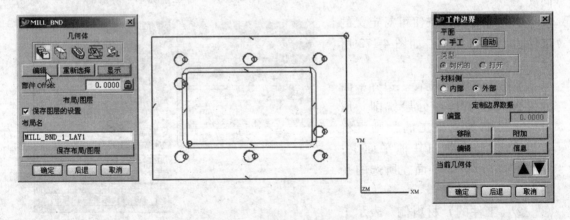

图 4-172　编辑"工件边界"

（4）MILL_GEOM（几何体）：MILL_GEOM 的类型为实体。主要用于型腔铣削。用户可以单击按钮【】，在弹出的"创建几何体"对话框中选择类型为"milL_contour"，按下按钮【】（MILL_GEOM）指定实体，弹出"MILL GEOM"对话框，如图 4-173 所示。

1）MILL_GEOM 几何体的类型。工件【】、毛坯【】和检查【】（用于定义刀具应该避让的边界）。

2）定义方法。选择某种类型，按下【选择】按钮，弹出对话框后进行定义。如工件实体的定义，按下【选择】"按钮，弹出"几何体"对话框，如图 4-174 所示。

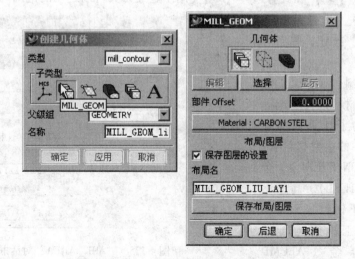

图 4-173 "MILL _ GEOM" 对话框

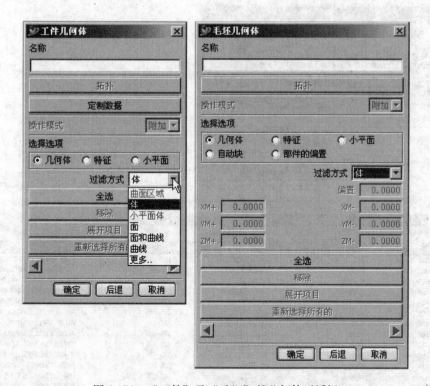

图 4-174 "工件" 及 "毛坯" 的几何体对话框

(5) MILL _ AREA（区域）：MILL _ AREA 的几何体类型为区域。主要用于固定轴曲面轮廓铣。用户可以单击按钮【　】，在弹出的"创建几何体"对话框中选择类型为"MILL _ CONTOUR"，按下【　】（MILL _ AREA）按钮。指定加工区域，弹出"MILL _ AREA"对话框，如图 4-175 所示。

1）MILL _ AREA 几何体的类型。工件【　】、检查【　】（用于定义刀具应该避让的边界）、切削区域【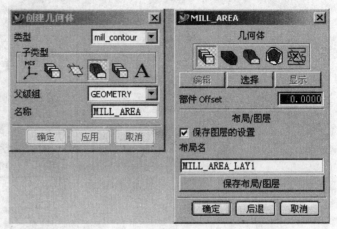】和裁剪边界【▦】（用于定义刀具可以运动的范围的边界）。

2）定义方法。选择某种类型，按下【选择】按钮，弹出对话框后进行定义。

（6）工件材料：在定义工件实体时有工件的材料选择，选择材料的目的是为了计算切削参数。UG 的材料库的主要材料有：碳素钢（CARBON STEEL）、合金钢（ALLOY STEEL）、高速钢（HS STEEL）、不锈钢（STAIN-LESS STEEL）、工具钢（TOOL STEEL）、铝合金（ALUMI-NUM）、铜合金（COPPER）。如图 4-176 所示。

图 4-175　"MII_AREA"对话框

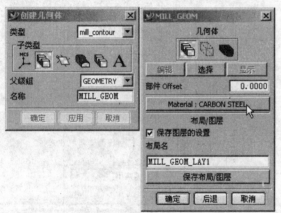

库参考	代码	名称	刚度	描述
部件材料				
MAT0_00001	1116	CARBON STEEL	100-150	FREE MACHINING CARBO...
MAT0_00002	1116	CARBON STEEL	150-200	FREE MACHINING CARBO...
MAT0_00059	4140SE	ALLOY STEEL	200-250	FREE MACHINING ALLOY S...
MAT0_00103	4140	ALLOY STEEL	54-56	ALLOY STEELS,WROUGHT...
MAT0_00104	4150	ALLOY STEEL	175-225	ALLOY STEELS, WROUGHT...
MAT0_00105	4150	ALLOY STEEL	225-275	ALLOY STEELS, WROUGHT...
MAT0_00106	4150	ALLOY STEEL	275-325	ALLOY STEELS, WROUGHT...
MAT0_00108	4150	ALLOY STEEL	375-425	ALLOY STEELS, WROUGHT...
MAT0_00153	440C	STAINLESS STEEL	225-275 HB	STAINLESS STEELS, WROU...
MAT0_00155	440A	STAINLESS STEEL	375-425 HB	STAINLESS STEELS, WROU...
MAT0_00174	4340	HS STEEL	225-300	HIGH STRENGTH STEELS, ...
MAT0_00175	4340	HS STEEL	300-350	HIGH STRENGTH STEELS, ...
MAT0_00176	4340	HS STEEL	350-400	HIGH STRENGTH STEELS, ...
MAT0_00194	H13	TOOL STEEL	150-200 HB	TOOL STEELS, WROUGHT ...
MAT0_00266	7050	ALUMINUM	75-150 HB	ALUMINUM ALLOYS, WRO...
MAT0_00281	210	COPPER	10-70 HRB	COPPER ALLOYS
MAT0_00464	P20	P20 TOOL STEEL	28-37 HRc	Mold Steel
MAT0_00600	P20	HSM P20 Preharded	30-33 HRc	HSM With Proven Machinin...
MAT0_00700	M416	HSM M416 Preharded	40-44 HRc	HSM With Proven Machinin...

图 4-176　工件材料类型

5. 加工方法 "创建方法"命令通过选择切削方式、设置进给速度、主轴转速、部件余量及部件公差参数来定义加工方法。使用下列方法可以启动该命令：

∴工具条：单击按钮【📇】。

∴菜单：单击【插入】→【方法】。

命令启动后，弹出"创建方法"对话框，如图 4-177 所示。

图 4-177　"创建方法"对话框

创建方法：

选择合适加工类型；选择加工的工序粗加工、半精加工或精加工；在名称栏中输入加工名称，按下【应用】按钮，弹出"创建方法"对话框如图 4-177 所示；设置部件余量及部件公差等参数；按下按钮【🐝】，初步设置进给和速度。

（1）部件余量及部件公差：部件余量是指加工完成后零件上剩余的材料厚度。

（2）切削方式：按下【切削方式】按钮，弹出对话框，如图 4-178 所示。从 UG 的切削方法库中选择合适的加工方法。

库参考	模式	名称	描述
OPD0_00006	MILL	FACE MILLING	0
OPD0_00007	MILL	END MILLING	0
OPD0_00008	MILL	SLOTTING	0
OPD0_00010	MILL	SIDE/SLOT MILL	0
OPD0_00021	MILL	HSM ROUGH MILLING	HSM - With Proven Machini...
OPD0_00022	MILL	HSM SEMI FINISH MILLING	HSM - With Proven Machini...
OPD0_00023	MILL	HSM FINISH MILLING	HSM - With Proven Machini...

图 4-178　"切削方式"对话框

（3）进给和速度：设置进给和速度各种工艺参数，按下按钮【🐝】，弹出"进给和速度"对话框，如图 4-179 所示。设置合适的工艺参数（这里仅初步设置进给和速度）。

6. 程序 "程序"命令主要用来建立数控加工的程序名。使用下列方法可以启动该命令：

∴工具条：单击按钮【🐝】。

∴菜单：单击【插入】→【程序】"。

命令启动后，弹出"创建程序组"对话框，如图 4-180 所示。

（1）程序名称：主要用于将不同工序按程序名称进行分类和安排顺序，以便于后处理操作（后处理器可以对任意的连续工序进行后处理）。

（2）方法：在名称栏中输入程序名称，按下【应用】按钮即可。

7. 操作 "操作"命令用于使用已建立的加工对象（刀具、几何体、加工方法、程序），设置切削用量、进给路线等创建一个加工工序的刀轨，并输出 CLSF（刀轨输出文件）。使用下列方法可以启动该命令：

⅄ 工具条：单击按钮【　】。

⅄ 菜单：单击【插入】→【操作】。

命令启动后，弹出"创建操作"对话框，如图 4-181 所示。

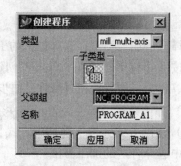

图 4-179 "进给和速度"对话框　　　　　　图 4-180 "创建程序组"对话框

1）组标签用于编辑、修改加工对象（刀具、几何体、加工方法）。

2）使用方法

①在类型中选择合适的加工方法。

②在子类型中选择合适的加工工艺。

③选择合适的刀具、几何体、加工方式和程序。

④按下【应用】按钮，弹出"创建操作"对话框，如图 4-181 所示。选择合适的加工参数，按下【应用】按钮生成本工序的刀轨。

8. 仿真和检查

（1）仿真："仿真"命令主要用来对加工过程进行切削仿真检查。仿真方式有回放、动态和静态三种。使用下列方法可以启动该命令：

⅄ 工具条：单击按钮【　】。

⅄ 菜单：单击【工具】→【操作导航器】→【刀轨】→【验证】。

1）重播。可以显示切削层及刀柄。按下【重播】标签，弹出"可视化刀轨轨迹的重播"对话框，如图 4-182 所示。

2）3D 动态。3D 动态显示刀具切削加工的过程，可以生成 IPW（In-Process Workpiece，加工过程中的工件）、过切检查。按下"【3D 动态】标签，弹出对话框，如图 4-182 所示。

3) 2D 动态。直接显示加工后的工件。按下【2D 动态】标签，弹出"可视化刀轨轨迹的重播"对话框，如图 4-182 所示。

（2）过切检查："过切检查"命令，主要用来对加工过程进行检查，查看其是否存在过切的情况。使用下列方法可以启动该命令：

∧ 工具条：单击按钮【🔧】。

∧ 菜单：单击【工具】→【操作导航器】→【刀轨】→【过切检查】，会出现一信息栏。如图 4-183 所示。

9. 机床控制操作　机床控制操作主要包括后处理命令（如换刀、冷却液、刀号）和刀具的定位运动的操作。如果使用 UGPOST 进行后处理，则不需要创建机床控制操作，系统会自动从内部刀轨中提取，并自动生成数控代码。但若使用 GPM 和其他后处理器进行后处理，则需要用户自己创建机床控制操作。

常用的机床控制操作有换刀（Tool Change）、主轴启动/停止（Spindle On/Off）、冷却液开/关（Coolant On/Off）、预选刀具（Tool Preselect）、刀具长度补偿（Tool Length Compensation）、原点（Origin，MCS 的原点在机床坐标系的位置）等几种。

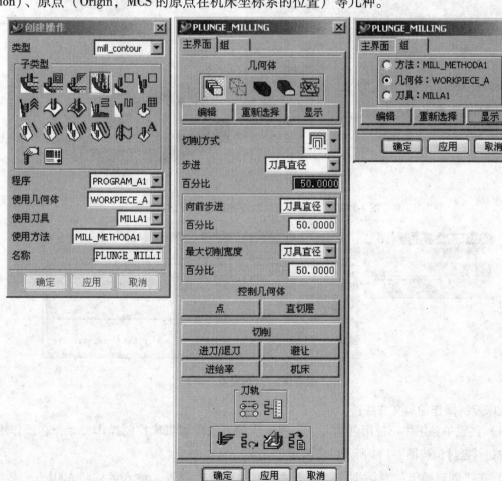

图 4-181　"创建操作"对话框

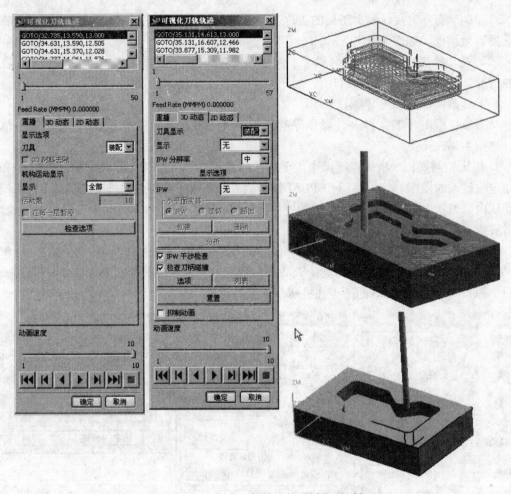

图 4-182　"可视化刀轨轨迹的重播"对话框

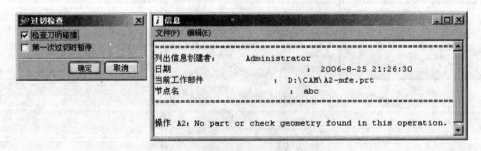

图 4-183　过切检查

机床控制操作的定义方法：

（1）创建单独工序：使用创建一个工序操作的方法添加机床控制操作命令，在操作中单击按钮【▦】，按图 4-184 所示的步骤设置。

1）在"创建操作"对话框中，按图 4-184 所示进行设置，输入名称"A001"，按下【确定】按钮。

2）在"MILL_CONTROL"对话框中，按下【编辑】按钮。

3）添加刀具预选命令，在"用户自定义事件"对话框的"可用的列表"中选择"T001 Preselect"弹出的"Tool Preselect"对话框，按图4-184所示进行设置，按下【确定】按钮。

4）添加换刀命令并设置刀具的长度补偿寄存器，在"用户自定义事件"对话框的"可用的列表"中选择"Tool Change"弹出的"Tool Change"对话框，按图4-184所示进行设置，按下【确定】按钮。

5）添加主轴转速命令，在"用户自定义事件"对话框的"可用的列表"中选择"Spindle On"。在弹出的"Spindle On"对话框中按图4-184所示进行设置，按下【确定】按钮。

6）添加打开冷却液命令，在"用户自定义事件"对话框的"可用的列表"中选择"Coolant On"，在弹出的"Coolant On"对话框中按图4-184所示进行设置，按下【确定】按钮。

7）在"用户自定义事件"对话框的"定义的列表"中显示图示的后处理命令按下【确定】按钮。

8）在"MILL_CONTROL"对话框中按图4-184所示进行设置，按下【应用】按钮，可以生成操作。

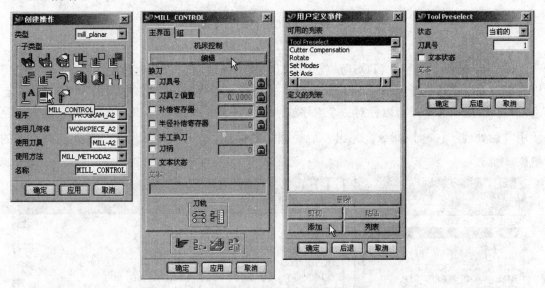

图4-184　创建机床控制操作的步骤

（2）在工序中创建：在创建一个操作的工序时，选择"机床"命令创建机床控制操作。同样，需使用"用户自定义事件"对话框定义。

（3）在工序中添加：使用加工导航器添加机床控制操作命令，选择一个工序，右击鼠标，选择"对象→开始后处理（结束后处理）"，表示在后处理之前或之后添加机床控制操作命令。同样，需使用"用户自定义事件"对话框定义。

10. 刀轨输出及后处理

（1）刀轨输出：CLSF（刀轨的输出文件）是为了检查或使用其他后处理器生成数控代码。CLSF的输出方法使用"刀轨输出"【　】命令，命令启动后，弹出"CLSF格式"对话框，如图4-185所示。选择合适的CLSF文件格式。

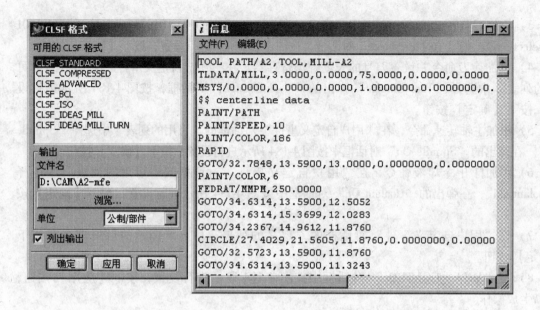

图 4-185　"CLSF 格式"对话框

（2）后处理：后处理（POST）就是将刀轨及后处理命令转换为数控代码。UGPOST 可以直接对刀轨进行后处理，且不需要 CLSF，并可以自动添加机床控制操作，不需要用户自己添加。使用 UGPOST 可以针对一个工序或一组工序或一个节点。UGPOST，的启动方法是使用"后处理"【 】命令，弹出"后处理"对话框，如图 4-186 所示。在此选择合适的机床。

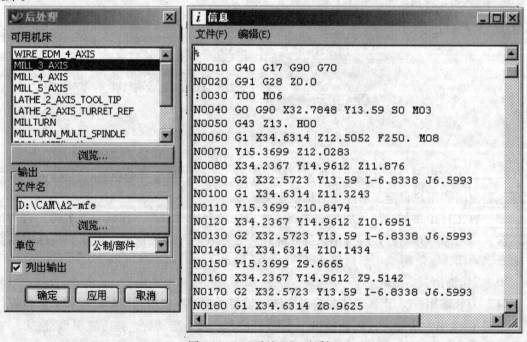

图 4-186　"后处理"对话框

（3）车间工艺文件：车间工艺文件针对车间建立有用的文本和图形文件，主要是刀具、操作和加工方法等。启动方法是使用"车间工艺文件"【】命令，弹出"加工部件报告"对话框，如图 4-187 所示。在此选择输出文件。文件格式有两种 TEXT 和 HTML。

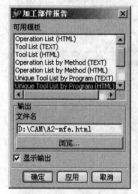

NX

SHOP FLOOR DOCUMENTATION

CREATED BY : Administrator   DATE : Fri Aug 25 22:19:07 2006

PART NAME : D:\CAM\A2-mfe.prt

TOOL LIST BY PROGRAM

PROGRAM NAME : NC_PROGRAM

TOOL NAME	TOOL TYPE	DIAMTER	COR RAD	NOSE RAD	ADJ REG

图 4-187 "加工部件报告"对话框

4.8.3 平面铣

1. **平面铣基本概述** 平面铣是在水平的切削层上铣削，且所有的水平切削层的边界是完全相同的，其切削运动只是 X 轴和 Y 轴联动，而没有 Z 轴的运动。主要用于粗加工或精加工工件的平面，如表平面、腔的底平面、腔的垂直侧壁；也可以用于曲面的粗加工但不可能真正加工出曲面来。

平面铣只能加工与刀轴垂直的直壁平底的工件，且每个切削层的边界完全一致，所以只要用 MILL_BND 几何体来定义加工工件即可。

使用已建立的加工对象（刀具、几何体、加工方法、程序），使用按钮【🔧】创建一个工序的操作，生成刀轨，并输出 CLSF。在弹出的"创建操作"对话框的类型中选择"mill_planar"，如图 4-188 所示。

2. **常用工艺** 15 种平面铣加工方式说明如下：

【🔧】：FACE_MILLING_AREA。用于表面区域铣加工方式，当用户选择该图标后，需要以面定义切削区域。

【🔧】：FACE_MILLING。用于仅铣削平面的工艺（需要用户指定平面作为几何体），用于加工表面几何。

【🔧】：FACE_MILLING_MANUAL。用于仅铣削平面的工艺，需要用户自己设置刀轨（需要用户指定平面作为几何体）。该图标为表面手动铣加工方式图标，其默认切削方式为混合式。

【🔧】：PLANAR_MILL。该图标为通用的平面铣工艺，允许用户选择不同的切削方法。通常该平面铣加工方式可满足一般的平面铣加工要求，其他的一些加工方式都是在此加工方式之上改进或演变而来，即平面铣加工方式具有通用性，而其他加工方式用于一些特定几何形状的零件。

【▆】：PLANAR ＿ PRO-FILE。采用轮廓切削方法加工零件的平面铣的工艺。它的默认切削方式为轮廓切削。

【▆】：ROUGH ＿ FOLLOW。采用仿形切削方法加工零件的平面铣的粗加工工艺。该图标为跟随零件粗铣加工方式图标，它的默认切削方式为沿零件切削。

【▆】：ROUGH ＿ ZIGZAG。采用往复式切削方法加工零件的平面铣的粗加工工艺，它的默认切削方式为往复式切削。

【▆】：ROUGH ＿ ZIG。采用单向切削方法加工零件的平面铣的粗加工工艺，它的默认切削方式为单向切削。

【 ⊃ 】：CLEANUP-COR-NERS。精加工零件的凹角的平面铣的工艺，它用于清理加工零件的一些拐角。

【▆】：FINISH ＿ WALL。精加工零件的侧壁的平面铣的工

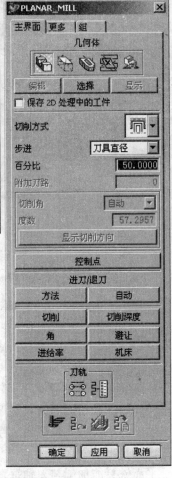

图 4-188　平面铣削的操作

艺，它的默认切削方式为轮廓切削，默认深度为只有底面的平面铣。

【▆】：FINISH ＿ FLOOR。精加工零件的底平面的平面铣的工艺，它的默认切削方式为沿零件切削，默认深度为只有底面的平面铣。

在此注意的【▆】图标和图标【▆】比较相似，选取时不易辨认，但用户在选择时，只要注意是图标的那一部分有阴影线即可区分，即精铣侧壁加工方式图标的侧壁部分有阴影线，而精铣底面加工方式图标的底面有阴影线。

【▆】：THREAD ＿ MILLING。该图标为螺纹铣加工方式图标，它用于进行一些螺纹加工操作。

【▆】：PLANAR ＿ TEXT。该图标为文本铣削加工方式图标，它用于对文字曲线进行雕刻加工操作。

【▆】：MILL ＿ CONTROL。该图标为机床控制图标，它用于进行机床控制操作，添加一些后置处理命令。

【▆】：MILL ＿ USER。该图标为自定义参数加工方式图标，当用户选择该图标后，可以

自定义参数设置操作。

对以上 15 种加工方法，根据需要选择相应的图标，即可使用相应的加工方式来建立平面铣操作。一般来说，选择平面铣加工方式图标，就能满足普通的平面铣加工要求。

3. 切削方式　切削方式是用来设置刀具在水平切削层中运动的方法。在平面铣中有 7 种切削方法。在操作中通过选择切削方式，如图 4-189 所示，用户可以自己选择切削方式，或使用系统推荐的切削方式。

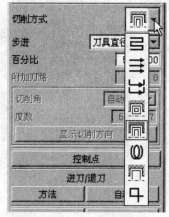

图 4-189　切削方式

（1）往复式切削【ᗕ】（zig-zag）：在水平的切削层内刀具作直线往复平行的切削运动。它的特点是整个切削层中始终保持切削运动，无抬刀运动，是顺铣和逆铣交替进行。适用于内腔的粗加工、岛屿顶的精加工。

（2）单向切削【ᗓ】（zig）：在水平的切削层内刀具作直线单向的切削运动，即刀具沿直线刀轨切削到终点，然后抬刀到安全位置，快速退回下一个刀轨，刀具以同样的方式切削。它的特点是整个切削层中始终保持单向切削运动，可以是顺铣或逆铣。适用于岛屿表面的精加工，有陡峭的肋板加工，表面的精加工。

（3）沿轮廓单向切削【ᗛ】（zig with contour）：在水平的切削层内刀具作直线单向的切削运动，但附加沿边界轮廓的切削运动，然后抬刀到安全位置，快速退回下一个刀轨，刀具以同样的方式切削。它的特点是整个切削层中始终保持单向切削运动，可以是顺铣或逆铣。适用于垂直壁的精度要求较高的粗加工。

（4）仿形外轮廓切削【ᗣ】（跟随周边）：在水平的切削层内刀具沿外轮廓的偏置线作切削运动。用户可以选择顺铣或逆铣；刀具从内向外或从外向内运动。适用于有岛屿和内腔的粗加工。

（5）仿形零件切削【ᗤ】（跟随工件）：在水平的切削层内刀具沿工件（外轮廓、岛和内腔）的偏置线作切削运动。用户可以选择顺铣或逆铣。适用于有岛屿和内腔的粗加工。

（6）摆线式零件切削【ⓦ】（摆线）：在水平的切削层内刀具利用摆线方式切削进行零件加工。该切削方式用于在轮廓周边产生一个个小圆圈，可以防止刀具切削的材料过多而发生过切。此外，利用摆线式切削加工零件，刀具的切削负荷比较均匀，所以摆线式切削方式一般用于高速加工。

（7）轮廓切削【ᗥ】（轮廓）：在水平的切削层内刀具沿轮廓作切削运动。用户可以选择顺铣或逆铣。适用于侧壁的精加工。

（8）标准驱动【ᗄ】（标准驱动）：在水平的切削层内刀具沿轮廓作切削运动。特点是严格按边界驱动刀具运动且不考虑其他的任何外形，允许刀轨相交，不检查过切。适用于刻字和雕花。

4. 步进　步进是用来设置在同一切削层中不同的刀轨偏置的距离。主要有：恒定的、残余波峰高度、刀具直径和可变的，如图 4-190 所示。

步进	恒定的
距离	恒定的
附加刀路	残余波峰高度
	刀具直径
	可变的

图 4-190　步进设置

（1）恒定的：用户直接输入数字，设置步进的值。

（2）残余波峰高度：用户输入材料残余波峰高度的

值，系统自动分析计算步进的值，使刀具加工后理论上残余波峰高度小于用户输入的值。

（3）刀具直径：用刀具有效直径的百分比设置步进的值。

（4）可变的：由用户定义一个许可的范围，系统自动设置步进值。

5. 控制点　控制点是用来设置预钻孔进刀点和切削区域起点，通过设置可以控制每个切削区域的开始点和刀具起始运动的方向。在操作中通过选择"控制点"可以启动该选项，弹出"控制几何体"对话框，如图 4-191 所示。

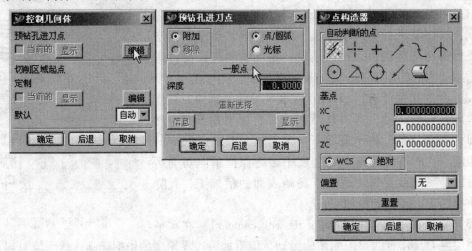

图 4-191　"控制几何体"对话框

（1）预钻孔进刀点：在"控制几何体"对话框中按下"预钻孔进刀点"的【编辑】按钮，弹出"预钻孔进刀点"对话框，如图 4-191 所示。在默认的情况下系统会自动地设置刀具的开始切削点，用户也可以自己通过设置预钻孔进刀点定义刀具开始切削点。当使用了预钻孔进刀点后，刀具先移动到预钻孔进刀点，然后向下移动到指定的切削层，接着移动到该切削层的刀轨起点，开始沿该层刀轨移动刀具开始切削。

（2）切削区域起点：在图 4-191 中，若在"控制几何体"对话框中按下"切削区域起点"的【编辑】按钮，弹出"切削区域起点"对话框，该选项定义的切削区域起点并不是真正的切削区域起点，系统会根据用户定义的切削区域起点为参考，综合考虑切削方式及切削区域的形状，确定实际的切削区域起点和刀具起始运动的方向。

6. 进刀/退刀　进刀/退刀是用来设置刀具在朝向工件和离开工件时的方法和运动方向及安全距离。在操作中通过选择"方法"或"自动"可以设置进刀/退刀。

（1）方法：由用户自己定义进刀/退刀的方法和方向以及安全距离。按下【方法】按钮，弹出"进刀/退刀"对话框，如图 4-192 所示。有以下 7 种方法设置进刀/退刀。

1）水平。设置刀具转移到新的切削区域或接近工件时，距工件（包括加工余量）的水平方向距离。

2）垂直。设置刀具转移到新的切削区域时，距工件已加工的表面和毛坯表面的垂直方向距离；或接近工件时，距切削层的垂直方向距离。

3）最小值。当不使用安全平面时，设置刀具在加工开始或结束时，距离加工面的距离。

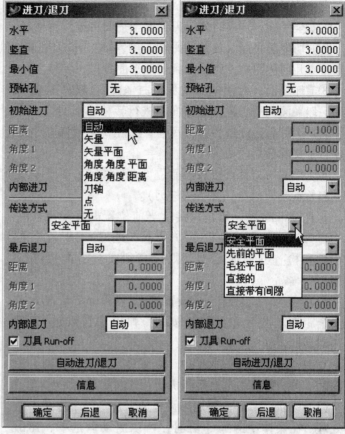

图 4-192 "进刀/退刀"对话框

4）预钻孔。用于保存预钻孔进刀点（系统也能自动生成预钻孔进刀点）的位置，以便于预钻孔编程时使用。

5）初始进刀。进刀/退刀。进刀/退刀的方法有 8 种。

①自动。系统自动设置刀具移动方向和距离。

②矢量。通过矢量方向定义刀具移动的方向，距离定义刀具移动距离。

③矢量平面。通过矢量方向定义刀具移动的方向，平面定义刀具移动的起点。

④角度、角度、平面。通过角度定义刀具移动的方向，平面定义刀具的移动的起点。其中角度 1 是刀具移动方向在切削层上的投影与第一刀的方向角，角度 2 是刀具移动方向与切削层的夹角。

⑤角度、距离。通过角度定义刀具移动的方向，距离定义刀具移动距离。

⑥刀轴（Z 轴）。刀具沿 Z 轴移动，距离定义刀具移动距离。

⑦点。从一点移动到另一点。

⑧否。无刀具移动。

6）内部进刀/退刀。从一个切削层或切削区域的退刀，转移到另一个切削层或切削区域时的进刀。有四种方式：自动、刀轴、否、如初始的。

7）传送（转移）方式。刀具在从一个切削层或切削区域退刀后，转移到另一个切削层或切削区域进刀之前的运动方式。有五种方式：安全平面、先前的平面、毛坯平面、直接的、直接带间隙。

①安全平面。转移时先抬刀到安全平面再进行转移。

②前切削层平面（先前的平面）。转移时先抬刀到前切削层再进行转移，但若中间有工件和检查几何体阻挡，则抬高到安全平面再进行转移。

③毛坯平面（对话框中显示空白平面）。转移时先抬刀到毛坯平面加垂直距离的平面再进行转移。平面铣，毛坯平面是工件和毛坯边界中较高者；型腔铣，毛坯平面是用户自定义的最高的切削层。

图 4-193 "自动进刀/退刀"对话框

④直接的。刀具直接从当前位置沿直线转移到下一进刀点起始点或切削点（无下一进刀）。

⑤直接带间隙。刀具直接从当前位置沿直线转移到下一进刀点起始点或切削点（无下一进刀），但若中间有工件和检查几何体阻挡，则抬高到安全平面再进行转移。

（2）自动：由系统自动设置进刀/退刀的方法和方向及安全距离。按下【自动】按钮，弹出"自动进刀/退刀"对话框，如图 4-193 所示。

7. 加工参数　定义加工时工艺参数，主要有切削、切削深度、角、避让、进给率和机床，如图 4-194 所示。

（1）切削参数：主要用于设置加工公差和余量及刀轨的处理。在操作中选择【切削】可以启动该选项，弹出"切削参数"对话框，如图 4-195 所示。

图 4-194 加工参数

在"切削参数"对话框里有策略、毛坯、连接、Uncut 及更多等项目。

（2）切削深度：主要用于设置切削深度参数。在操作中选择【切削深度】可以启动该选项。弹出"切削深度参数"对话框，如图 4-196 所示。

（3）拐角控制：主要用于设置刀具在拐角处切削方式，以防止刀具在拐角处产生偏离和过切。在操作中选择"角"可以启动该选项，弹出"角和进给率控制"对话框，如图 4-197 所示。控制方法是在拐角（包括工件本身的拐角和步进与刀路形成的拐角）处附加刀路及减速（在凹角处降低刀具进给速度）。该选项主要用于加工较硬的材料和高速铣。

（4）避让几何体：主要用于设置刀具在切削运动之前和之后的非切削运动的位置和方向及安全平面位置。在操作中选择【避让】可以启动该选项，弹出"避让几何体"对话框，如图 4-198 所示。设置刀具运动不是对每个操作都必须的，该选项仅针对加工开始或结束的操作，通常与机床控制（冷却液开关等）在一起操作。

1）从点。从点（From 点）一般定义为加工坐标系原点，该点位于刀具（主轴）还没有运动且机床后处理命令执行之前。

2）开始点。设置该点（Start Point）一般是为了避开一些几何体和夹具，其位于机床后处理命令之后的快速进给运动。

3）返回点。返回点（Return Point）作用与开始点相似的一条快速进给运动。

4）原点。原点（Gohome 点）作用与从点相似的一条刀具移动，一般与从点重合。

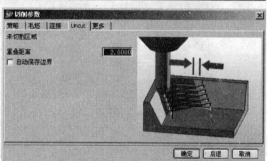

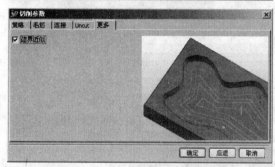

图 4-195　"切削参数"对话框

5）安全平面。安全平面（Clearance Plane）用于定义刀具转移运动的平面，转移方法在"进刀/退刀"中设置。

6）最低平面。最低平面（Lower Limit Plane）用于定义刀具运动的最低极限运动平面。

（5）进给率：主要用于设置加工速度和主轴转速参数。在操作中选择"进给率"可以启动该选项，弹出"进给和速度"对话框，如图 4-199 所示。

用户可以自己设置各种速度，也可以按下"从表格中重置"按钮由系统自动生成（不再使用加工方法定义的各种速度）。系统将根据零件材料、刀具材料、切削方法、切削深度等参数进行计算。计算时若用户输入了部分数据，则系统按照一定的规则将采用用户输入的数据中的一部分计算出。

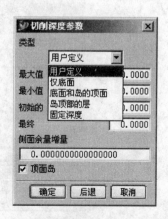

图 4-196　"切削深度参数"对话框

（6）机床控制：主要用于设置刀轴、刀具补偿和机床后处理命令。在操作中选择【机床】可以启动该选项，弹出"机床控制"对话框，如图4-200所示。

1）"机床后处理"命令。用于设置机床的操作，如换刀、冷却液、刀号等。

2）刀补。操作工人将刀具实际直径与理论直径的差值输入相应刀具号的寄存器，就可以自动补偿刀具的误差。

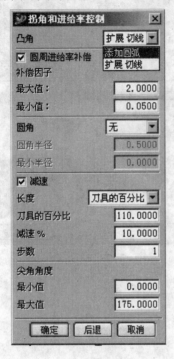

图4-197 "角和进给率控制"对话框

图4-198 "避让几何体"对话框

图4-199 "进给和速度"对话框

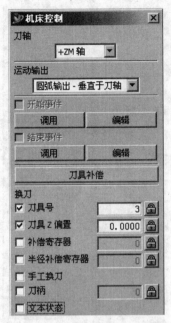

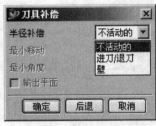

图 4-200 "机床控制"和"刀具补偿"对话框

例 4-4 完成图 4-201 零件的部分加工工序。

1）使用主模型方法创建加工部件文件。

①新建一个文件名为"A6_MFE"的部件文件。

②启动【UG】→【装配】模块。

③使用【装配】→【组件】→【添加已存在的】命令将部件文件"A6"按绝对装配条件装配进来。

④使用【装配】→【组件】→【添加已存在的】命令将部件文件"A6_MAOPI"按绝对装配条件装配进来。使用菜单中【编辑】→【对象显示】命令，将其透明度改为40%。

图 4-201　平面铣加工工件

2）启动【UG】→【加工】模块：选择配置为"CAM__general"，设置为"mill_planar"。

3）创建刀具。

①单击【▨】图标创建刀具，命名为 mill_A6，如图 4-202 所示。

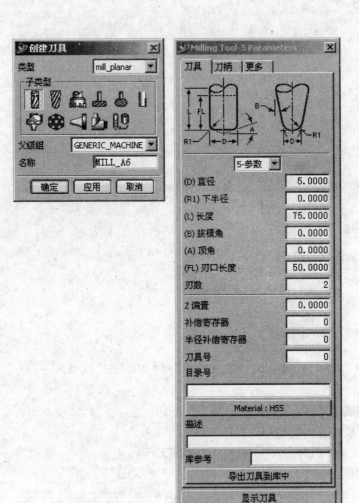

图 4-202　创建刀具

②选择铣刀的直径为 5, 从刀具材料库中选择刀具材料, 按下【确定】按钮。

4) 创建几何体。

①单击【 ▓ 】图标创建几何体, 如图 4-203 所示。双击 "MCS—MILL", 设置加工坐标系, 使用选择原点的方法, 选择如图 4-203 所示的点为加工坐标系的原点, 按下【保存】按钮。

②单击 "WORKPIECE" 设置毛坯及从工件材料库中选择工件材料。选择 "MILL __ END" 子类型, 选择 "WORKPIECE _ A6, 父几何体组, 按下【确定】按钮; 选择【毛坯】实体, 如图 4-203 所示。

5) 创建方法。单击图标【 ▓ 】, 选择 "MILL _ ROUGH" 加工方法, 从弹出的对话框中设置加工余量、铣削方法及进给和速度。

6) 创建操作。单击图标【 ▓ 】。依图 4-204 所示选择, 工件边界选 A6 实体, 边界选工件的上平面。毛坯边界选 A6 _ MAOPI 实体，边界选毛坯的上平面。底面取 – 10。"切削深度"，选择最大深度为 3，按下【应用】按钮，生成如图 4-204 所示的刀轨。

7）刀轨检查。选择"刀轨验证"的图标【 】，动态检查刀轨（见图 4-205）。

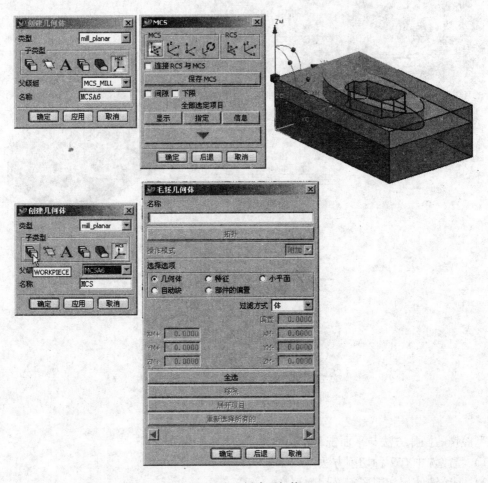

图 4-203　创建几何体

4.8.4　型腔铣

1. 型腔铣概述　型腔铣是在水平的切削层上铣削，每个水平的切削层的边界是不同形状的。它的切削运动只是 X 轴和 Y 轴联动，而没有 Z 轴的运动。主要用于粗加工工件的曲面，如图 4-206 所示。

型腔铣之所以能加工曲面，是因为型腔铣不使用边界几何体，而使用"MILL _ GEOM"零件的实体作为几何体，在平面内沿零件实体的轮廓进行切削，然后使用曲面轮廓铣精加工曲面。

使用已建立的加工对象（如刀具、几何体、加工方法、程序），使用【 】创建一个工序的操作，生成刀轨，并输出 G 代码。在弹出的"创建操作"对话框的类型中选择"mill _ contour"如图 4-207 所示。

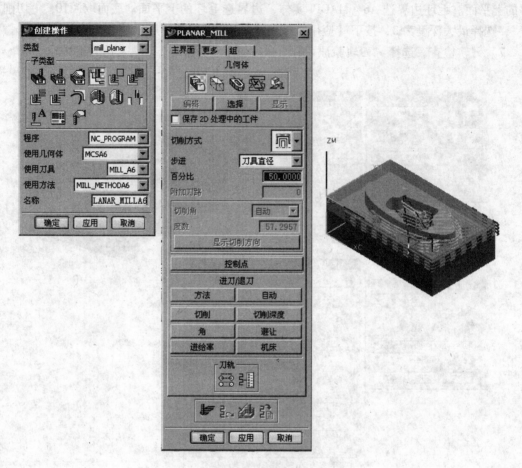

图 4-204　创建操作

型腔铣的操作方法与平面铣基本一样，主要存在的区别如下：

1）型腔铣中有 7 种切削方法。

2）型腔铣使用切削层定义切削深度。

3）型腔铣的加工参数设置与平面铣略有不同。

①容错加工。能发现所有可加工的区域，但不会过切工件。它主要解决当采用毛坯计算刀轨时由于毛坯的公差较大，特别是毛坯与工件十分接近，可能会产生过切。

②底切处理。主要用于当几何体含有凹进去的侧边时，刀具是否在凸起的工件的侧边附加水平安全距离以保证不会产生刀柄碰到工件。

③剪切。表示若未定义毛坯几何体，通过该选项，系统会自动地根据工件的最大外轮廓向外偏置一个刀具半径作为毛坯几何体。

在型腔铣的安全平面中，隐含的安全平面是隐含最高的切削层、检查几何体和用户自定义的最高的切削层中较高者加 2 倍用户定义的垂直距离，其中隐舍最高的切削层工件和毛坯几何体中较高者。型腔铣中的毛坯平面是用户自定义的最高的切削层。

2. 常用工艺　在"创建操作"对话框的"子类型"选项下列出 20 种型腔铣加工方式，这里只对前六种型腔铣加工方式说明如下：

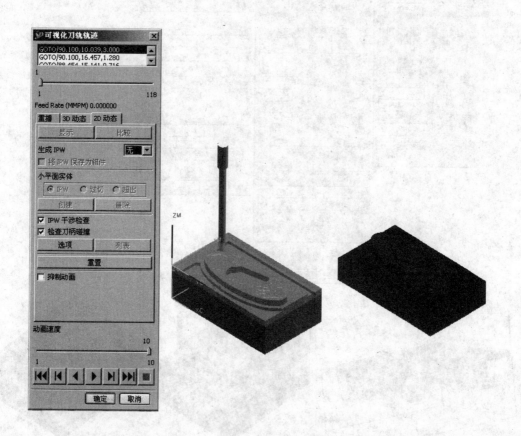

图 4-205 动态检查刀轨

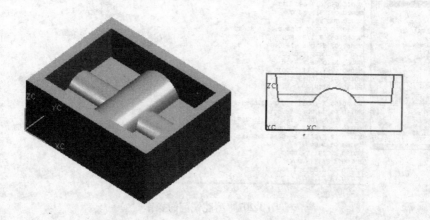

图 4-206 型腔铣

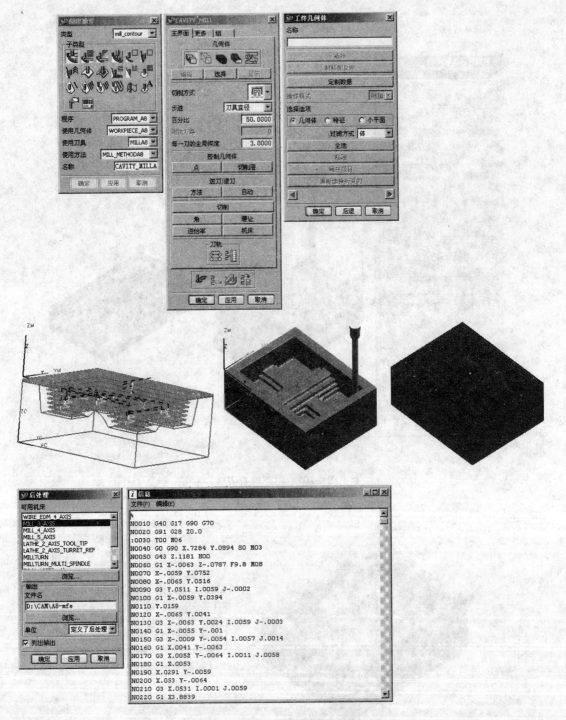

图 4-207　型腔铣削的操作

【🔧】：CAVITY _ MILI。通用的型腔铣工艺，使用该图标基本上可以满足一般的型腔铣加工要求，其他的一些加工方式都是在此加工方式之上改进或演变而来。允许用户选择不同的切削方法。是常用的一种。

【🔧】：ZLEVEL _ FOLLOW _ CORE。采用仿形零件切削方法加工型芯类零件的标准工艺。

【】：CORNER _ ROUGH。该图标为角落粗加工方式的型腔铣图标。

【】：PLUNGE _ MILLING。以钻削方式垂直向下进行铣削，也就是插铣。

【】：ZLEVEL _ PROFILE。该图标为等高轮廓方式的型腔铣图标。采用轮廓切削方法加工所有的陡峭壁的工艺（未设置陡峭角度）。

【】：ZLEVEL _ PROFILE _ STEEP。该图标为陡峭区域等高轮廓方式的型腔铣图标。采用轮廓切削方法加工陡峭角度小于设定值的陡峭壁的工艺，陡峭角度一般设定为65°。

【】：ZLEVEL _ ZIGZAG。采用往复式切削方法的型腔铣工艺，该图标为非陡峭区域轮廓铣图标，默认驱动方法为区域驱动，约束为非陡峭约束，陡峭角度一般设定为65°。

3. 切削层　切削层是控制切削加工的深度。在操作中选择【切削层】可以启动该选项，弹出"切削层"对话框，如图4-208所示。为了控制切削深度，系统将型腔铣分成不同的切削区间，每个切削区间分成不同的切削层，刀具在切削层上加工。其中不同的切削区间的切削深度可以不同，但相同的切削区间的每个切削层的切削深度是一样的。系统在默认的条件下自动建立一个切削区间，它包括整个几何体（工件和毛坯）的最高点和最低点。切削区间用大三角形表示，切削层用小三角形表示，红色表示当前切削区间。

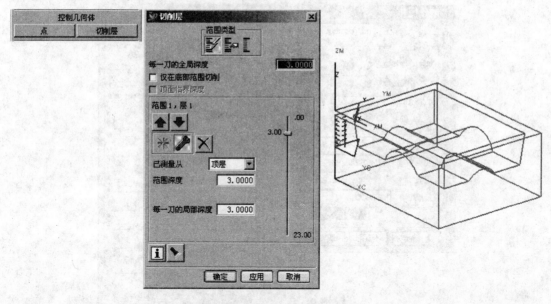

图4-208　"切削层"对话框

（1）切削区间：通过"增加范围"增加一个切削区间，"修改范围"修改切削区间的顶和底，"当前范围"中的三角形符号用于调整当前切削区间。

（2）每一刀的深度：在一个切削区间中的每个切削层的最大切削深度。

（3）选择方法：用户可以直接选择对象定义切削区间或使用对话框中的"一般点"启动点构造器，来定义切削区间。系统自动选择上一切削层的底为下一切削层的顶。

4.8.5　固定轴曲面轮廓铣

1. 固定轴曲面轮廓铣概述　固定轴曲面轮廓铣是用固定刀轴沿曲面的轮廓铣削，它的切削运动是X轴、Y轴和Z轴联动，主要用于精加工工件的曲面，如图4-209所示的L2三维实体。固定轴曲面轮廓铣之所以能用于精加工，是因为它的刀轨产生不仅使用零件几何体，而且使用驱动几何体进一步引导刀具的运动。

使用已建立的加工对象（刀具、几何体、加工方法、程序），使用【📌】创建一个工序的操作，生成刀轨，并输出 CLSF。在弹出的"创建操作"对话框的类型中选择"mill_contour"，如图 4-210 所示。

2. 常用工艺　固定轴曲面轮廓铣常用工艺如下：

【⚙】：FIXED_CONTOUR。通用的固定轴曲面轮廓铣的工艺；允许用户选择不同的驱动方法和切削方法，常用。

【⚙】：CONTOUR_AREA。采用区域驱动方法加工特定区域的固定轴曲面轮廓铣的工艺。它的默认驱动方法为区域驱动。

【📇】：CONTOUR_AREA_DIR_STEEP。采用往复式切削方法的型腔铣工艺，该图标为陡峭区域轮廓铣图标，默认驱动方法为区域驱动，约束为陡峭约束，陡峭角度一般设定为 35°。

图 4-209　固定轴曲面轮廓铣

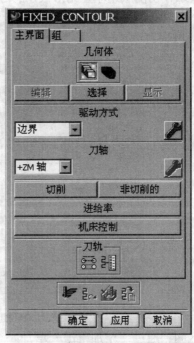

图 4-210　固定轴曲面轮廓铣的操作

【🔧】：CONTOUR_SURFACE_AREA。采用曲面驱动方法加工复杂零件表面的固定轴曲面轮廓铣。默认驱动方法为曲面区域驱动。

【⚙】：FLOWCUT_SINGLE。该图标为单路径清根铣图标，它的默认清根方法为单路径。

【⚙】：FLOWCUT_MULTIPLE。该图标为多路径清根铣图标，它的默认清根方法为多路径。

【⚙】：FLOWCUT_REF_TOOL。该图标为参考刀具清根铣图标，采用清根切削驱动方法加工零件的各种凹角的固定轴曲面轮廓铣，且考虑前一工序的刀具直径。它的默认清根方法为参考刀具。

【▨】：FLOWCUT _ SMOOTH。该图标为光顺清根铣图标，它的默认驱动方法为清根驱动。

【▨】：PROFILE _ 3D。采用三维凸线生成的具有固定的 Z 轴方向深度的刀轨，加工零件表面的固定轴曲面轮廓铣的工艺。

对以上 9 种加工方法，用户根据需要选择相应的图标，即可使用相应的加工方式来创建固定轴曲面轮廓铣操作。一般来说，选择固定轴曲面轮廓铣加工方式图标，就能满足普通的固定轴曲面轮廓铣加工要求。

3. 驱动方式 驱动方式是首先从指定的驱动几何体上生成驱动点，然后将刀具从驱动点沿指定的投影矢量移动到与零件表面接触，此时刀具的尖顶生成刀位点，如图 4-211 所示。驱动方式的选择取决于零件表面的复杂程度和刀轴控制的需要（变轴）。在操作中用户选择了某种驱动式，将弹出该驱动方式定义的对话框，用户在此可以定义驱动几何体、投影矢量及切削方式。

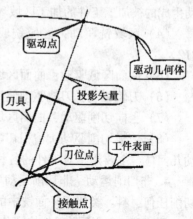

图 4-211　驱动方式示意图

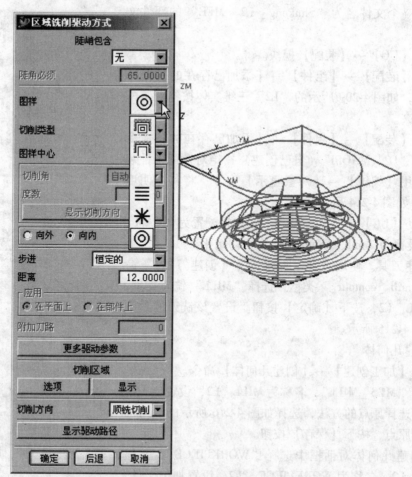

图 4-212　"区域铣削驱动方式"对话框

（1）曲线/点驱动：曲线/点驱动使用由用户选择已存在的曲线或点为驱动几何体。

（2）螺旋驱动：螺旋驱动使用由用户定义的螺旋线为驱动几何体。

（3）边界驱动：使用边界（可以与加工工件无关的任意边界）和工件包容环（系统自动生成的被加工工件的加工区域环）的共同部分为驱动几何体。

（4）区域铣驱动：区域铣驱动使用由用户定义的切削区域为驱动几何体（见图4-212）。

（5）曲面区域驱动：曲面区域驱动使用由用户选择的曲面区域为驱动几何体。

（6）刀轨驱动：刀轨驱动使用一刀轨文件（CLSF）中的刀轨为驱动几何体。

（7）径向切削驱动：曲面区域驱动使用由用户选择边界并生成与边界正交的刀轨。

（8）清根切削驱动：清根切削驱动是系统自动地使用被加工工件的凹角和低洼处为驱动几何体，主要用于对工件的各种凹角中以前未加工的部分进行切削。

4. 非切削运动　非切削运动用于定义除了切削运动以外的刀具运动，非切削运动不会切削任何材料。类似于平面铣中的避让和进刀/退刀中的设置（见图4-213）。

例4-5　完成下列零件的部分加工工序。

1）使用主模型方法创建加工部件文件。

①新建一个文件名为"Shukong _ L2 _ MFE"的部件文件。

②启动【UG】→【装配】模块。

③使用【装配】→【组件】→【添加已存在的】命令将部件文件，如图4-209所示的"L2"三维实体按绝对装配条件装配进来。

④使用【装配】→【组件】→【添加已存在的】命令将部件文件"L2 _ MAOPI"（自己创建）按绝对装配条件装配进来。使用【编辑】→【对象显示】命令，将其透明度改为30%，如图4-214所示。

2）启动【UG】→【加工】模块。选择配置为"CAM _ general"，设置为"mill _ contour"，进行初始化。

3）创建刀具。使用【加工创建】→【创建刀具】"命令，选择"mill _ contour。"类型，选择"MILL"铣刀类型，名称为MILL _ L2，按下【确定】按钮。设置该铣刀的参数选择，如图4-215所示。

4）创建几何体。

①使用【加工创建】→【创建几何体】命令。

②选择"MCS _ MILL"，名称为MILL _ L2，设置加工坐标系，使用选择原点的方法，选择如图4-216所示的点为加工坐标系的原点，按下【保存】按钮。

③在创建几何体对话框中选择"WORKPIECE"，父组级为MILL _ L2，名称为WORKPIECE _ L2，设置加工工件，选择工件及从工件材料库中选择工件材料。

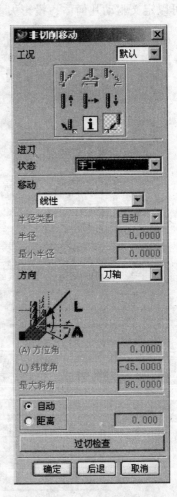

图4-213　"非切削运动"对话框

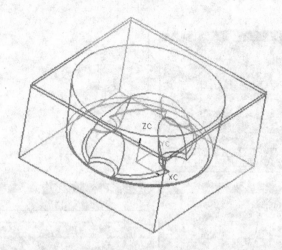

图 4-214　加工工件

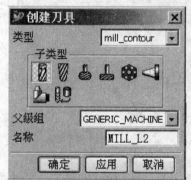

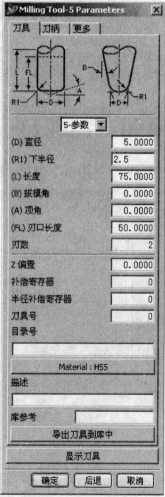

图 4-215　刀具参数选择

5）创建操作。该零件先用型腔铣进行粗加工，然后用固定轴曲面轮廓铣进行精加工。

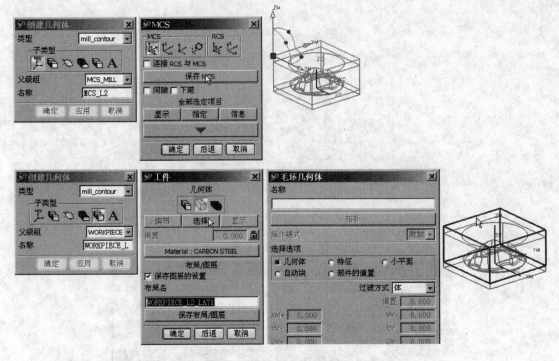

图 4-216　创建几何体

①使用【加工创建】→【创建操作】命令。选择 Mill _ Contour 类型及 CAVITY _ MILL 加工方式。

②名称命名为 CAVITY _ MILL _ L2，选择如图 4-217 所示的参数、部件和切削区域。

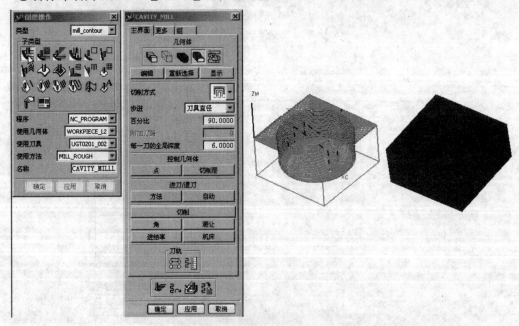

图 4-217　型腔铣进行粗加工

③选择【切削层】，选择【进给率】按钮，从加工工艺库中由系统将根据零件材料、刀具材料、切削方法等参数自动计算各种速度和进给量；按下【确定】按钮返回。

④按下【应用】按钮，生成如图 4-217 所示的刀轨。

⑤使用【加工创建】→【创建操作】命令。选择 Mill _ Contour 类型及 FIXED _ CON-TOUR 加工方式。

⑥名称命名为 FIXED _ CONTOUR _ L2，选择如图 4-218 所示的参数、部件，用曲面区域作为驱动方式。

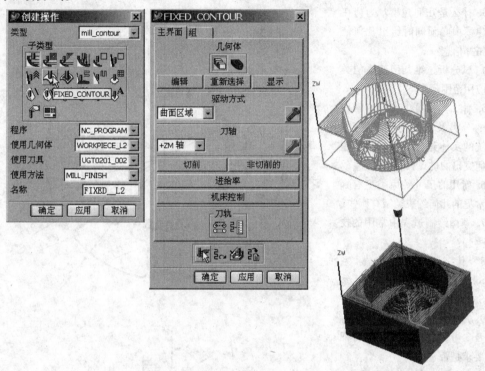

图 4-218　固定轴曲面轮廓铣进行精加工

⑦选择【切削层】，选择【进给率】按钮，从加工工艺库中由系统将根据零件材料、刀具材料、切削方法等参数自动计算各种速度和进给量；按下【确定】按钮返回。

⑧按下【应用】按钮，生成如图 4-218 所示的刀轨。

⑨按下【后处理】按钮，生成如图 4-219 所示的粗、精加工 G 代码。

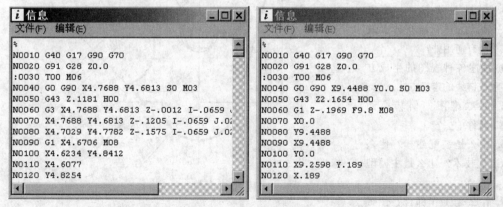

图 4-219　粗、精加工 G 代码

复习思考题

1. UG 的技术特性有哪些?

2. 在 UG 中使用层的目的是什么? 是否可以将对象从一个层复制到另一个层?

3. 什么是几何建模? 为何在几何建模中必须同时给出几何信息和拓扑信息?

4. 试分析三维几何建模的类型及应用范围。

5. 什么是特征, 有哪些常用特征的分类及特征的实现方法? 与传统的实体建模比较, 特征建模有何突出的优点?

6. 常用的尺寸约束类型有哪些? 常见的几何约束类型有哪些?

7. 草图绘制过程中常用的技巧有哪些?

8. 什么是绝对坐标系 (ACS)? 什么是工作坐标系 (WCS)? 两者有何区别?

9. 成型特征为什么需要放置平面及参考方向? 各种成型特征对此要求是否一样?

10. 是否可以实现特征复制?

11. 建立下列图 4-220 的二维草图轮廓特征。

12. 为何要在制图中应用主模型方法? 建立二维图的一般过程是什么?

13. 在制图状态下, 单击"图纸—显示图样"会有什么效果? 该功能有何用处?

14. 试述各种视图的生成方式及各种铰链线的定义方式。

15. UG 二维图如何转换到 AutoCAD 软件中去?

16. 什么是装配建模? 什么是虚拟装配技术? 什么是主模型技术?

17. 什么是工作部件? 什么是显示部件? 两者有何关系?

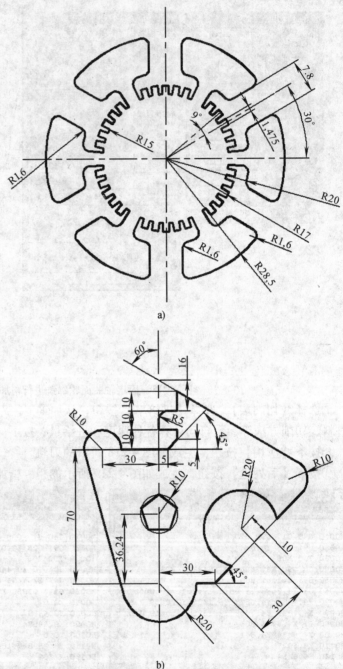

图 4-220 二维草图练习

18. 常见的装配类型有哪些？试举例说明。

19. 爆炸视图有何用途？

20. 谈谈"从底向上"的设计过程。

21. 在 UG Mold Wizard "项目初始化"对话框中，对于路径的选择，您有何建议？

22. 为什么要定义模具坐标系？产品坐标系和模具坐标系是一样吗？

23. 收缩率是什么概念？其三种类型如何选定？

24. 在使用 Mold Wizard 定义成型镶件时，其对话框中各参数的定义是什么？

25. 模腔布局中的单腔与多腔如何选择？有何依据？

26. 什么是分型？在 Mold Wizard 中，分哪几个步骤？

27. 什么是产品设计顾问？在使用 Mold Wizard 时，它能给我们提供什么帮助？

28. 如何选择模架？用户如何在标准模架管理系统文件中建立自定的模架？

29. 在模具设计时，一般要涉及哪些标准零件？Mold Wizard 是如何应用标准零件的？

30. 注射模中的浇注系统有何功能？一般分为哪几部分？

31. 在 Mold Wizard 中，零件材料清单（BOM）可以从哪些地方得到？

32. 把图 4-221 中的制件图进行三维建模后设计其塑料模，制件材料为尼龙 1010。

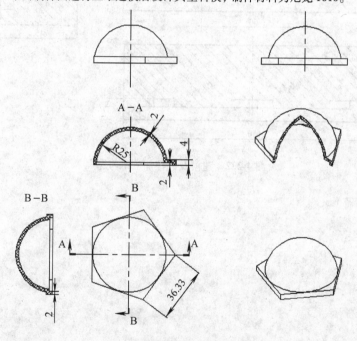

图 4-221 制件图

33. 为什么说数控编程是 CAM 的基础？

34. 什么是操作？创建操作的目的是什么？

35. 当加工零件上的平面时，选择何种操作类型？

36. 曲面类零件的粗加工和精加工，应选择何种操作类型？

37. 什么是加工坐标系（MCS）？用哪个对话框创建 MCS？在 UG CAM 中可以创建几个 MCS？

38. 平面铣和型腔铣分别使用何种类型的几何体？

39. 在型腔铣中刀具切削时是否有 Z 轴方向的运动？

40. 平面铣和型腔铣中各用什么参数定义切削深度？

41. 在固定轴曲面轮廓铣中除了选择零件几何体外，还可以用什么进一步引导刀具的运动？

42. 按图 4-222 所示，先建模后完成其数控粗精加工。

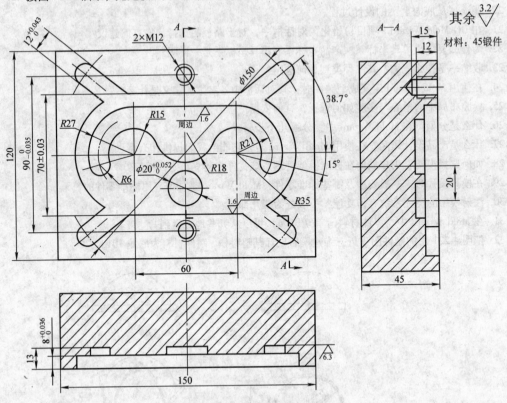

图 4-222　建模及数控加工练习题

第 5 章   Solid Works2005

5.1   Solid Works2005 简介

5.1.1   Solid Works2005 软件简介

  Solid Works 软件是基于 Windows 平台开发的三维 CAD 系统，1993 年 Solid Works 公司成立，1995 年推出了 Solid Works 软件，Solid Works 公司在 1997 年被法国达索公司全资并购。Solid Works 软件自 1998 年进入我国后，在我国得到了广泛使用，该软件主要模块是 3D CAD，由其合作公司开发出运行在该软件平台上的 CAM 和 CAE 等功能模块，如 Cam Works，EdgeCam，COSMOSMotion，DB Works，Circuit Works 等。

5.1.2   Solid Works2005 软件特点

  1）基于特征的实体化参数造型系统。

  2）易用性及对传统数据格式的支持。Solid Works 完全采用了微软 Windows 的技术标准，如标准菜单，工具条，组件技术，结构化存取，内嵌 VB（VBA）以及拖放技术等。Solid Works 提供各种 3D 软件数据接口格式，包括 Iges、Step、Parasolid、Sat、STL、Pro/E、SolidEdge、Inventor 等格式，还可输出 VRML、Tiff、Jpg 等文件格式。

  3）支持自顶向下设计和自下向上设计。

  4）配置管理。在 Solid Works 中，设计人员可利用配置功能，在单一的零件和装配体文档内创建零件或装配体的多个变体（即系列零件和装配体族），而其多个个体又可以同时显示在同一总装配体中。

  5）零部件镜像。Solid Works 中提供了零部件的镜像功能，不仅镜像零部件的几何外形，而且包括产品结构和配合条件，还可根据实际需要区分是作简单的复制还是自动生成零部件的对称件。

  6）工程图。Solid Works 提供全相关的产品级二维工程图，并且可以允许二维图暂时与三维模型脱离关系，所有标注可以在没有三维模型的状态下添加，同时又可随时将二维图与三维模型同步。Solid Works 在已有配置管理的技术基础上提供了生成交替位置视图的功能，从而在工程图中清晰地描述出类似于运动机构等的极限位置视图。

  7）Edrawing。它可以将模型文件转换为便于网络传输的电子文件，并可以浏览、测量和批注电子文件中的模型。

  8）钣金设计。Solid Works 中钣金设计的方式与方法与零件设计的完全一样，用户界面和环境也相同，而且还可以在装配环境下进行关联设计；自动添加与其他相关零部件的关联关系，修改其中一个钣金零件的尺寸，其他与之相关的钣金零件或其他零件会自动进行修改。任意复杂的钣金成形特征均可在一拖一放中完成；钣金件的展开件也会自动生成，可以制作企业内部的钣金特征库、钣金零件库。

  9）3D 草图。Solid Works 提供了直接绘制三维草图的功能，像绘制线架图一样不再局限在平面上，而是在空间直接画草图，因而可以进行布线，管线及管道系统的设计。

10）曲面设计。Solid Works 提供了众多的曲面创建命令，同时还提供了多个高级曲面处理和过渡的功能，如混合过渡，剪裁，延伸和缝合等，而且是完全参数化的，从而帮助设计者快捷而方便地设计出具有任意复杂外形的产品。

11）基于 Internet 的协同工作。Solid Works 采用了超链接，3D 会议，eDrawings，Web 文件夹以及 3D 实时托管网站等技术来实现基于 Internet 的协同工作。Solid Works 以 Web 文件夹作为局域网和 Internet 的共同共享文件夹和资源中心，方便地实现对零件、装配和工程图的共同拥有和协同合作。

12）动画功能。Solid Works 提供了的动画功能可以把屏幕上的三维模型以及所作的操作记录下来，生成脱离软件环境并可直接在 Windows 平台下面运行的动画文件。

13）渲染功能。Solid Works 提供了产品的渲染功能，提供了材质库、光源库、背景库，可以在产品设计完成还没有加工出来的情况下，生成产品的宣传图片，输出的图片文件有 JPG、GIF、BMP、TIFF 等格式。

14）系统应用程序接口。Solid Works 提供了 API，使用户可以根据需要建立专用的功能模块，并且到目前已经有数百个公司在 Solid Works 平台上开发专用模块，例如 Manusoft Technologies Pte Ltd 公司开发的用于注射模设计的 Imold，TekSoft CAD/CAM Systems，Inc. 开发的数控加工模块 CAMworks，Forming Technologies，Inc. 开发的钣金展开模块 Blank Works 等。

5.1.3 Solid Works2005 功能模块组成

Solid Works2005 软件有三种系列，分别是 Solid Works2005、Solid Works2005 Office Professional、Solid Works2005 Office Premium，其中 Solid Works2005 主要包括零件实体设计、装配、工程图、曲面、钣金设计、模具设计等子模块，而其他系列是在此基础上增加了产品的数据管理、工程分析、协同设计等工具。

5.1.4 Solid Works2005 软件界面介绍

Solid Works2005 启动后，用户新建一个 Solid Works 文件后，系统要求操作者从如图 5-1 所示的"新建 Solid Works 文件"对话框中，选择创建的类型。当选择创建的文件类型为"零件"后，进入零件设计环境界面。

图 5-1 "新建 Solid Works 文件"对话框

在 Solid Works2005 的零件设计环境界面如图 5-2 所示，该界面主要由菜单、工具栏、图形窗口、特征管理面板、信息提示区、状态栏、任务窗格 7 部分组成。

5.1.5 Solid Works2005 的工作流程

Solid Works2005 及其相关插件使得技术人员能够完成产品的建模，装配设计，工程分析，产品外观渲染，模具设计，数控加工等工作，根据产品设计的方法，使用 Solid Works 进行设计的工作流程分为如图 5-3 所示的自下向上工作流程和自顶向下的工作流程两种。

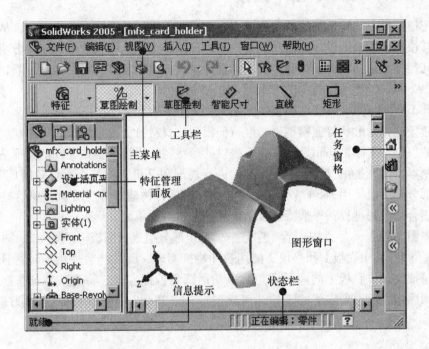

图 5-2　Solid Works2005 的零件设计环境界面

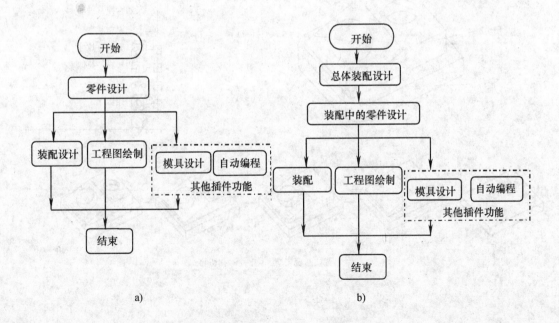

图 5-3　Solid Works2005 的工作流程

a）自下向上的工作流程　b）自顶向下的工作流程

5.2 Solid Works2005 基本建模

现代三维 CAD/CAM 系统建模功能建立在参数化的实体特征造型基础之上，从而使得设计人员能够快捷、准确地设计出产品的三维实体模型，为模具结构装配、工程分析等工作提供基本的几何模型。Solid Works2005 的零件设计模块提供了丰富的特征造型工具，本节介绍利用 Solid Works2005 特征功能构建实体模型的方法。

5.2.1 Solid Works2005 特征建模基本方法

特征建模通常由形状特征模型、精度特征模型、材料特征模型组成，而形状特征模型是特征建模的核心和基础，Solid Works2005 提供的形状特征建模以参数驱动的特征造型功能构建模型，基本方法就是由设计者对零件结构进行规划和分析，将整个零件分解成若干部分，每个组成部分都可以使用 Solid Works 相应的特征实现，构建零件过程就是将这些特征按照先后顺序组合而成的过程，每个特征就是零件的基本组成单元。

例如如图 5-4a 所示零件按先后顺序分解成 5 个部分组成：底板 1、楔块 2、圆柱凸台 3、圆孔 4、圆角 5，其中底板 1 和楔块 2 使用拉伸特征实现，圆柱凸台使用旋转特征实现，圆孔采用孔特征实现，底板上的两处圆角可以使用圆角特征实现，将这些特征按照如图 5-4c 所示流程顺序组合就得到需要的零件几何模型，Solid Works 中记录特征创建顺序如图 5-4b 所示。

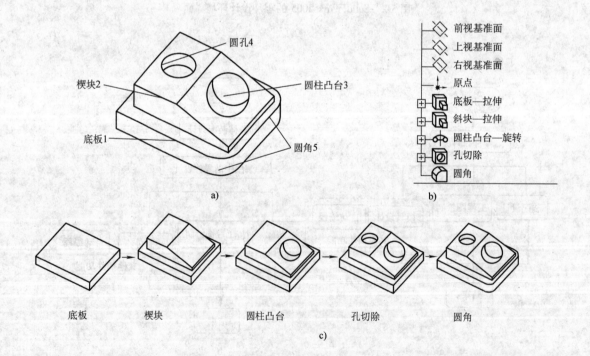

图 5-4 零件的特征造型

a）特征分解 b）特征记录 c）特征组合顺序

在以上的图中，可以看出各种特征的最终实现目的可以分为两类：增加材料和切除材料，例如图 5-4 中拉伸底板所用的特征是增加材料，而圆孔 4 特征是在楔块上切除材料，但是不同特征实现增加或去除材料的方式和参数有所区别。

在进行特征造型的过程中，可以将特征分为基特征和辅助特征：

1）基特征一般选择能反映零件主要轮廓形状，并是后续附加特征构建的基础，附加特征主要表达零件具体细节的结构例如孔、槽、凸台、圆角等，因此特征造型实际上也是一个由粗到精，逐渐形成的过程。

2）基特征作为造型的基础，都是零件的第一个特征，一般都是通过拉伸、旋转、扫描和放样特征创建材料，而辅助特征构建方法除利用上述特征以外，还包括圆角、倒角、抽壳、拔模等特征，可以增加材料，也可以切除材料。

3）基特征和附加特征并不是 Solid Works 提供的特征类型，只是设计者对零件分析后，为了方便造型，使用的特征创建顺序，如图 5-4a 中零件创建中选择底板作为基特征。

综上所述，Solid Works 造型的基本过程如下：

1）建模方案规划（即零件的特征分解），创建一个零件的 3D 模型，首先分析零件的结构组成，根据每一部分具体结构特点，选择对应的特征工具，并对特征造型的顺序加以考虑，例如如图 5-5a 所示零件特征创建顺序 1：拉伸圆柱基体 1→拉伸两侧圆柱凸台 2→切除基体内孔 3；如果将特征顺序改为：拉伸圆柱基体 1→切除基体内孔 2→拉伸两侧圆柱凸台 3；得到如图 5-5b 所示零件，虽然两者造型使用特征数和类型相同，但是特征顺序不一样，得到的零件结构是不一样的。

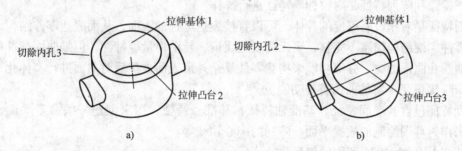

图 5-5　特征创建顺序

a）特征构建顺序 1　b）特征构建顺序 2

2）创建基特征，选择零件主要结构形状作为基特征。

3）创建其他特征。

4）编辑和修改特征，对于创建好的零件形状特征可以进行修改特征草图和尺寸，以及进行镜像、阵列等操作。

5）进行其他设计，例如管道设计、模具型腔设计。

5.2.2　Solid Works2005 特征组成

在 Solid Works 中的零件几何模型是由各种特征组合而成，根据功能划分，Solid Works 中的特征分类如图 5-6 所示。

在 Solid Works 的实体特征中，拉伸、旋转、放样和扫描等特征可以创建材料，也可以

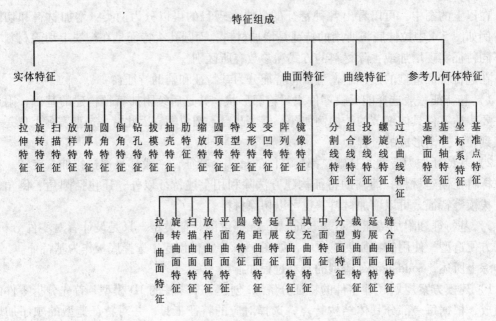

图 5-6　特征分类

切除材料，这类特征需要绘制草图轮廓（通常是在图形窗口中绘制）和定义特征参数（在特征属性管理器 PropertyManager 中定义），而抽壳、倒圆角和肋等特征是在已有特征的基础上定义，镜像和阵列特征是对拉伸等特征进行操作。

　　曲面特征是看作没有厚度的片体，可以直接表达零件的表面，从而表达零件结构，曲面在表达零件 3 维结构信息不完整，更无法表达质量、转动惯量等特性，但是曲面特征可以利用各种曲线和曲面的交、并等功能来构建零件复杂外形表面，然后对曲面进行实体化，所以 Solid Works 提供了丰富的曲面特征功能。

　　辅助特征包含基准面特征、基准轴特征、基准点特征，用来创建一些参考平面、轴和点，用来作为草图绘制的放置平面、阵列的中心轴线等。

5.2.3　Solid Works2005 草图的使用

　　1. 2D 草图概念　在创建 Solid Works 的拉伸、旋转、扫描、放样特征时首先需要有 2D 轮廓，该 2D 轮廓被称为 2D 草图或草图，构建草图的流程如下图 5-7 所示。

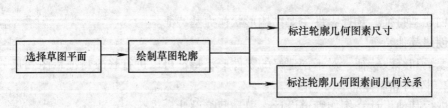

图 5-7　构建草图的流程

2. 2D 草图应用实例

例 5-1　如图 5-8 所示，创建冲压件的草图轮廓。

1）选择草图绘制平面。新建一个"零件"类型的文件，在特征管理器中选择如图 5-9 所示"前视基准面"，同时在图形窗口中"前视基准面"高亮显示。

2）绘制草图主要轮廓。单击菜单【插入】→【草图绘制】，进入草图绘制状态，利用【工具】→【草图绘制实体】中的"直线"、"圆弧"、"中心线"草图绘制工具，绘制如图 5-10 所示的基本轮廓，草图轮廓的具体尺寸和位置只要近似于零件尺寸和位置的要求，此时草图轮廓各组成元素显示为蓝色，表示草图线条为欠定义。

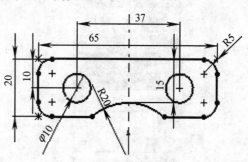

图 5-8　草图轮廓

3）添加草图轮廓的驱动尺寸。在草图中，可以定义草图组成几何体的轮廓尺寸，系统根据输入的尺寸修改轮廓大小，实现草图的参数化造型。单击菜单中的【工具】→【标注尺寸】→【智能尺寸】后，选择如图 5-11a 所示的轮廓，在需要放置尺寸的地方单击鼠标，系统标注出尺寸，并弹出如图 5-11b 所示的尺寸"修改"对话框，默认数值为系统根据所绘制轮廓实际测量的长度值，在对话框中将数值修改为 65，单击【确定】按钮，系统自动调整轮廓的长度，如图 5-12 所示。

图 5-9　选择"前视基准面"　　　　图 5-10　基本轮廓

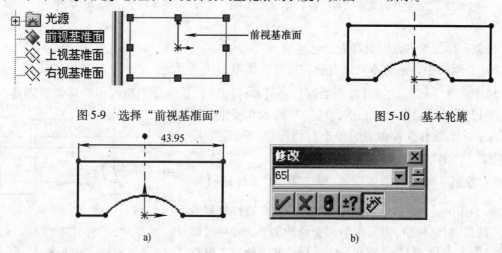

a)　　　　　　　　　　　b)

图 5-11　标注尺寸
a) 选择标注轮廓　b) 尺寸修改对话框

4）增加草图几何体中的几何约束关系。单击菜单【工具】→【几何关系】→【🔲】→【添加】"，系统分割面板由特征管理器切换至属性管理器，显示"添加几何关系"对话框，选择如图 5-12 所示的两条轮廓线和一条中心线（在如图 5-13 所示"所选实体"对话框中为：直线 1、直线 3 和直线 5），选择如图 5-13 所示的【☑ 对称(S)】后，窗口中的草图显示如图 5-14 所示。

5）继续添加草图其他轮廓尺寸，并让 R20

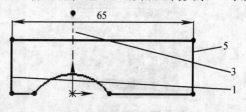

图 5-12　标注后的尺寸

圆弧圆心位置与草图原点位置之间添加【重合】后，草图如图 5-15 所示。

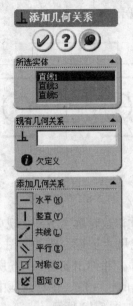

图 5-13　"添加几何关系"对话框

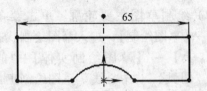

图 5-14　添加"对称"关系后的草图

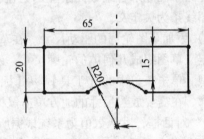

图 5-15　完成后的草图

注意：草图轮廓此时全部为黑色显示。

6）在草图中，绘制 ϕ10 圆并标注尺寸，如图 5-16 所示。

单击菜单【插入】→【草图绘制】→【镜像】，系统分割面板中的属性管理器出现如图 5-17 所示"镜像"对话框，选择左侧 ϕ10 圆作为镜像对象，中心线作为镜像点，单击对话框中"确定"按钮【✔】，则草图如图 5-18 所示。

7）绘制草图轮廓周边圆角，单击菜单【工具】→【草图绘制工具】→【圆角】，如图 5-19 所示，在属性管理器中的"圆角"对话框中，将圆角半径值修改为 5mm，并选择草图四个角点后，单击"圆角"对话框中的"确定"按钮【✔】，如图 5-20 所示，草图全部完成。

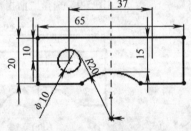

图 5-16　绘制圆

图 5-17　"镜像"对话框

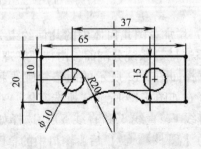

图 5-18　"镜像"后草图

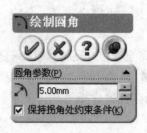

图 5-19 "圆角"对话框

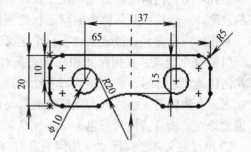

图 5-20 完成后的草图所示

通过以上草图的创建过程，可以总结出 Solid Works 二维草图轮廓绘制的一般方法如下：

1）绘制草图基本几何体，Solid Works 的草图图素包括：直线、平行四边形、多边形、圆、圆弧、椭圆、部分椭圆、抛物线、点、文字、样条曲线等。

2）利用草图绘制工具完成对草图几何体进行编辑、转换等，包括绘制圆角、绘制倒角、等距实体、转换实体引用、交叉曲线、面部曲线、剪裁实体、延伸实体、分割实体、转折线、构造几何线、镜像实体、移动、旋转、按比例缩放或复制、线性草图排列和复制、圆周草图排列和复制、修改草图整体位置、封闭草图到模型边线、草图图片等。

3）给草图添加几何尺寸，其标注方法包括智能尺寸、水平尺寸、垂直尺寸等。

4）给草图添加几何关系，以在草图几何体之间或在草图实体与基准面、轴、边线、顶点之间保持正确位置，即拓扑关系，其几何关系包括水平或竖直、共线、全等、垂直、同心、对称、固定、相切、重合、相等。

3. 草图几何体、尺寸和几何关系

Solid Works 的草图由几何体、尺寸和几何关系（拓扑约束）三部分组成参数化设计系统，例如上例中的草图在显示几何关系后如图 5-21 所示，这样设计人员构建草图时，可以根据对产品的理解，形成设计意图，首先建立草图的大致轮廓，然后利用尺寸来限制轮廓几何体的长度与大小，利用几何关系保证轮廓几何体之间正确的拓扑约束，一旦几何体、

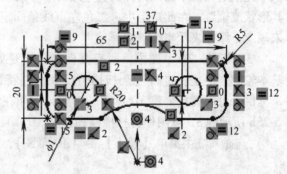

图 5-21 显示几何关系

尺寸和几何关系之间的参数化建立完成后，如果需要进行修改几何体的大小时，设计人员可以直接修改尺寸参数，让草图在保证原有的位置关系下，自动调整轮廓图素的大小，得到需要的草图，使得设计人员不必重新绘制草图的每个组成几何体，而且系统在调整时，会自动检查修改后的尺寸是否造成整体草图求解失败等，从而确保设计意图的正确，提高设计质量。

在进行草图参数化绘制中，可以理解尺寸和几何关系是对几何元素的约束限制，Solid Works 对于整个草图和单个草图图素约束限制情况进行适时检查，并将整体草图状态显示在 Solid Works 窗口底端的状态栏上，单个草图几何体通过几何体颜色来显示其约束状态。通

过草图和草图几何体的状态显示便于设计者检查草图是否符合设计意图，从而提高了创建草图的效率，一般草图几何体中的状态包括完全定义、过定义、不完全定义、悬空、从动、无解。常用的完全定义、过定义、不完全定义三种状态如下：

（1）完全定义：是指尺寸和几何关系对草图几何体完全限制，系统默认完全定义的草图几何体为黑色显示，例如图 5-22 所示的矩形，添加尺寸 25 到顶部和尺寸 40 到右侧可固定矩形所有边侧的大小，因为顶部和底部与两个边侧之间存在隐含相等几何关系。矩形本身固定到原点。所有实体为黑色，草图完全定义。

（2）过定义：是指尺寸和几何关系对草图几何体限制有冲突或冗余，系统默认过定义的草图几何体为红色显示。例如如图 5-23 所示的矩形中，当两个尺寸驱动同一几何体产生过定义，系统提示可以将冗余尺寸指定为从动，从而消除过定义情况。

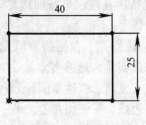

图 5-22　草图完全定义

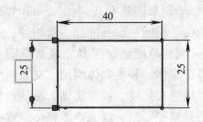

图 5-23　草图过定义

（3）不完全定义：是指尺寸和几何关系对草图几何体限制不完全，可任意更改，系统默认不完全定义的草图几何体为蓝色显示。例如如图 5-24 所示的矩形中，可拖动实体来更改其形状或位置。在此矩形中，黑色左下线条固定到原点，但可拖动右上线条。蓝色表示实体未固定，绿色表示实体被选择。

4. 3D 草图　2D 草图中，所有几何体一定是处于同一平面，用来作为拉伸、旋转特征的基本轮廓，但是在进行复杂扫描特征和管路特征设计时，需要 3D 草图。在 Solid Works 中，提供了可以直接创建 3D 草图的功能，例如在创建如图 5-25a 所示的扫描特征，需要如图 5-25b 所示的 3D 草图作为扫描路径，其 3D 草图构建过程如下：

1）选择系统主菜单【插入】→【3D 草图】，系统进入 3D 草图绘制状态。

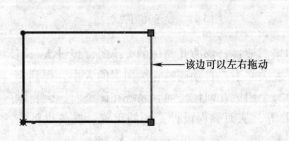

图 5-24　不完全定义草图

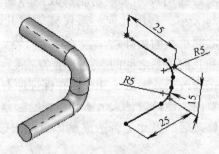

图 5-25　用作扫描路径的 3D 草图
a）扫描后的实体　b）3D 草图

2）选择【直线】工具按钮，单击直线起点后，出现空间控标，并根据系统提示的水平方向绘制第一段直线如图 5-26 所示，然后移动鼠标至图 5-27 所示位置，系统提示竖直方向后绘制第二段直线，按下【TAB】键，切换基准面到 YZ 基准面，注意鼠标右下角的"YZ"提示，绘制第三段直线，如图 5-28 所示。

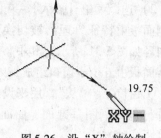

3）按照图 5-25 所示尺寸，给各段直线标注尺寸。

4）绘制空间草图曲线圆角，选择【圆角】工具按钮，在草图中选择两拐点，圆角半径为 5mm，完成草图绘制。

图 5-26　沿"X"轴绘制

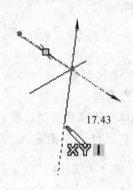

图 5-27　沿"Y"轴绘制

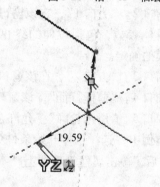

图 5-28　沿"Z"轴绘制

5.2.4　Solid Works2005 基本特征的使用

使用 Solid Works 创建几何模型时，是将零件分解成一个基本特征和若干辅助特征，一般基本特征是增加材料，即使用拉伸、旋转、扫描和放样创建一个凸台或基体，然后在其上继续增加辅助材料或切除材料，下面介绍在 Solid Works 中进行拉伸、旋转、扫描和放样的基本方法。

1. 拉伸特征　拉伸特征是沿一定方向（通常为草图所在平面的法向），移动草图轮廓一定距离后得到的几何模型。拉伸得到的最终几何模型可以是如图 5-29a 所示的拉伸实体、如图 5-29b 所示的拉伸切除、如图 5-29c 所示的拉伸薄壁、如图 5-29d 所示的拉伸曲面。

图 5-29　拉伸类型

a）拉伸实体　b）拉伸切除　c）拉伸薄壁　d）拉伸曲面

创建拉伸特征过程分为创建拉伸草图和确定拉伸特征参数两个步骤，下面简要介绍拉伸实体的方法：

1）按照 5.2.3 节中的创建草图基本步骤，创建图 5-30 所示的轮廓。

2）选择菜单【插入】→【凸台/基体】→【拉伸】或者单击工具按钮【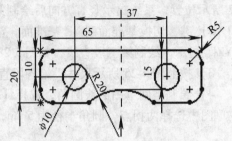】，系统的
分割面板由特征管理器被切换到属性管理器，显
示内容如图 5-31 所示，其中整个拉伸特征属性管
理器面板由五个子窗口组成，内容如下：

①窗口 1。"从"，用来设定拉伸特征的开始
条件，包括草图基准面、曲面/面/基准面、顶点
和等距四种方式。

图 5-30　拉伸草图

②窗口 2。"方向 1"，在该窗口中设定沿一侧
拉伸的具体参数，包括拉伸的终止条件、拉伸方
向和拔模的确定。

③窗口 3。"方向 2"，在该窗口中设定沿另一侧拉伸的具体参数。

④窗口 4。"薄壁特征"，该窗口中设定薄壁的类型和厚度等。

⑤窗口 5。"所选轮廓"，允许在图形区域中选择部分草图轮廓和模型边线进行拉伸。

在本例中，选择拉伸开始条件为"草图基准面"，终止条件为"给定深度"，拉伸深度
为"3"后，单击属性管理器上"确定"按钮【✔】，则创建的拉伸后的模型如图 5-32 所
示。

在拉伸中，拉伸的终止条件有多种类型，可以根据拉伸特征所在零件特点进行选择。

2. 旋转特征　旋转特征是通过绕中心线旋转一个或多个轮廓来添加或移除材料，从而
得到旋转凸台、旋转切除或旋转曲面。创建过程需要绘制草图和指定旋转特征参数两部分，
下面以如图 5-33 所示冷冲模标准零件中的 $\phi 6$ 圆凸模造型为例，介绍旋转特征的使用。

图 5-31　拉伸特征属性管理器

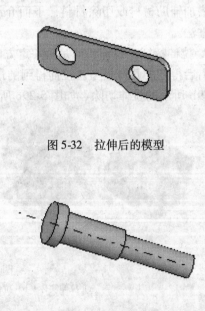

图 5-32　拉伸后的模型

图 5-33　$\phi 6$ 圆凸模

1）选择草绘基准面，绘制如图5-34所示的草图，其中绘制了一条中心线作为旋转中心轴线。

2）单击主菜单中【插入】→【凸台/基体】→【旋转】，或者单击工具按钮【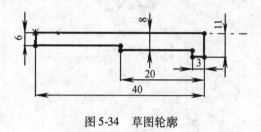】，系统默认选择步骤1所创建的草图轮廓进行旋转，系统属性管理器显示如图5-35所示的旋转特征面对话框，其中：

图5-34　草图轮廓

①旋转轴。"直线10"，由于草图中只绘制了一条中心线，系统自动选择该直线为旋转中心。

②旋转方向。"单向"。

③旋转角度。"360"。

3）选择旋转特征对话框上的"确定"按钮【】，则得到如图5-36所示的凸模零件模型。

图5-35　旋转特征属性管理器窗口　　　　图5-36　凸模零件模型

3. 扫描特征　扫描特征是通过沿着一条路径移动轮廓（截面）来生成基体、凸台、切除或曲面，因此创建扫描特征时需要事先准备好轮廓和路径。其中，对于基体或凸台扫描特征轮廓必须是闭环；对于曲面扫描特征则轮廓可以是闭环的也可以是开环的；对于路径可以为开环的或闭环的，但路径的起点必须位于零件轮廓草图的放置平面上。

下面介绍利用扫描特征实现模具零件中弹簧的造型，如图5-37所示，具体过程如下：

1）选择"上视基准面"，单击主菜单中【插入】→【曲线】→【螺旋线/涡状线】进入草图绘制状态，绘制$\phi20$圆，作为弹簧的中径，单击图形窗口右上角的草图"确定"按钮【　】，属性管理器显示"螺旋线/涡状线"窗口，输入"螺距"8；"圈数"4；起始角度为0；单击"螺旋线/涡状线"面板上的"确定"按钮，则绘制的螺旋线如图5-38所示，该曲线准备作为扫描的路径。

2）选择"右视基准面"后，单击工具栏中的创建草图工具按钮【　】，绘制如图5-39所示弹簧横截面圆，直径为$\phi2$，并给圆心和螺旋线终点添加"重合"几何关系，如图5-40所示。

图 5-38　螺旋线

图 5-37　压缩圆柱弹簧

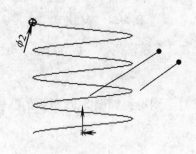

图 5-39　弹簧横截面圆

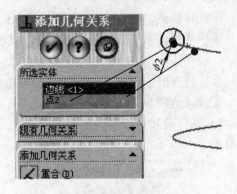

图 5-40　圆心和螺旋线终点几何关系

3）选择特征工具栏中"扫描"按钮【C】，在属性管理器中，如图 5-41 所示，选择步骤 2 创建的草图作为扫描轮廓，选择步骤 1 创建的螺旋线作为扫描路径，单击【确定】按钮后得到的弹簧模型如图 5-42 所示。

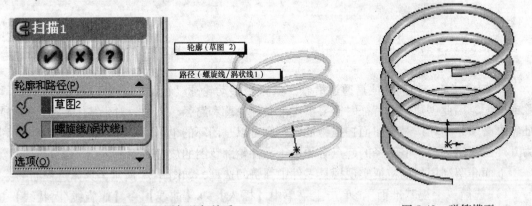

图 5-41　添加几何关系　　　　　　　　　　图 5-42　弹簧模型

4. 放样特征　放样特征是通过在轮廓之间进行过渡，生成特征。放样特征也可以产生基体、凸台、切除或曲面，与扫描类似，在进行构建放样特征之前，设计者需要明确放样所需要的各个轮廓，其至少需要两个或两个以上轮廓。

下面以创建如图 5-43 所示的钣金件造型为例，介绍放样特征的使用。

1）选择"前视基准面"作为草图基准面，绘制如图 5-44 所示的草图。

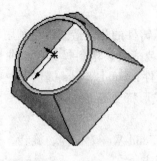

图 5-43 放样钣金件

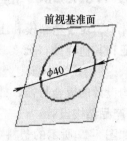

图 5-44 草图 1

2）选择"前视基准面"，单击主菜单中【插入】→【参考几何体】→【基准面】，属性管理器中出现"基准面"对话框，输入新基准面与前视基准面的距离 30，单击【确定】按钮，在 Solid Works 的图形界面中，创建了一个新基准面如图 5-45 所示。

3）选择新建的基准面，创建如图 5-46 矩形作为"草图 2"。

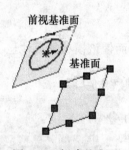

图 5-45 新建基准面

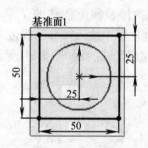

图 5-46 草图 2

4）选择主菜单中【插入】→【基体/凸台】→【放样】或单击工具栏中的"放样"特征按钮【 】，属性管理器中出现"放样"窗口，在图形窗口中选择"草图 1"和"草图2"，则"草图 1"和"草图 2"出现在属性管理器面板中的"轮廓"窗口中，如图 5-47 所示。同时在面板中选择"薄壁"，并输入壁厚 2mm，单击【确定】按钮后，得到如图 5-48所示的薄壁模型。

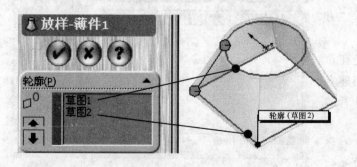

图 5-47 "放样"对话框

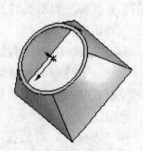

图 5-48 薄壁模型

5.3　Solid Works2005 的零件设计

模具设计中，对于塑料模和压铸模来说，塑料件、压铸件的几何造型可以利用上节所介绍的基本特征和其他辅助特征实现，对于冷冲模具（冲裁模具、落料模具、弯曲模具和汽车覆盖模具），使用该类模具制造的产品均可以称为钣金件，Solid Works 提供了一些专门用于钣金件结构设计的钣金特征，如壁特征、折弯特征、成形特征等。

5.3.1　一般产品结构设计

下面以如图 5-49 所示的塑料咖啡杯造型为例，介绍 Solid Works 拉伸、旋转、扫描等基本特征和圆角、阵列等辅助特征的综合使用，并介绍了方程式的应用，从而全面介绍使用 Solid Works 进行一般产品结构设计的方法。

（1）新建零件：新建一个零件类型文件，保存名为"咖啡杯"。

（2）创建拉伸基体：选择"前视基准面"，绘制草图，标注圆直径为 $\phi70$；选择菜单【插入】→【凸台/基体】→【拉伸】来拉伸步骤 1 创建的"草图 1"，如图 5-50 所示，并在属性管理器中输入拉伸的深度为 60mm；右击特征管理器中的"注解"，选择如图 5-51 所示"显示特征尺寸"，从而使该模型的尺寸显示。

图 5-49　塑料咖啡杯

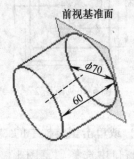

图 5-50　拉伸基体

图 5-51　显示特征尺寸

（3）利用方程式建立圆柱直径与高度之间的黄金分割关系：选择菜单【工具】→【方程式】或单击工具栏方程式按钮【Σ】，系统弹出如图 5-52 所示"方程式"对话框。

Solid Works 中的方程式是在草图、特征、零件中的尺寸之间建立数学方程式关系，以实现设计者的设计意图。

在"方程式"对话框中，选择【添加】按钮，系统弹出如图 5-53 所示"添加方程式"对话框。在图

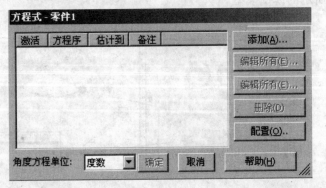

图 5-52　"方程式"对话框

形窗口中选择圆柱直径 φ70，则在"添加方程式"对话框的文本输入框中出现"D1@草图1"，继续选择其他按钮，完成方程式输入。单击图 5-54 对话框中的【确定】按钮，"方程式"对话框中出现已经创建的方程式。这样在"方程式"对话框中建立了圆柱直径与高度之间的黄金分割关系方程，同时图形窗口中圆柱的直径数值自动更新为 φ74.16。

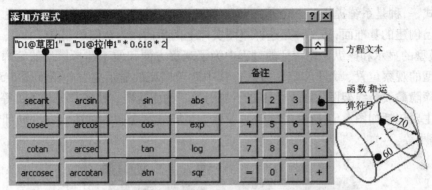

图 5-53　"添加方程式"对话框

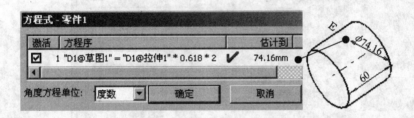

图 5-54　圆柱直径与高度之间方程式

在 Solid Works 中，将定义草图和特征参数的尺寸称为模型尺寸，可以通过数值显示，便于观察，同时每个尺寸还具有一个名称，可以将该名称看作是该尺寸的 ID 号，可以参与方程式运算和配置的设定。

（4）创建切除：在图形窗口中选择圆柱模型上一个端面，如图 5-55 所示，则该面变为墨绿色显示，单击工具栏中的创建草图按钮【🖉】，选择工具栏中的"正视于"工具按钮【🔱】，则窗口图形调整显示位置。在端面上绘制一个与圆柱边缘相距 2mm 的圆，如图 5-56 所示。

图 5-55　选择草图绘制基准面

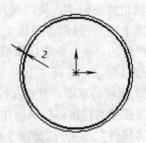

图 5-56　草图 1—圆

在上述的过程中需要注意两个问题：

1) 草图绘制平面的确定。在 Solid Works 中，拉伸、旋转等特征所需的 2D 草图均处在某一个平面上，该平面称为草图绘制平面，需要在绘制草图前选定，例如本例中，在创建拉伸基体草图前选择了"前视基准面"作为草图绘制平面，对于 Solid Works 来说，草图绘制平面的来源有两种方式，一种是系统提供的三个基准面（"前视基准面"、"上视基准面"、"右视基准面"）或用户自己创建的基准面；另一种是选择草图实体上的平面作为草图绘制基准面。

2) 模型的显示和操纵。在特征的过程中为了观察方便和便于选择模型的轮廓元素，需要调整模型的观察位置、大小和显示方式，其中对于模型的显示主要包括如图 5-57 所示的上色、消除隐藏线、线架图、在上色模式下加阴影、剖面视图、曲率和斑马条纹等，对于模型的操纵主要包括如图 5-57 所示的旋转、平移、整屏显示全图、试图定向、局部放大和动态放大/缩小等。

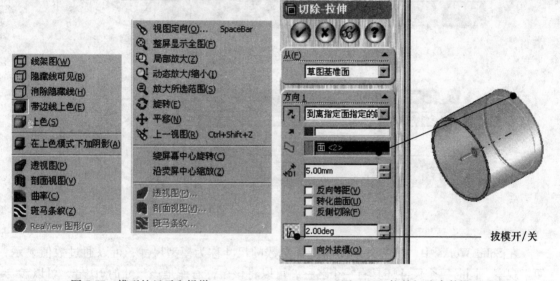

图 5-57　模型的显示和操纵　　　　　图 5-58　拉伸切除参数设置

选择创建好的"草图 2"，使用拉伸切除特征，在属性管理器中设定如图 5-58 所示的终止类型："到离指定面指定的距离"，选择圆柱体另一端面为参考面，距离该面的距离为 5mm，按下"拔模开/关"按钮【🔺】，设定拔模角 2°。拉伸切除的模型如图 5-59 所示。

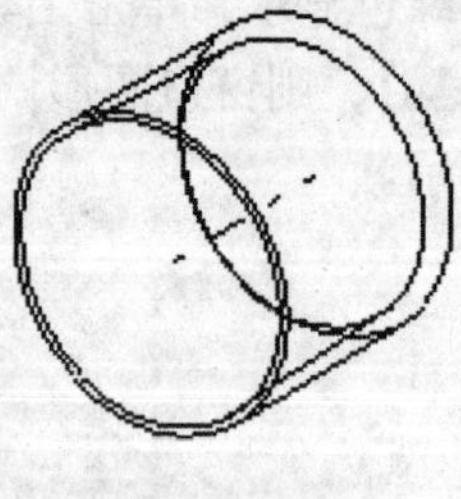

（5）圆角特征创建：使用圆角特征按钮【🔘】，圆角类型使用默认的"等半径"，圆角半径设定为 3mm，选定如图 5-60 所示的边线作为倒圆角的对象，完成后模型圆角如图 5-61 所示。

（6）旋转切除：选择"上视基准面"作为草图绘制基准面，绘制如图 5-62 所示的草图，其中在标注圆弧到圆柱顶部尺寸"3"时，可以选择圆弧和圆柱顶部轮廓标注，然后选择该尺寸并单击鼠标右键，在弹出的快捷菜单中选择菜单"属性"，在弹出如图 5-63 所示的"第一圆弧条件"对话框中，选择第一圆弧条件为："最小"，使得标注形式如图 5-62 所示。

图 5-59　线框
显示的模型

使用旋转切除按钮【】，使用默认的参数进行旋转切除，切除后模型如图 5-64 所示。

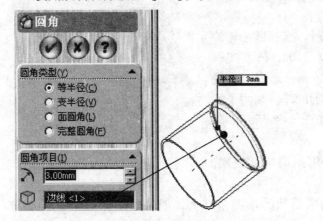

图 5-60　圆角参数设定　　　　　　　　　　图 5-61　圆角

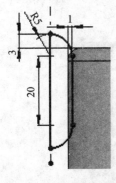
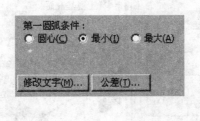

图 5-62　草图 3　　　　　图 5-63　第一圆弧条件　　　　图 5-64　旋转切除

（7）圆角特征创建：使用圆角特征按钮【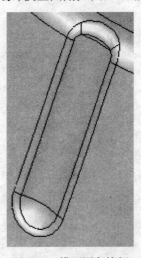】，圆角类型使用默认的"等半径"，圆角半径设定为 1.5mm，选定如图 5-65 所示的边线作为倒圆角的对象，模型圆角如图 5-66 所示。

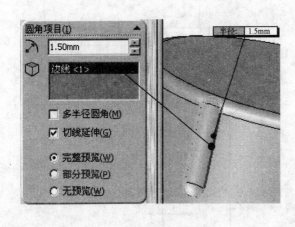

图 5-65　选择边线作为圆角对象　　　　　图 5-66　模型圆角特征

（8）创建圆周阵列特征：选择菜单【视图】→【临时轴】，则模型上显示出如图 5-67 所示的临时轴。

单击工具栏中的圆周阵列按钮【📇】，选择圆柱体的临时轴作为阵列轴，设定阵列总角度为 360°，阵列实例数 26，单击"要阵列的特征"窗口后，在图形窗口中展开特征树，选择"切除-旋转 3"和"圆角 2"，则两个特征出现在"要阵列的特征"窗口中，如图 5-68 所示。阵列后的模型如图 5-69 所示。

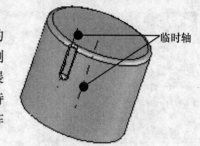

图 5-67 临时轴

（9）创建扫描特征：杯子把手利用扫描特征创建，其过程如下：

1）创建扫描路径。选择"上视基准面"为草图基准面，创建如图 5-70 所示扫描路径。

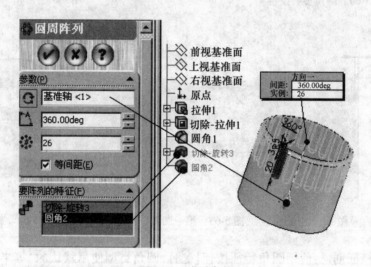

图 5-68 阵列参数

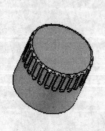

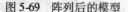

图 5-69 阵列后的模型

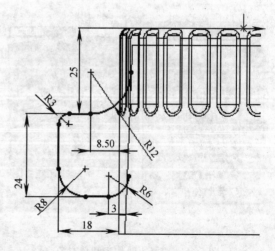

图 5-70 扫描路径

2）创建扫描轮廓。选择菜单【插入】→【参考几何体】→【基准面】，如图 5-71 所示，在"基准面"属性管理器中选择"点和平行面"，并选择"前视基准面"和扫描轮廓草图端点作为参考实体，得到"基准面 1"。

以新建的"基准面 1"作为草图绘制基准面，绘制如图 5-72 所示两条中心线，然后添加扫描轮廓草图端点与两条中心线的"重合"几何关系，如图 5-73 所示。再绘制如图 5-74 所示的扫描轮廓草图。

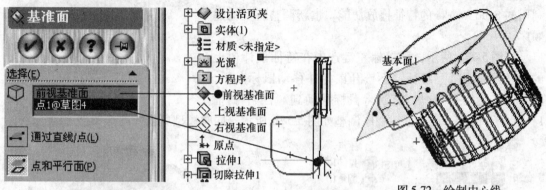

图 5-71　新建"基准面 1"　　　　　　　　图 5-72　绘制中心线

完成扫描轮廓草图的绘制后，使用扫描特征 ⑤，如图 5-75 所示，选择草图 5 作为扫描轮廓，选择草图 4 作为扫描路径，单击扫描属性管理器中的【确定】按钮，扫描后的模型如图 5-76 所示。

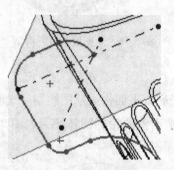

图 5-73　中心线与端点重合

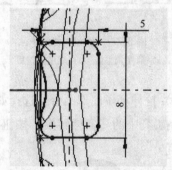

图 5-74　扫描轮廓草图

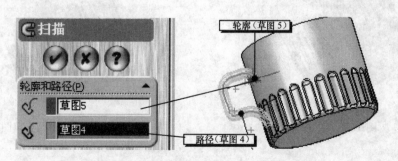

图 5-75　扫描

（10）调整特征顺序：在 5.2 节中讲述了特征造型中，使用相同的特征和不同的特征构建顺序中可能得到不同结构的产品，在 Solid Works 中，特征设计树就记录了设计人员设计产品时所使用各个特征及先后使用过程，对于上面创建的杯子把手扫描特征，由于其在杯子内腔切除后创建，所以造成扫描特征在杯子内腔中产生两个凸台，为了得到正确的产品结构需要利用的 Solid Works 的特征拖放功能，重新调整特征构建顺序。

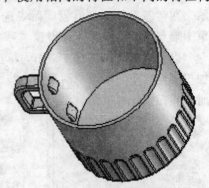

图 5-76　扫描后的模型

如图 5-77a 所示，用鼠标左键选中在特征设计树上的"切除-拉伸 1"特征，不松开鼠标并移动鼠标向下，此时鼠标指针变为⏎，直到将鼠标移动到"凸台-扫描1"后松开鼠标，则特征树顺序调整如图 5-77b 所示，同时模型更新如图 5-78 所示。

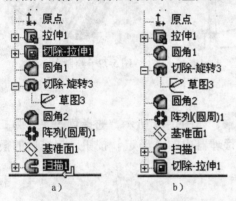

a)　　　　　　　b)

图 5-77　特征顺序调整

a）顺序调整前　b）顺序调整后

图 5-78　调整更新后的模型

（11）拉伸杯子底部凸台：选择如图 5-79 所示杯子底部平面作为草图绘制基准面，利用草图绘制工具中的"实体转换"按钮【🔲】，将底部平面上的轮廓圆转换为如图 5-80 所示拉伸凸台草图。

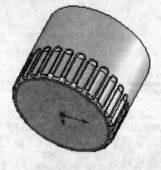

图 5-79　草图 6

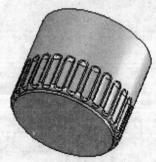

图 5-80　拉伸凸台草图

使用拉伸特征【🔲】拉伸刚才创建的"草图 6"，并在属性管理器中输入拉伸的深度为

2mm，如图 5-80 所示。

（12）旋转切除杯子底部：选择"上视基准面"作为草图绘制基准面，绘制如图 5-81 所示的草图，旋转切除角度 360°后，得到如图 5-82 所示的模型。

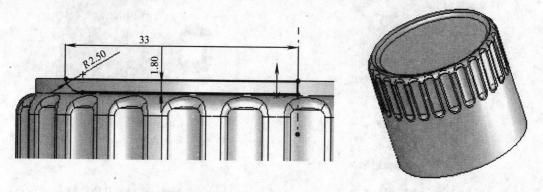

图 5-81　旋转切除草图　　　　　　　　　　图 5-82　旋转切除模型

（13）创建轮廓各处圆角特征：选择如图 5-83 所示的各处轮廓线创建圆角特征，其中轮廓线 1、2 处圆角半径为 1mm，轮廓线 3、4 处圆角半径为 2mm，轮廓线 5、6 处圆角半径为 0.5mm，轮廓线 7 处圆角半径为 2mm。

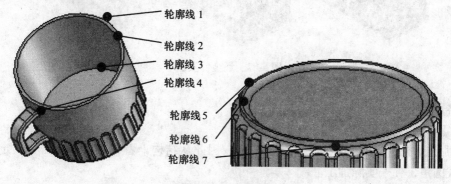

轮廓线 1
轮廓线 2
轮廓线 3
轮廓线 4
轮廓线 5
轮廓线 6
轮廓线 7

图 5-83　圆角特征

（14）设置零件纹理：对于设计好的零件可以进一步设置特征或模型整体的颜色、纹理、光学属性使其更加逼近实际零件的显示效果，在特征设计树中选择最顶部特征"咖啡杯"，单击鼠标右键。从弹出的快捷菜单中选择【外观】→【纹理】，如图 5-84 所示。在纹理属性管理器中，删除现有的选择对象，选中如图 5-85 所示（打√）"面过滤器"，并在图形窗口中选择咖啡杯的外表面，完成后的咖啡杯几何模型显示如图 5-86 所示。

5.3.2　钣金件设计

1. 钣金件特点　钣金件是在金属板料上，利用模具进行冲、剪、折弯、成形等加工方法得到的零件，如图 5-87 所示的钣金件实例。

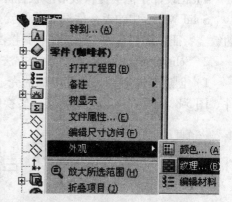

图 5-84　选择"纹理"菜单

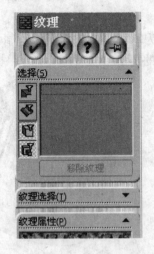

图 5-85 "纹理"属性管理器

图 5-86 咖啡杯几何模型

图 5-87 钣金件实例

其特点如下:

1) 零件上各处厚度相等。

2) 加工方法主要是冲、剪、折弯、成形,因此从结构上看,在折弯处需要一定的折弯半径形成圆角,便于实际加工。

3) 在进行具体加工前需要得到钣金件的展开图样,便于计算钣金件展开后的尺寸以进行备料和排样。

4) 在设计中能够提供成形形状特征。

Solid Works 中的钣金件设计功能就是根据以上特点,提供了一些专门用于钣金件设计的钣金特征,例如基体法兰特征、斜接法兰特征、成形特征、折弯特征和褶边特征等。

2. Solid Works 中的钣金件设计方法

1) 创建实体零件。通过增加抽壳、增加折弯和切口等特征,将实体零件转换为钣金件。图 5-88 所示的过程就是将实体转换成一个钣金件的具体过程。

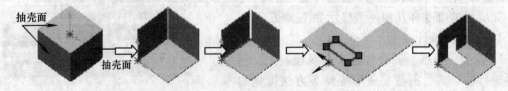

图 5-88 实体转换钣金件

2）使用专门的钣金特征生成零件，即钣金零件。其设计过程从开始便可以设定材料的厚度和折弯系数等，因此其设计过程更加符合钣金件的特点，其设计流程如图 5-89 所示。

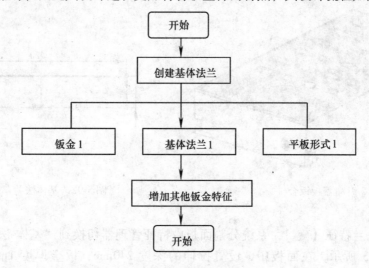

图 5-89　钣金件设计流程

对于使用这种方法设计钣金件，在创建基体法兰时，系统除了创建"基体法兰 1"特征，还同时创建了"【🎛】钣金 1"特征和"【🗔】平板形式 1"特征，其中钣金 1 包含默认的折弯参数。如默认折弯半径、折弯系数、折弯扣除或默认释放槽类型等，从而为整个钣金件设定所需要的基本参数；而平板形式特征代表钣金件展开状态，图 5-90a 所示钣金件展开后如图 5-90b 所示。

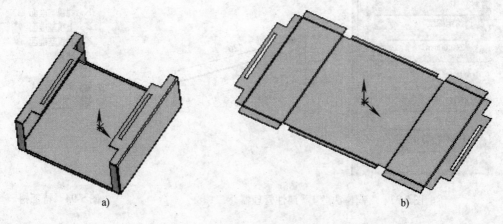

a)　　　　　　　　　　　　　　　　　　b)

图 5-90　钣金件

a）钣金件　b）钣金件展开

3. 钣金件设计综合实例　如图 5-91 所示的盖板钣金件，使用 Solid Works2005 的钣金设计特征来完成该钣金件设计。其过程如下：

（1）新建零件类型文件：创建文件名"盖板"。

（2）创建基体法兰：选择"前视基准面"作为草图绘制平面，绘制如图 5-92 所示的草图，草图中矩形底部直线被转换为构造线，且添加该构造线与坐标原点的"中点"几何关系。

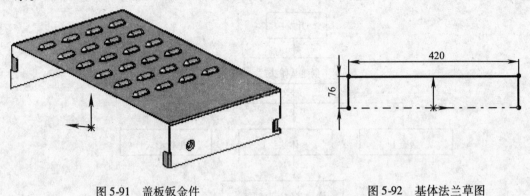

图 5-91　盖板钣金件　　　　　　　　图 5-92　基体法兰草图

使用基体法兰特征【🔨】，系统分割面板由特征管理器切换到"基体-法兰1"属性管理器，如图 5-93 所示，在面板中，设置拉伸的深度 240mm；钣金厚度 1mm；折弯半径 2.5mm，单击"确定"按钮【✅】，完成基体法兰创建，同时在特征管理器中的特征树中增加了三个特征选项，如图 5-94 所示，分别是"钣金1"、"基体-法兰1"、"平板型式1"，其中"平板形式1"特征呈灰色显示，表示其处于压缩状态。

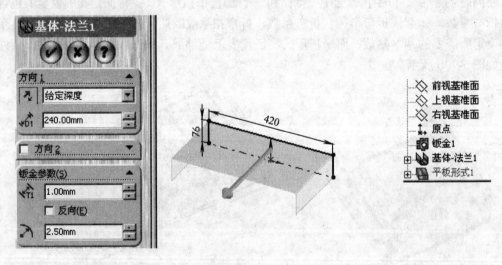

图 5-93　"基体-法兰1"属性管理器　　　　　　图 5-94　特征树

（3）创建斜接法兰：选择如图 5-95 所示轮廓，注意让鼠标靠近下部端点，单击工具栏中草图创建按钮【✏️】，则系统在与该轮廓线垂直，并过该轮廓线最近端点创建一基准面，以此基准面创建草图，草图如图 5-96 所示。

完成草图后，单击工具栏斜接法兰按钮【📐】，在图形窗口中，斜接法兰预览如图 5-97 所示，单击斜接法兰预览形状上的"相切"按钮【🖐️】，这样与轮廓相连的边均增加斜接法兰，形状如图 5-98 所示，属性管理器各项参数使用如图 5-99 所示的使用默认值。

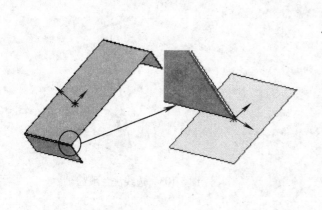

图 5-95　创建基准面

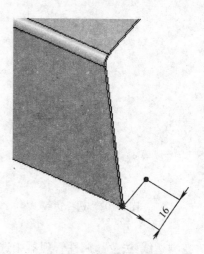

图 5-96　斜接法兰草图

图 5-97　斜接法兰预览

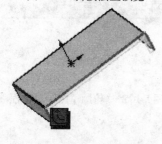

图 5-98　斜接法兰相切

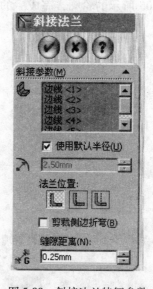

图 5-99　斜接法兰特征参数

单击"确定"按钮【❷】，完成后的斜接法兰如图 5-100 所示。

（4）创建边线法兰：旋转模型到如图 5-101 所示位置，选择如图 5-102 所示的边线，单击工具栏中边线法兰按钮【❷】，并将鼠标向左拖动，则边线法兰预览如图 5-103 所示。

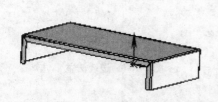

图 5-100　完成后的斜接法兰

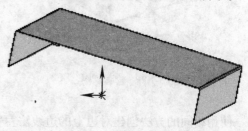

图 5-101　旋转模型

图 5-102　选择边线

图 5-103　边线法兰预览

在"边线-法兰"属性管理器中选择如图 5-104 所示"编辑法兰轮廓"按钮，则弹出如图 5-105 所示"轮廓草图"对话框，此时图形窗口中的边线法兰草图可供编辑，将草图修改成如图 5-106 所示的轮廓，完成后的边线法兰如图 5-107 所示。

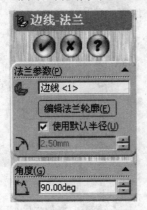

图 5-104　"边线-法兰"属性管理器

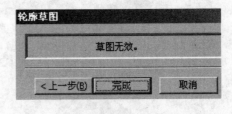

图 5-105　"轮廓草图"对话框

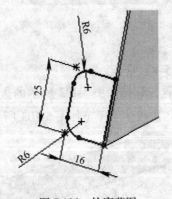

图 5-106　轮廓草图

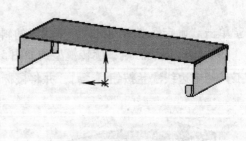

图 5-107　边线法兰

使用相同的方法创建对边上的边线法兰特征，其轮廓草图编辑后如图 5-108 所示，完成后的模型如图 5-109 所示。

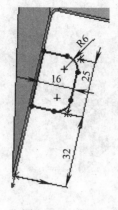

图 5-108　草图

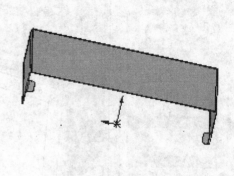

图 5-109　完成后的边线法兰

（5）创建薄片特征：选择如图 5-110 所示边线法兰表面作为草图绘制平面，绘制直径
Φ16 圆。完成草图后，单击工具栏中
的"基体-法兰/薄片"按钮【▨】，则
生成如图 5-111 所示薄片特征。

（6）创建切除特征：选择如图 5-
113 所示薄片表面作为草图绘制平面，

图 5-110　选择草图基准面

绘制 φ6 圆，并添加圆与薄片轮廓的同心几何关系，完成草图后，单击工具栏中的"拉伸切
除"按按钮【▣】，选择"成形到下一面"，得到切除特征如图 5-114 所示。

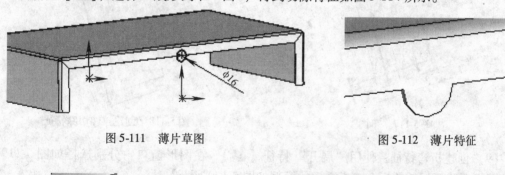

图 5-111　薄片草图

图 5-112　薄片特征

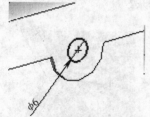

图 5-113　切除特征草图

图 5-114　切除特征

（7）建立展开特征：单击工具栏中展开特征按钮【▨】，在图形窗口中分别选择如图
5-115 所示的固定面和要展开的折弯。

单击属性管理器中的【确定】按钮，得到展开后的模型如图 5-116 所示。

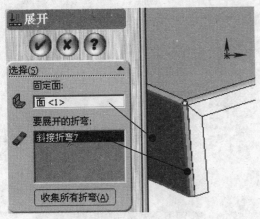

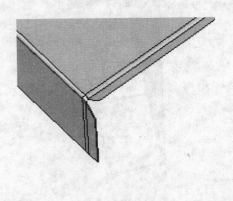

图 5-115　选择固定面和要展开的折弯　　　　图 5-116　展开后的模型

（8）创建拉伸切除特征：在展开后的平面上。选择上一步使用的固定面作为草图绘制基准面，创建如图 5-117 所示的草图。

单击工具栏中的"拉伸切除"按钮【▣】，选择"成形到下一面"，得到切除特征如图 5-118 所示。

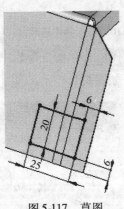

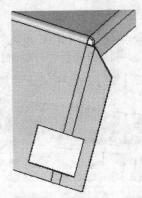

图 5-117　草图　　　　　　　　　　　　图 5-118　创建拉伸切除特征

（9）创建折弯特征：使用"展开"特征【▯】，在图形窗口中分别选择如图 5-119 所示的固定面和要折叠的折弯，折叠后的模型如图 5-120 所示。

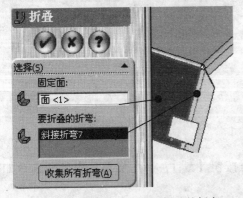

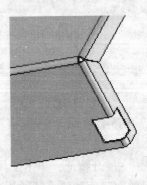

图 5-119　选择固定面和要折叠的折弯　　　　图 5-120　创建折弯特征

（10）使用成形工具特征：成形工具可以作为折弯、伸展或成形钣金的冲模，来模仿冲压的加工过程，将成形零件放置到钣金件指定位置上形成的结构特征。图 5-121 所示的成形工具被放置到钣金件上形成螺纹孔，将主要用来创建钣金件上的百叶窗板、凸起等，Solid Works 在特征设计库中已经提供钣金件设计中常用的成形标准零件（如 embosses、extruded flanges、lances 等，其存放路径在 Solid Works \ data \ design library \ forming tools 下），设计者也可以自己创建成形零件。

图 5-121　成形工具特征

图 5-122　成形工具设计库

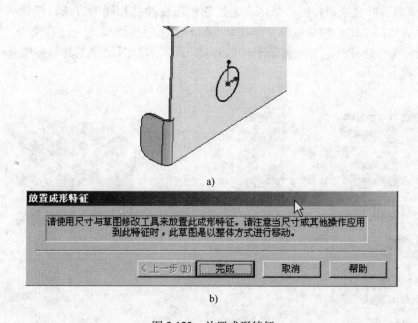

a)

b)

图 5-123　放置成形特征

a）成形特征放置面　b）放置成形特征对话框

如图 5-122 所示，在 Solid Works 的任务窗格中选择"设计库"，在弹出的面板中选择"Design Library" → "forming tools" → "embosses" → "counter sink emboss"，按住鼠标左键，拖动 counter sink emboss 到如图 5-123a 所示的模型面上，注意检查 counter sink emboss 的特征方向，可以在拖动过程中使用"Tab"键切换特征方向，使得螺纹孔朝盖板内部，系统弹出如图 5-123b 所示的"放置成形特征对话框"，对 counter sink emboss 草图标注尺寸如图 5-124 所示，单击"放置成形特征对话框"中的【完成】按钮，得到的模型如图 5-125 所示。

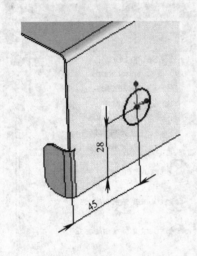

图 5-124　成形特征草图

图 5-125　完成后模型特征

（11）创建百叶窗成形特征：采用和上述创建螺纹冲孔相同的方法，选择如图 5-126 所示特征库中的"louver"，按住鼠标左键拖动 louver 到盖板模型顶面（注意使用"Tab"键切换 louver 的方向，使其凸起方向超钣金件的外侧），利用草图尺寸工具，标注 louver 草图如图 5-127 所示。

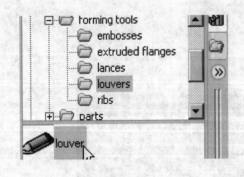

图 5-126　选择成形特征"louver"

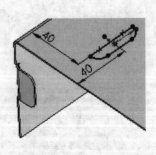

图 5-127　"louver"草图

单击"放置成形特征对话框"中的【完成】按钮，得到的模型如图 5-128 所示。

（12）创建百叶窗板阵列特征：单击工具栏中的阵列特征工具按钮【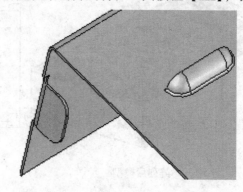】，在特征树中选择上一步创建的百叶窗成形特征作为要阵列的特征，如图5-129所示，在图形窗口中选择百叶窗成形特征的定位尺寸作为阵列的两个方向，设定方向一的阵列实例数为6，方向二的阵列实例数为4，阵列后的盖板如图5-130所示。

（13）展平钣金件整体：单击工具栏中的显示平板形式按钮【 】，得到整个钣金件被展平状态，如图5-131所示。

图5-128　完成后的模型特征

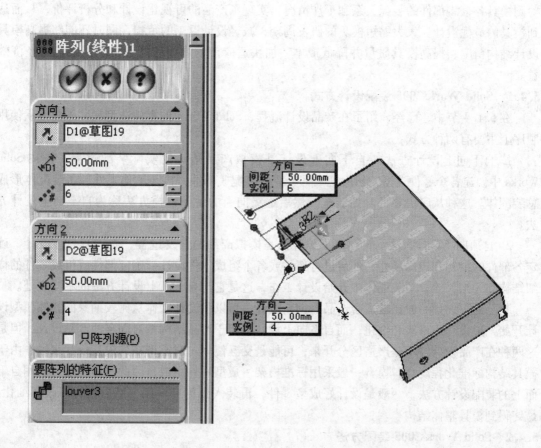

图5-129　百叶窗板阵列特征

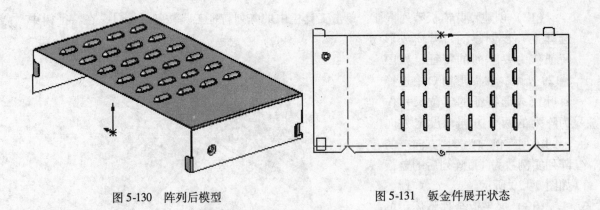

图 5-130　阵列后模型　　　　　　　　　　图 5-131　钣金件展开状态

5.4　Solid Works2005 的虚拟装配

虚拟装配（Virtual Assembly）从实质上改变了传统模具设计思想，在模具设计阶段直接检测模具各个零部件的装配关系和干涉情况，实现了产品的可视化设计和分析评价，从而达到模具的最优设计。大大缩短模具的研发周期，减轻设计返工的负担，同时还能够提高模具设计结构精度、提高模具质量并降低成本，加快适应市场响应的能力，获得最优的经济效益。

5.4.1　Solid Works2005 装配设计方式

在 5.1.4 节中，已经介绍了在产品设计流程，Solid Works 的零件造型和装配建模从使用顺序上主要有两种方式：

1. 自下向上设计方法　自下向上设计是模拟产品结构的实际装配过程，先在 Solid Works 中创建各个零件造型，然后把一部分零件装配成部件，再与其他零件、子装配体形成总装配体。这种从底层零件开始装配，然后逐级向上的装配建模方法称为自下而上设计方法。

2. 自顶向下设计方法　自顶向下设计法是模拟产品的开发过程，先进行总体设计，确定各部件的结构和布局尺寸，然后进行部件或各个组成零件设计，确定部件或组成零件的详细结构和详细尺寸。从装配体中开始设计工作，这是它与自下而上设计方法的不同之处。

自上而下设计一般比较适合产品的创新设计，可以将设计工作从比较抽象的整体模型设计开始，边设计边修改和细化，而自下向上设计适用于产品结构相对固定的产品设计，但是这两种在产品设计并不是严格区分开来，可能是交互使用。对于现在的模具设计来说，由于模具结构标准化程度高，模具一般采用标准模架 + 成型零件组成，因此总体上适合采用自下而上的装配设计方法，一般是设计好成型零件，再装入到标准模架，然后进行修改和细化，最终得到模具整体结构。

5.4.2　Solid Works2005 装配方法

在 Solid Works 中，装配是将一个零部件文件插入到装配体文件中，这个零部件文件会与装配体文件产生链接，同时零部件出现在装配体中，并可以进行位置的调整；但零部件的数据还保持在源零部件文件中，对零部件文件所进行的任何改变都会更新装配体。具体在使用 Solid Works 进行装配时，主要涉及到以下内容：

1. 装配结构管理　在 Solid Works 中，装配模型是看成由若干顶层子装配体和顶层零件组成，而其中子装配可能由若干下一层子装配和零件组成，这样在整个装配模型中，各个零件组成关系就形成一种具有层次关系的装配体系，整个装配体系就是一个装配树，装配过程就是装配树的形成过程，如图 5-132 所示，每个零件好比一个树叶，若干树叶构成一个树枝（子装配体），最上层的树枝和树叶形成总装配体，这样使得产品中各零部件组成关系清晰，能够明确零部件之间的装配关系，便于对整个装配结构进行修改、遍历和顺序调整。

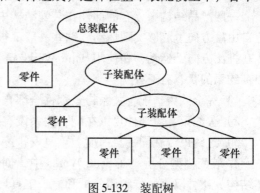

图 5-132　装配树

2. 装配配合关系　在 Solid Works 中，装配过程就是根据产品结构组成，确定插入的零部件（或子装配体）与装配体中其他零部件相互空间位置关系。

我们在其他的专业课程中已经学习了自由度的概念，一个位于空间自由状态的物体，对于直角坐标系来说，具有 6 个自由度，如图 5-133a 所示的长方体物体，在空间位置是任意的，即能沿 OX、OY、OZ 三个坐标轴移动（见图 5-133b）；也能绕着三个坐标轴移动（见图 5-133c 所示）。

实际上，装配过程就是对零件的自由度进行限制的过程，在 Solid Works 中，系统提供"装配关系"工具，来限制所插入零部件的自由度。在"装配关系"工具中根据所选择的零件和配合对象零件之间的表面或参考几何体，可以定义以下类型的配合几何关系：

1）重合。将所选项目（可以是面、边线及基准面）进行定位，使它们彼此接触。

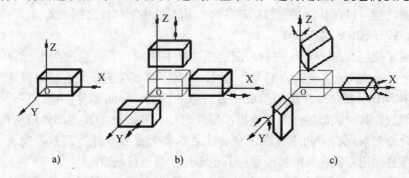

a)　　　　　　　　b)　　　　　　　　c)

图 5-133　空间物体六个自由度

a）零件　b）三个移动自由度　c）三个转动自由度

2）平行。定位所选的两个项目，使之保持相同的方向，并且彼此间保持相同的距离。

3）垂直。将所选项目以 90°相互垂直定位。

4）相切。让所选的项目保持相切（至少有一选择项目必须为圆柱面、圆锥面或球面）。

5）同轴心。将所选的项目定位于同一中心线上。

6）距离。将所选的项目以彼此间指定的距离定位。

7）角度。将所选项目以彼此间指定的角度定位。

对于重合、距离等配合,还可以设定配合表面的对齐情况,同向对齐和反向对齐。另外,Solid Works 还能实现凸轮推杆配合、齿轮配合、限制配合及对称配合这些高级配合类型。

一般产品结构中,有的部件在装配结构中需要固定,不能随便运动,有的部件需要在一定自由度方向上能够实现运动,这些一般又被称为主动件,例如塑胶模具的动模部分就需要能在推出方向上运动,在使用 Solid Works 定义零部件间的配合几何关系后,零件在装配体中被约束的状态有三种:

1)完全约束。配合关系将零部件全部自由度限制。

2)欠约束。零部件可以在配合关系没有限制的自由度方向上运动。

3)过约束。在同一自由度上重复安排配合关系,并可能造成装配失败。

3. 装配模型分析 在 Solid Works 中,创建装配模型不但能够让设计人员了解产品的整体结构,还可以进一步利用分析和模拟工具,对现有装配模型进行分析,了解设计质量,发现设计中的问题,具体内容如下:

(1)零部件干涉检查:在一个复杂的装配体中,装配干涉是指零部件之间在空间发生体积相互侵入的现象,这将造成产品在实际中产生碰撞或无法装配,因此需要在设计阶段需要排除这种情况,如果想用视觉来在计算机虚拟装配环境中检查零部件之间是否有干涉的情况是件困难的事,Solid Works 提供的装配干涉检查能对装配模型结构中的各个零部件干涉进行自动检查,使设计人员及时发现设计缺陷。

(2)物理性能分析:包括质量、体积计算等。Solid Works 能对单个零件或装配模型进行体积、质量、惯性矩计算,供设计人员参考,节约了人工计算时间,例如可以直接利用 Solid Works 质量功能计算出塑件模型的体积和质量,来辅助计算注射模具的注射量;通过 Solid Works 的截面功能辅助计算冲压件的压力中心等。

(3)运动碰撞检查分析:可以在移动或旋转零部件时,检查其与其他零部件之间的冲突;间隙检查功能可以在移动或旋转零部件时,动态检查零部件之间的间隙。

5.4.3 Solid Works2005 装配实例

以上介绍了使用 Solid Works 进行装配建模的基本原理,下面通过在 Solid Works 中创建如图 5-134 所示的冲裁级进模的装配模型为例,具体介绍其装配模块在模具设计中的应用。

1. 装配体结构分析 冷冲模的组成一般由标准模架、导向零件、定位零件、卸料零件和成型零件组成,其中成型零件需要根据冲压件进行单独设计,其他部件结构都已标准化,所以装配设计方法采用自下向上方法,在装配之前将大部分零件造型准备完成,而对于垫板、弹簧等零件采用直接在装配体中参照其他零件轮廓进行创建。

在 Solid Works 进行装配之前,还应对整体装配结构体系进行规划,如图 5-134 所示冷冲裁级进模的结构主要可以分为上模和下模两部分组成,即两个部件,上下模座是各自的装配基准,其中上模部件中将凸模部分作为一个子部件,整个装配的结构树如图 5-135 所示。

2. 创建上模装配部件文件

1)新建装配类型文件,文件名为"上模部件"。

2)装入上模座,系统分割面板中的属性管理器显示如图 5-136 所示的"插入零部件"对话框,单击【浏览】按钮,弹出"文件打开"对话框,选择"上模座"零件。上模座零件显示在装配图形窗口中,此时鼠标变为 ⬚,零件随光标一起移动,单击鼠标左键后,零件位置确定。

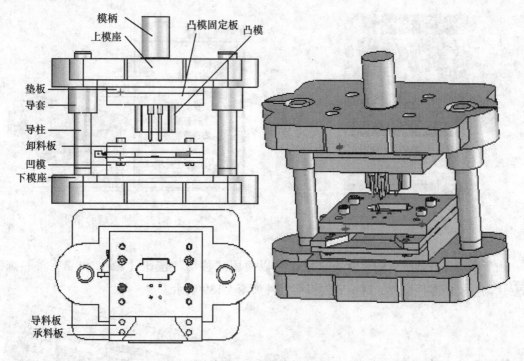

图 5-134　级进模装配模型

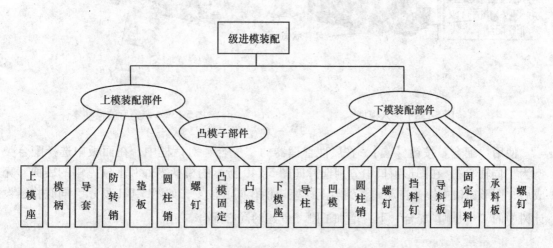

图 5-135　装配结构树

　　上模座零件被插入后，特征设计树中出现插入零件名称"上模座"，如图 5-137 所示，零件名称前"固定"表示该零件相对装配坐标系位置确定。

　　3）装入模柄。选择菜单【插入】→【零部件】→【现有零件/装配体】，属性管理器出现"插入零部件"对话框，单击【浏览】按钮，从"文件打开"对话框中选择模柄零件，移动鼠标到上模座附近单击左键，模柄被插入到如图 5-138 所示位置，特征设计树中出现模柄零件，其名称前符号"（−）"表示该零件位置尚未完全定义，即 6 个自由度没有完全限制。

图 5-136　"插入零部件"窗口

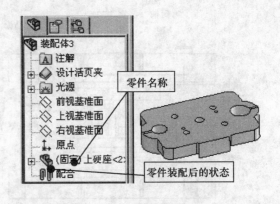

图 5-137　插入后的零件

由于模柄零件处于欠约束状态，所以可以使用"移动"按钮【 🔳 】和"旋转"按钮【 🔳 】调整模柄零件位置，调整后的模柄零件如图 5-139 所示。

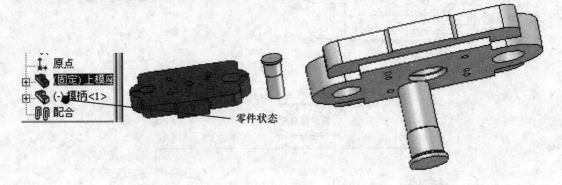

图 5-138　插入模柄　　　　　　　　　　图 5-139　调整后的模柄零件

使用"配合"按钮【 🔳 】，在属性管理器的"配合"对话框中，在面板中选择配合类型为"同轴心"，在图形窗口中分别选择如图 5-140 所示的模柄零件和上模座中的表面，完成后，图形窗口中模柄自动调整到与上模座模柄孔同心位置，如图 5-141 所示，同时特征设计树中的"【 🔳 】配合"下，增加了刚才创建的同心配合。

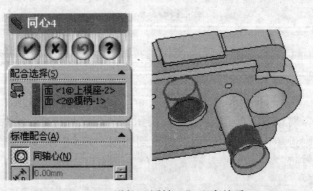

图 5-140　增加"同轴心"配合关系

使用配合类型为"重合",选择如图 5-142 所示的模柄零件和上模座中的表面,完成后则模柄位置调整到如图 5-143 所示,同时特征设计树中的"配合【🔗】"下增加了"重合"配合。

4)装入防转销,模具实际装配中,防转销一般与模座配作,因此可以在上模部件的装配体上创建一个旋转切除,作为配作的销孔,选择"钻孔"→"向导",在弹出的"孔定义"对话框中选择"旧制孔",在孔

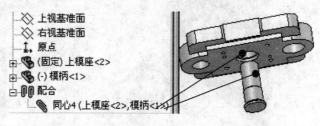

图 5-141 "同轴心"配合后的模型

类型选择"导头直孔",在截面尺寸中定义:直径 6,深度 15,单击【确定】按钮后,在上模座表面选择钻孔位置,得到如图 5-144 所示销孔。

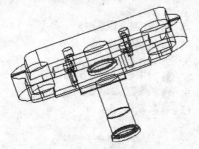

图 5-142 增加"重合"配合关系

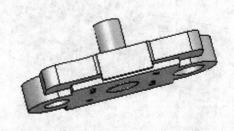

图 5-143 "重合"配合后的模型

插入防转销零件,如图 5-145 所示,选择销孔圆柱表面和防转销外圆柱面创建"同轴心"约束;选择上模座平面和防转销端面创建"重合"约束,得到配合后的销孔如图 5-146 所示。

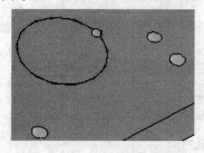

图 5-144 销孔

图 5-145 插入防转销

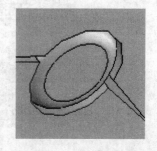

图 5-146 配合后的销孔

5)装入导套。如图 5-147 所示,选择导套和上模座孔面创建"同心"约束;选择上模座平面和导套台阶面创建"重合"约束,得到配合后的上模部件如图 5-148 所示。

依照同样的方法,在上模座左边导套孔中插入导套零件,如图 5-149 所示。

完成导套的装配后,特征设计树中出现如图 5-150 所示的两个导套零件,选择第二个导套零件,单击鼠标右键,选择"属性",弹出如图 5-151 所示的"零部件属性"对话框,选中"使用命名的配置",选择"左导套",单击【确定】按钮后,如图 5-152 所示,特征设计树中导套<2>的配置更改为"左导套",同时图形窗口中导套零件根据尺寸自动更新。

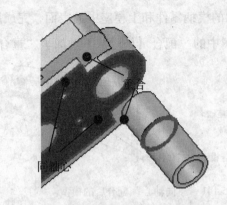

图 5-147 "同心"约束

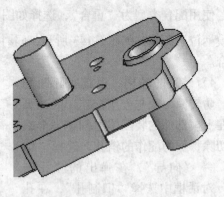

图 5-148 配合后的上模件

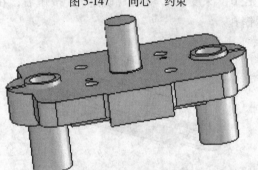

图 5-149 插入导套零件

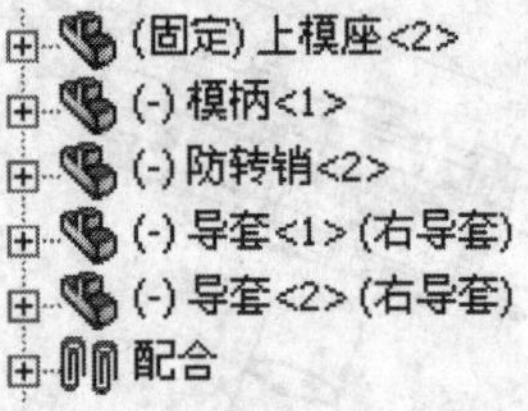

- (固定) 上模座<2>
- (-) 模柄<1>
- (-) 防转销<2>
- (-) 导套<1> (右导套)
- (-) 导套<2> (右导套)
- 配合

图 5-150 特征设计树

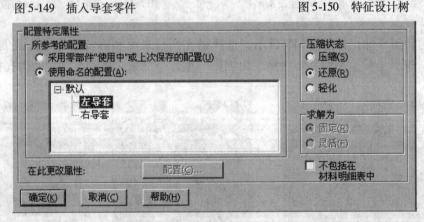

图 5-151 "零部件属性"对话框

6）新建凸模部件。新建装配类型文件"凸模部件"，插入如图 5-153 所示凸模固定板零件。

插入落料凸模零件，如图 5-154 所示，选择凸模固定板和落料凸模模型配合面建立"同轴心"和"重合"约束关系，得到配合后的上模部件如图 5-155 所示。

在凸模装配子部件中创建冲孔凸模，首先选择"上视基准面"和凸模固定板中一个孔的临时轴线创建如图 5-156 所示"基准面 1"，选择菜单【插入】→【零部件】→【新零件】，选择"基准面 1"作为草图绘制基准面，同时工具栏中的"编辑零部件"按钮【🧊】

被自动按下，表示处于零部件编辑状态，从凸模固定板中选择孔轮廓线进行实体转换引用，得到草图，如图 5-157 所示，旋转得到冲孔凸模如图 5-158 所示，单击工具栏中的"编辑零部件"按钮【🐢】，退出零件编辑状态。

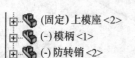

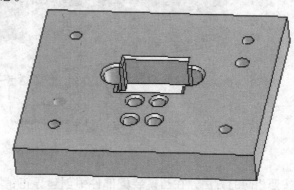

图 5-152 特征设计树　　　　　　　图 5-153 向凸模部件插入凸模固定板

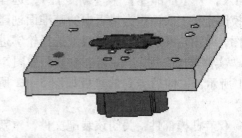

图 5-154 选择配合面　　　　　　　图 5-155 配合后的上模部件

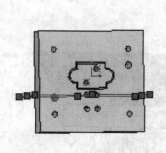

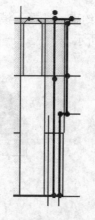

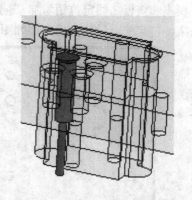

图 5-156 基准面 1　　　　　图 5-157 草图　　　　　图 5-158 冲孔凸模

阵列冲孔凸模，选择菜单【插入】→【零部件阵列】→【线性阵列】，选择冲孔凸模作为阵列零件，选择凸模固定板外轮廓作为阵列方向，阵列后模型如图 5-159 所示，单击工具栏中的"编辑零部件"按钮【🐢】，退出零件编辑状态。

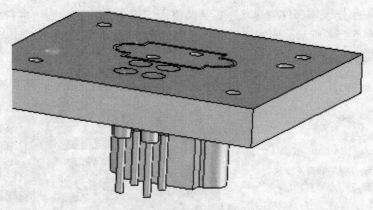

图 5-159 阵列后的模型

按照相同的方法，在凸模装配部件中创建导正销零件。阵列后，导正销零件模型如图 5-160 所示。

在凸模装配部件中创建垫板，选择菜单【插入】→【零部件】→【新零件】，选择凸模固定板上表面作为垫板中的基准面创建草图，草图轮廓从凸模固定板上选择轮廓进行"实体转换引用"，得到垫板草图如图 5-161 所示，拉伸后得到的垫板如图 5-162 所示。

保存凸模部件，关闭该装配文件，重新打开上模部件文件。

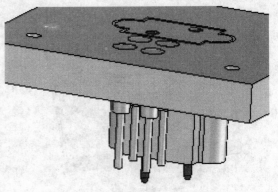

图 5-160　导正销零件模型

7）装入凸模部件。在上模部件文件中，插入"凸模部件"，如图 5-163 所示，选择上模座和垫板之间定位销增加"同轴心"约束；选择上模座底面和垫板上平面创建"重合"约束，得到配合后的上模部件如图 5-164 所示。

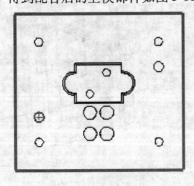

图 5-161　垫板草图

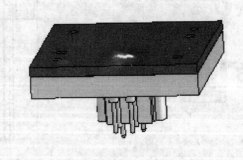

图 5-162　垫板

8）装入圆柱销和螺钉。对于模具结构中，对于相同结构和尺寸的螺钉可以采用在装配体中阵列零件，如上模座中的螺钉可以采用该方法。装入圆柱销和螺钉后的模型如图 5-165 所示。

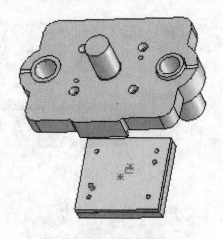

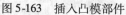

图 5-163　插入凸模部件

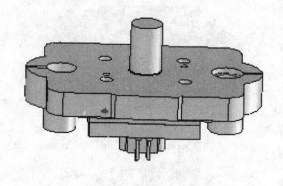

图 5-164　配合后的上模部件

上模部件完成，保存文件退出。

3. 创建下模部件

1）新建装配类型文件。文件命名为"下模部件"。

2）装入下模座。插入零部件："下模座"，插入后模型如图 5-166 所示。

3）装入落料凹模。单击工具栏中"插入零部件"按钮【🖱】，选择文件"落料凹模"，将其插入下模部件中，插入后如图 5-167 所示，选择下模座和落料凹模之间的对应表面，并增加同轴心和重合约束，得到装配后的模型如图 5-168 所示：

4）装入导料板。插入"导料板"，如图 5-169 所示，在下模座和导料板之间的对应表面增加同轴心和重合配合关系，得到装配后的导料板模型如图 5-170 所示，注意将导料板零件的配置属性修改为左导料板。

按照相同的方法将导料板装配到下模部件右侧如图 5-171 所示，注意将右边导料板零件的配置属性修改为右导料板。

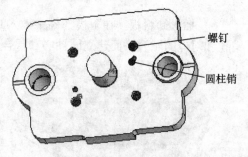

图 5-165　装入圆柱销和螺钉

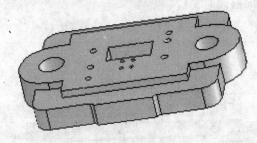

图 5-166　插入下模座

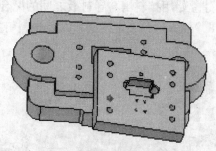

图 5-167　插入落料凹模

5）新建承料板。在下模部件中选择菜单【插入】→【插入新零件】，根据下模部件中导料板和凹模轮廓创建承料板零件，如图 5-172 所示。

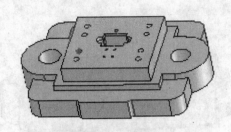

图 5-168　装配后的模型

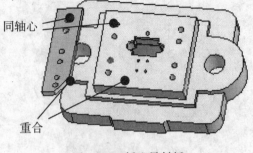

同轴心

重合

图 5-169　插入导料板

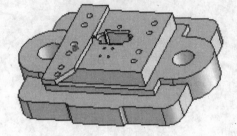

图 5-170　装配后的导料板

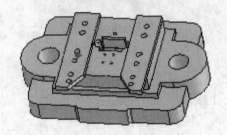

图 5-171　装配右导料板

6）插入卸料板。在下模部件中插入卸料板文件，并利用卸料板与导料板上的两个定位销孔和对应的贴合平面建立同轴心和重合关系，得到插入卸料板后的模型如图 5-173 所示。

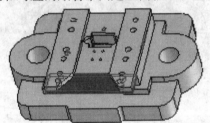

图 5-172　新建承料板

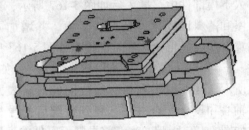

图 5-173　插入卸料板

7）插入始用挡料销。在下模部件中隐藏已经装配的卸料板零件，插入始用挡料销零件，建立始用挡料销与导料板之间的配合关系后模型如图 5-174 所示。

8）插入螺钉、定位销和固定挡料钉并创建弹簧零件。完成后得到的模型如图 5-175 所示。

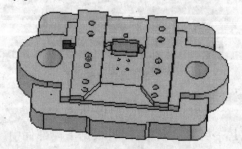

图 5-174　插入始用挡料销

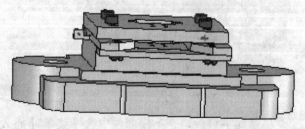

图 5-175　插入螺钉、定位销和固定挡料钉

9）插入左右导柱。插入导柱零件到下模座的左右导柱孔，修改装入导柱零件的属性，使插入下模座左导柱孔中的导柱零件属性"左导柱"；使右导柱孔中的导柱零件属性"右导柱"，插入左右导柱后的模型如图 5-176 所示。

4. 创建级进模装配文件　新建装配类型文件，文件名为"级进模"，在级进模装配文件中先后插入上模部件和下模部件，选择左导柱和左导柱导柱孔建立同轴心配合，同样选择右导柱和右导柱导柱孔建立同轴心配合，装配后的模型如图 5-177 所示，由于上模部件和下模部件在沿导柱轴线方向上没有受到任何配合限制，所以上模部件和下模部件可以沿该方向移动。

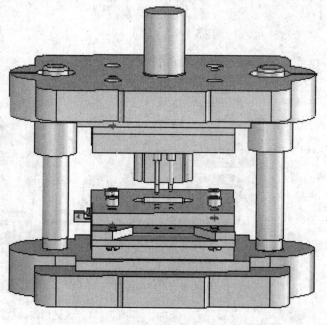

图 5-176　插入左右导柱

图 5-177　装配上模部件和下模部件

5. 模型分析　完成级进模装配结构后，不但可以直接观察模型的装配位置，还可以利用 Solid Works 中的装配分析如间隙检查、干涉检查对模具装配结构作进一步验证，例如修改装配在下模座左导柱孔中导柱零件的属性配置为"右导柱"，单击工具栏中的干涉检查按钮【 】，属性管理器出现"干涉检查"对话框，选择左导套和左边导柱零件，则左导套和左边导柱零件出现在"干涉检查"对话框的选择框中，如图 5-178 所示。

单击"干涉检查"对话框中【计算】按钮，则在"干涉检查"对话框的结果框中出现"干涉 1"，如图 5-179 所示，同时在模型上用红色显示了干涉区域，因此可以避免设计错误。

6. 爆炸图　为了便于观察模型内部结构，了解模具整体结构，可以对模具装配结构创建爆炸视图，切换分割面板到"配置管理器"页面，选择如图 5-180 所示的"默认"配置，单击鼠标右键，从快捷菜单中选择【新爆炸视图】，在特征树上或从图形窗口中的模型上选择零部件，然后拖动操纵杆控标来生成一个爆炸步骤，注意可以将操纵杆控标拖动到特征上，调整操纵杆控标的控标方向。

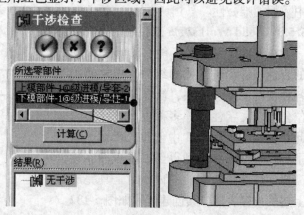

图 5-178　"干涉检查"对话框

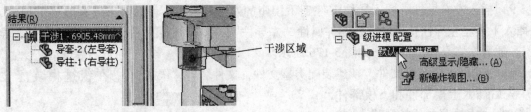

图 5-179 干涉 1

图 5-180 新爆炸视图

完成后的级进模爆炸视图如图 5-181 所示。

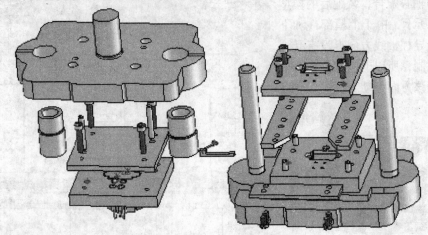

图 5-181 级进模爆炸视图

5.5 Solid Works2005 工程图

Solid Works2005 的工程图创建模块是将三维模型根据指定的投影关系转化为二维工程视图，并且三维模型和二维工程视图是双向关联，即当三维模型发生变化时，其产生的二维工程视图也随之相应变化，反之修改二维视图中的尺寸，三维模型也相应发生变化，这样就保证设计过程中数据的唯一性。

5.5.1 Solid Works2005 工程图创建流程

在二维视图中为了能够清晰和准确的表达零件和装配体的结构，需要使用各种视图、尺寸标注、粗糙度标注、形位公差、文字注释等多种表达方式，因此在 Solid Works2005 中创建工程图，除了直接根据三维模型得到二维视图，还需要使用该模块中的各种辅助工具完成上述的内容表达，其创建流程如图 5-182 所示。

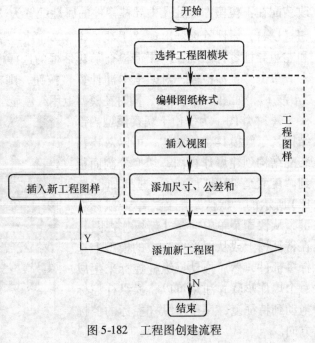

图 5-182 工程图创建流程

从上述的 Solid Works2005 工程图创建流程中可以看出，其工程图内容可以分为图纸格式和图样两部分，而图样包括了各种视图和模型项目，其中模型项目是指与特征相关的尺寸、注解等。

Solid Works2005 工程图中视图是根据零件模型自动创建，而模型尺寸可以通过插入模型项目方式自动创建，并可以对创建的尺寸、视图、注解、图纸格式都进行编辑、显示、隐藏，所以以极大的提高了工程图创建效率，并保证了工程图的准确性。

工程图中的尺寸标注分为模型尺寸和参考尺寸，其中模型尺寸是与模型相关联的，而且模型中的变更会反映到工程图中，通过【插入】→【模型项目】实现；参考尺寸是在工程图文件中利用尺寸标注工具添加，但是这些尺寸是参考尺寸，并且是从动尺寸；不能通过编辑参考尺寸的数值来更改模型。然而，当模型的标注尺寸改变时，参考尺寸值也会改变。

5.5.2 Solid Works2005 零件工程图创建

如图 5-183 所示的模具零部件是 5.4 节中级进模中冷冲模 A 型滑动导套，按照图 5-182 所示的工程图创建流程，创建该零件工程图，要求包括表达零件结构形状的视图、尺寸、行状位置公差和表面粗糙度要求。

1. 新建工程视图文件　新建"工程图"类型文件，选择标准图纸大小，如"A4—横向"。

2. 编辑图纸格式　在分割面板中，取消属性管理器中的"模型视图"，则系统显示如图 5-184 所示，此时工程图中没有关于导套的视图，但是已经创建了边框线和标题栏等内容，在 Solid Works 的工程图模块中，这些内容属于图纸格式的内容，因此可以编辑图纸格式，进行修改使其内容符合企业的要求。

在特征管理器中选择"图纸 1"，单击鼠标右键，从弹出的快捷菜单中选择"编辑图纸格式"，则图纸中的边框线和标题栏中的文字处于可以编辑的高亮显示状态，修改边框线和标题栏格式及文字的内容后，标题栏如图 5-185 所示。选择特征管理器中"图纸格式"，单击鼠标右键，选择"编辑图纸"，重新回到图纸编辑状态。

图 5-183　冷冲模 A 型
滑动导套

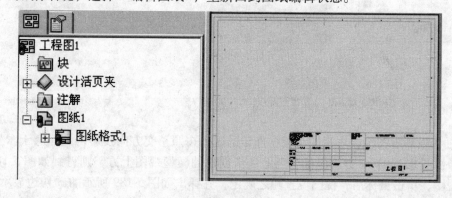

图 5-184　图纸格式

为了使得修改后的图纸格式能够沿用到其他工程图文件上，可以将修改后的图纸格式作为标准文件存储起来，供其他设计者使用，可以选择菜单【文件】→【保存图纸格式】，弹出"保存图纸格式"对话框,输入图纸格式文件名称后,单击【确定】按钮,完成图纸格式的创建。

3. 定制工程图标准选项 由于国家标准(GB)与 ISO、JIS、DIN 、ANSI 等标准对尺寸和文字的样式规定均不完全相同,并且为了使尺寸单位、文字大小符合图样要求,需要在创建视图之前进行设定,单击系统主菜单【工具】→【选项】,在弹出的对话框中选择"文件属性选项卡",将对话框中的各项设置按照国标中的要求进行设定。

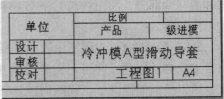

图 5-185 标题栏

由于"选项"设置只保存在该文件中,因此还可以将设置好的文件另存为工程图模板文件(∗.drwdot),并在"选项"中设置系统的"模板文件"路径指向该模板文件,即在模板文件的基础上创建新的工程图文件。

4. 插入模型视图 选择菜单【插入】→【工程视图】→【模型】,属性管理器面板显示的"模型视图对话框"如图 5-186a 所示,选择【浏览】按钮,在弹出的"文件打开"对话框中选择导套零件,则属性管理器面板显示的视图方向如图 5-186b 所示,可以选择视图方向和定义视图的比例关系,选择"上视",在图样窗口中下方单击鼠标左键,得到如图 5-187 所示的模型视图。

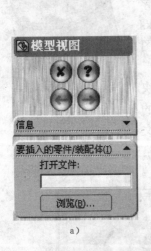
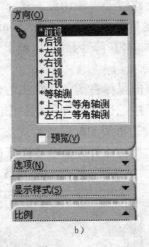

a)   b)

图 5-186 插入模型视图

a)"模型视图"对话框 b)视图方向

图 5-187 模型视图

5. 插入投影视图 投影视图是根据选定的视图按照正交方向投影得到,属于派生视图,选择菜单"投影视图",并将鼠标移至上一步创建的模型视图上方,则得到如图 5-188 所示的投影视图,单击鼠标后,视图位置随之确定,并弹出如图 5-189 所示的"切边显示"对话框,选择"移除"后,单击【确定】按钮后退出。

6. 插入断开剖视图 在投影视图绘制如图 5-190 所示的矩形,再选择菜单"断开剖视图",属性管理器面板显示如图 5-191 所示,选择外轮廓作为深度参考,单击【确定】按钮后,原投影视图右半部分为剖视图,如图 5-192 所示。

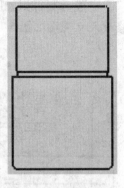

图 5-188　投影视图

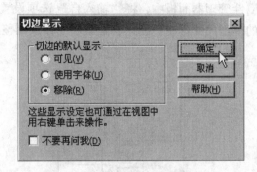

图 5-189　"切边显示"对话框

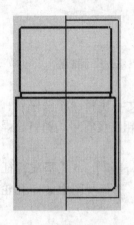

图 5-190　矩形

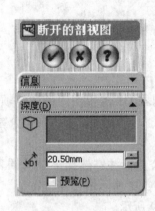

图 5-191　"断开剖视图"属性管理器

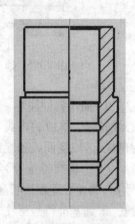

图 5-192　剖视图

7. 插入局部视图　在投影视图中使用草图工具绘制如图 5-193 所示圆弧，再选择菜单【局部视图】，图样上出现可以随鼠标移动的局部视图，单击鼠标右键，使视图的位置确定，可以进一步在属性管理器面板中修改局部视图的比例、视图图标等，得到如图 5-194 所示的局部视图，按照相同的方法创建润滑油槽的局部放大视图如图 5-195 所示。

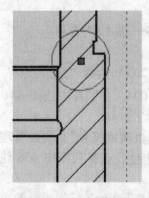

图 5-193　绘制圆弧

图 5-194　局部视图

图 5-195　润滑油槽的局部
放大视图

8. 插入模型项目　选择上述创建的投影视图，再选择菜单【插入】→【模型项目】，属性管理器面板中，将"输入自"选项设置为"整个模型"，完成后则得到如图 5-196 所示的模型尺寸标注。删除、隐藏尺寸，或调整尺寸位置，则修改尺寸视图如图 5-197 所示。

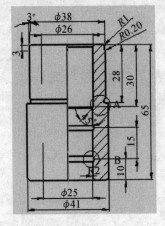

图 5-196　插入尺寸标注

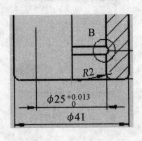

图 5-197　修改尺寸视图

9. 插入各种注解　Solid Works2005 工程图中的注解项目包括文字注释、零件序号、中心线符号、螺纹装饰线、孔标注、基准特征符号、形位公差、表面粗糙度符号、销钉、焊接符号、区域剖面线和端点符号等。

（1）基准特征符号和形位公差标注：选择菜单【插入】→【注解】→【基准特征符号】，属性管理器面板显示如图 5-198 所示的"基准特征"对话框，选择视图中 φ25 孔轮廓线，得到基准符号标注如图 5-199 所示。

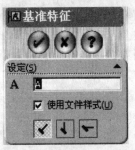

图 5-198　"基准特征"对话框

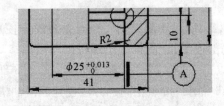

图 5-199　基准符号标注

选择菜单【插入】→【注解】→【形位公差】，弹出如图 5-200 所示的"形位公差"对话框，在对话框中设定公差符号：圆柱度 ，输入公差值为 0.004，在图样中选择 φ41 孔轮廓线，得到位置公差标注如图 5-201 所示。

（2）粗糙度标注：选择菜单【插入】→【注解】→【表面粗糙度符号】，属性管理器面板显示如图 5-202 所示，设置粗糙度符号类型、符号布局和角度，选择视图中 φ38 轮廓线，得到表面粗糙度标注如图 5-203 所示。

（3）插入文字注释：选择菜单【插入】→【注解】→【注释】，与鼠标箭头一起出现一个文本输入框，在图样右下方单击鼠标左键，确定文本框位置，输入导套的技术要求。

10. 结束　完成后的导套工程图如图 5-204 所示。

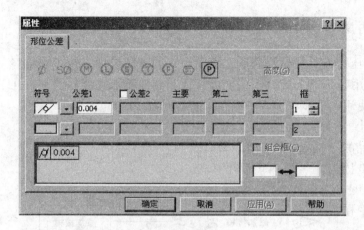

图 5-200 "行位公差"对话框

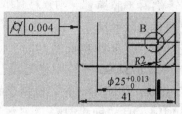

图 5-201 圆柱度位置公差标注

图 5-202 "表面粗糙度"属性管理器面板

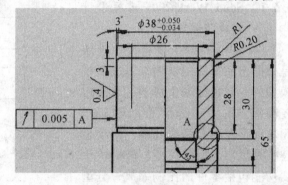

图 5-203 表面粗糙度标注

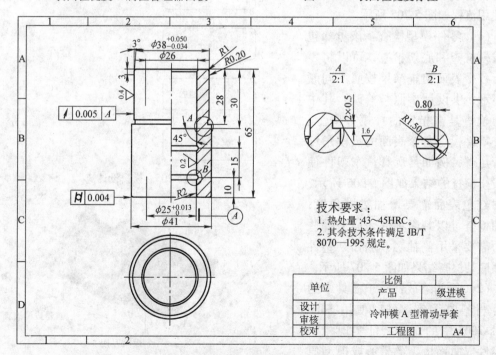

图 5-204 导套工程图

5.6 Solid Works2005 的模具设计

各种型腔模具（塑料模具、压铸模具、橡胶模具、锻模等）的型腔设计直接影响最终产品的形状和尺寸，如果直接使用 Solid Works2005 的实体特征和曲面特征功能创建型腔几何模型，需要花费大量时间，使用 Solid Works2005 系统中模具设计模块（Mold Design），则能根据产品的几何模型自动创建型腔，进一步提高模具型腔零件设计效率和精度。本节介绍 Solid Works2005 系统中模具设计模块的基本使用过程。

5.6.1 Solid Works2005 模具设计模块使用方法

Solid Works2005 模具设计模块是根据产品零件的模型，通过复制模型的一侧表面来生成型芯，通过复制模型的另一侧表面生成型腔。型芯和型腔由分型线分隔，自动创建模具型芯、型腔模型。该模块主要功能包括零件的比例缩放、分型面设计、型腔切割、型腔分析等，其使用流程如图 5-205 所示。

（1）零件模型检查：该步骤包括拔模检查和底切检查，可以将零件上各个表面检查结果按照不同颜色显示，供设计参照与修改，其中拔模检查是在指定的拔模方向上，检查零件模型各个表面的拔模角度是否足够，例如某玩具汽车塑件使用拔模检查的结果如图 5-206 所示，图中红色表面需要增加拔模角度；底切检查可以判断零件表面上哪些表面需要采用侧抽芯，例如某塑件使用底切检查结果如图 5-207 所示。

（2）比例缩放：对于模具中的零件材料收缩率，可以使用 Solid Works2005 中的比例特征实现相对于零件或曲面模型的重心或模型原点来进行缩放。

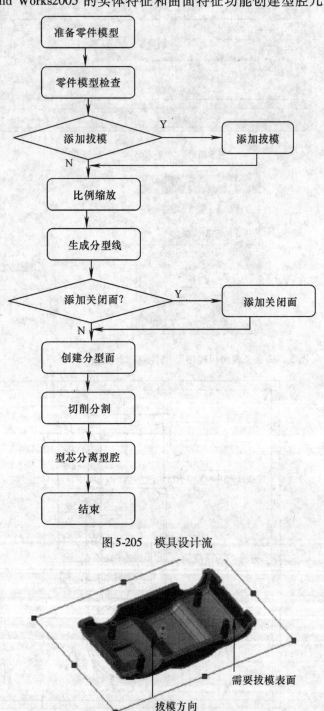

图 5-205　模具设计流

图 5-206　拔模检查结果

（3）分型线：分型线位于铸模零件的边线上，在型芯和型腔曲面之间。用来生成分型面，并分开曲面。

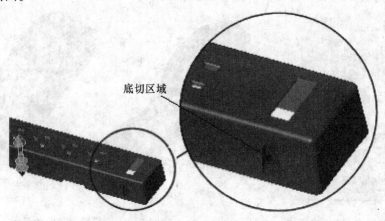

图 5-207　底切检查结果

（4）关闭曲面：关闭曲面是关闭零件上的通孔，防止熔化的塑料泄漏到模具中型芯和型腔互相接触的区域，例如图 5-208 所示零件的通孔关闭后模型的曲面显示。

（5）分型面：Solid Works2005 中的分型面从分型线拉伸，用于从毛坯上将型腔与型芯分割开，例如图 5-209 所示分型面。

（6）切削分割：应用切削分割功能将创建的模具毛坯，沿分型面分割，得到型芯和型腔。

图 5-208　关闭曲面

5.6.2　Solid Works2005 模具设计实例

如图 5-210 所示，以一个电话机模型为例，创建模具的型腔和型芯，即凹模和凸模。

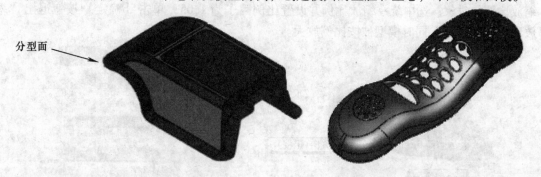

图 5-209　分型面　　　　　　　　　　　　　　图 5-210　电话机模型

1. 拔模分析　使用工具栏上的"拔模分析"按钮【🔲】，属性管理器面板上出现"拔模分析"对话框，在特征设计树上选择 Top 基准面作为拔模方向，输入拔模角度 0.5，并选择面分类，单击"【计算】"按钮后，"拔模分析"对话框中的颜色设定显示如图 5-211 所示，模型正拔模表面数、负拔模表面数、需要拔模表面数、跨立拔模表面数统计结果出现在对话框中，同时模型上各表面按照拔模情况显示颜色如图 5-212 所示。

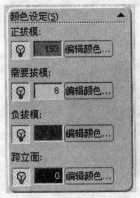
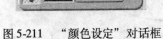

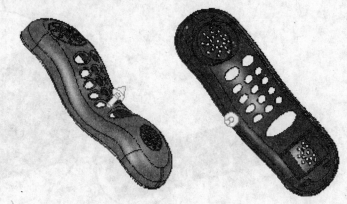

图 5-211　"颜色设定"对话框　　　　　　图 5-212　拔模情况的颜色显示

　　将视图调整到前视图，如图 5-213 所示，模型在正拔模之下较低的边线显示黄色，表示这些表面拔模角度小于设定的 0.5°，需要在这些表面上添加拔模角度。

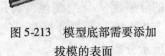

　　2. 添加拔模　使用工具栏上的"拔模"按钮【■】，在属性管理器面板上，从"拔模"对话框中选择拔模类型：分型线；设定拔模角度为 1°；从特征树中选择"Top"基准面作为拔模方向，并单击"反向"按钮【■】，使得拔模方向预览箭头朝下；选择如图 5-214 所示模型底部所有边线作为分型线；单击【确定】按钮后，拔模添加完成。

图 5-213　模型底部需要添加拔模的表面

　　3. 设置模型收缩率　使用工具栏上的"比例缩放"按钮【■】，在属性管理器中的"缩放比例"对话框中，如图 5-215 所示，选择比例缩放点为重心；从特征设计树中展开"实体 1"，在"实体和曲面或图形实体"【■】中，选择"实体 1"下的"拔模 1"作为要缩放比例的对象；选中统一缩放比例并设置比例因子为 1.05；单击【确定】按钮退出"缩放比例"对话框，同时模型被按比例放大。

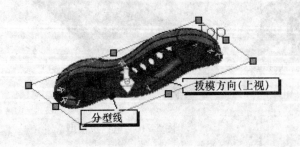

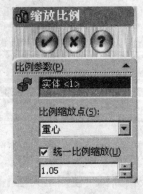

图 5-214　添加拔模　　　　　　　　　　图 5-215　"缩放比例"对话框

4. 创建分型线　使用工具栏上的"分型线"按钮【】，在属性管理器中的"分型线"对话框中，对于拔模方向，可以从特征树中选择"Top"基准面，注意使得拔模方向朝上；拔模角度输入 0.5°；单击对话框中的拔模分析后，"分型线"中出现 8 条边线，同时模型显示如图 5-216 所示；单击【确定】按钮退出"分型线"对话框，创建后的分型线如图 5-217 所示。

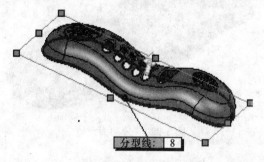

图 5-216　"分型线"预览

图 5-217　创建后的分型线

此时，在特征设计树中的"曲面实体"下增加了两个子项："型腔曲面实体"和"核心曲面实体"，由于该塑件上的外轮廓面有孔面，无法自动将零件的表面分割成"型腔曲面实体"和"核心曲面实体"，因此两个子项下并没有具体曲面。

5. 添加关闭曲面　单击工具栏上的"关闭曲面"按钮【 】，在属性管理器中的"分型线"对话框中，所有通孔都出现在边线【 】中，同时模型上各个通孔轮廓被指出，如图 5-218 所示。曲面填充类型使用"接触"。

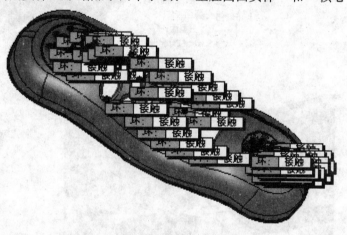

图 5-218　通孔轮廓

单击【确定】按钮，退出"关闭曲面"对话框，关闭曲面后的模型如图 5-219 所示。

完成"关闭曲面"后，零件的表面沿分型面分割成两部分，并被划分到"型腔曲面实体"和"核心曲面实体"下。

6. 创建分型面　使用工具栏上的"分型面"按钮【 】，在属性管理器中的"分型面"对话框中，将设置模具参数：垂直于拔模；分型面距离为 10；选择缝合所有曲面；单击确定按钮退出"分型面"对话框，关闭曲面后的模型如图 5-220 所示。

至此，特征设计树上的曲面实体有至少三个曲面，型腔曲面实体、核心曲面实体和分型面实体，三者在分型线处相交，如图 5-221 所示。

7. 切削分割

(1) 创建基准面：使用工具栏上的"基准面"按钮【 】，在属性管理器中的"基准面"对话框中，选择模型如图 5-222 所示的肋板顶面作为参考实体；设定基准面类型为等距距离【】，距离值为 20；选择反向，将基准面放到参考面之上，单击【确定】钮退出"基准面"对话框，得到完成后的分型面如图 5-223 所示。

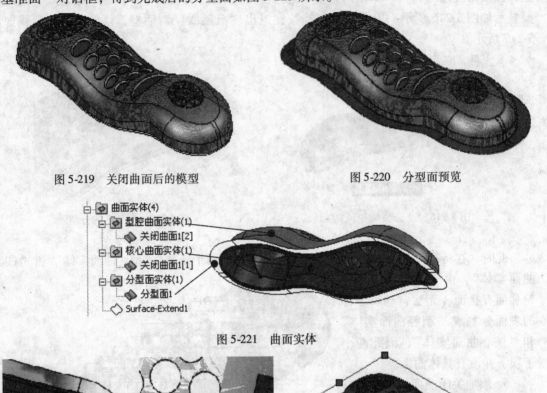

图 5-219 关闭曲面后的模型

图 5-220 分型面预览

图 5-221 曲面实体

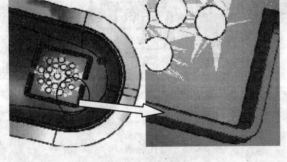

图 5-222 选择肋板顶面

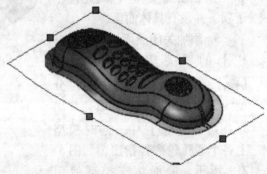

图 5-223 完成后的分型面

（2）应用切削分割：使用工具栏上的"切削分割"按钮【】，选择上一步创建的基准面作为草图绘制基准面，绘制如图 5-224 所示的草图。

完成草图后，属性管理器中出现如图 5-225 所示的"切削分割"对话框，设置方向 1 深度为 90；方向 2 深度为 70；选择连锁曲面；设置拔模角度为 3°；核心曲面和型腔曲面使用默认的选择；单击【确定】按钮后，得到的模型如图 5-226 所示，模型包括型芯和型腔，即凸模和凹模。

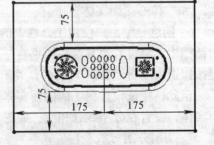

图 5-224 绘制草图

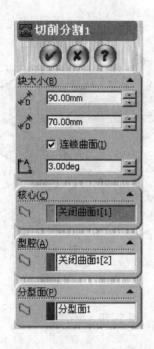

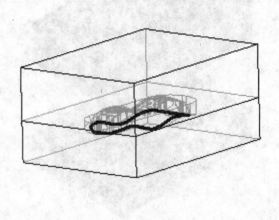

图 5-225 "切削分割"对话框   图 5-226 切削分割后的模型

8. **分离型腔** 单击工具栏上的"移动/复制实体"按钮【🔧】,属性管理器中出现"移动/复制实体"对话框;如图 5-227 所示,选择特征树中"实体 <1 >"作为"要移动/复制的实体"【🔧】,则图形窗口中的型腔部分被高亮显示,如图 5-228 所示。同时在平移选项中,键入 160 作为 ΔY 的值。单击【确定】按钮后,型腔被平移后的模型显示如图 5-229 所示。

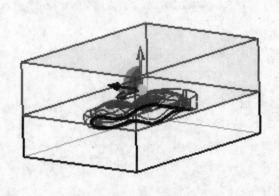

图 5-227 "移动/复制实体"对话框   图 5-228 高亮显示的型腔

9. **渲染** 在实体和曲面实体文件夹中进行选择,并使用隐藏实体和隐藏曲面实体选项,显示不带附加实体或表面的型心和型腔实体,并编辑模型的颜色和光学属性后得到的模型如图 5-230 所示。

图 5-229　型腔平移后的模型　　　　　图 5-230　设置模型显示

复习思考题

1. Solid Works2005 软件有哪些特点？
2. Solid Works2005 草图绘制过程中常用的技巧有哪些？
3. Solid Works2005 二维图如何转换到 Auto CAD 软件中去？
4. Solid Works2005 常见的装配类型有哪些？试举例说明。
5. Solid Works2005 爆炸视图有何用途？
6. 如何选择 Solid Works2005 软件中模架？用户如何在标准模架管理系统文件中建立自定的模架？
7. Solid Works2005 钣金件设计有哪些特点？

第6章 模具 CAD/CAM 实际训练图

6.1 二维模具 CAD/CAM 实际训练图

以下是二维模具 CAD/CAM 实际训练图，可供学生在课堂上或课下练习时用。

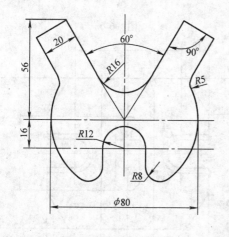

图 6-1

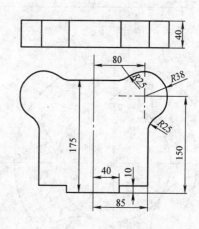

图 6-2

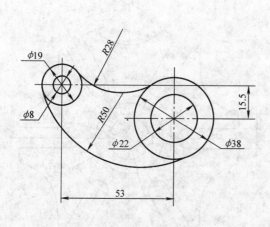

图 6-3

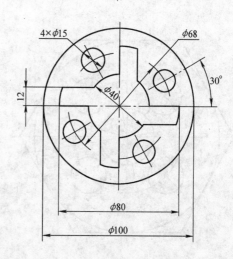

图 6-4

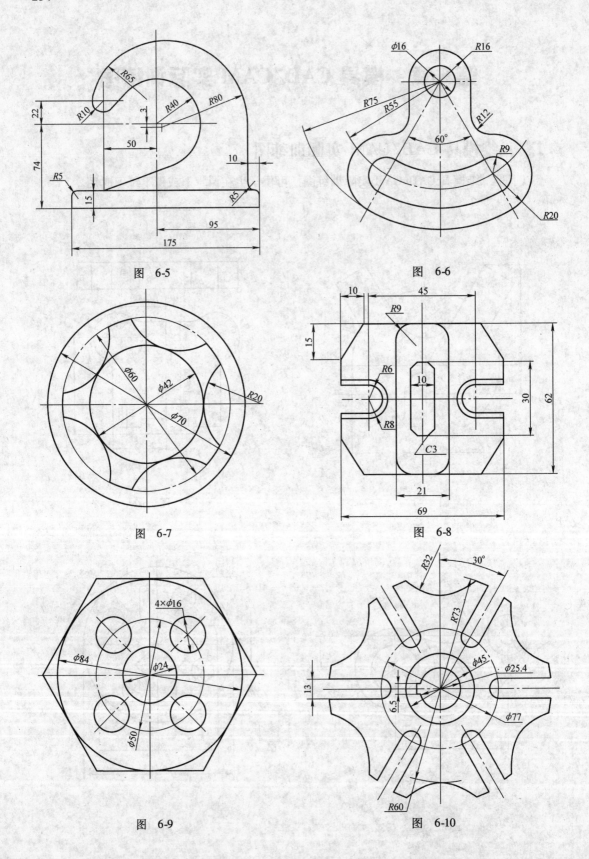

图 6-5

图 6-6

图 6-7

图 6-8

图 6-9

图 6-10

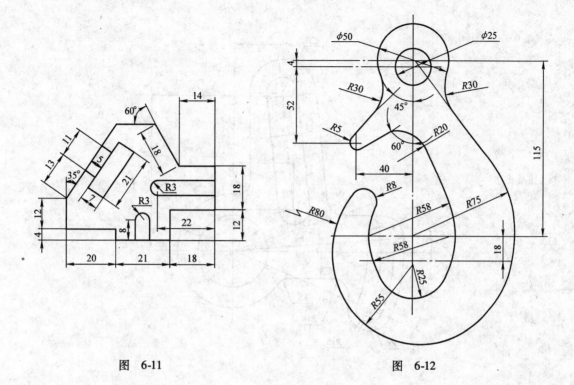

图 6-11

图 6-12

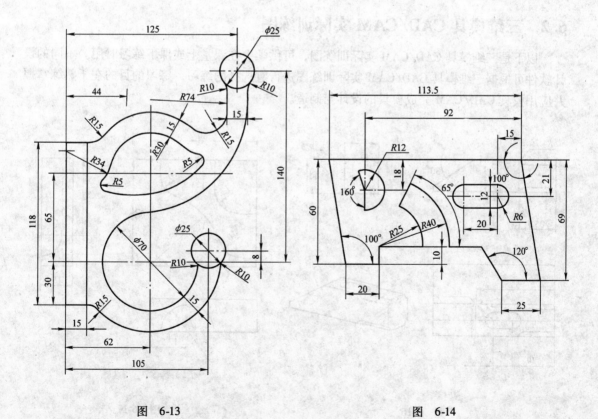

图 6-13

图 6-14

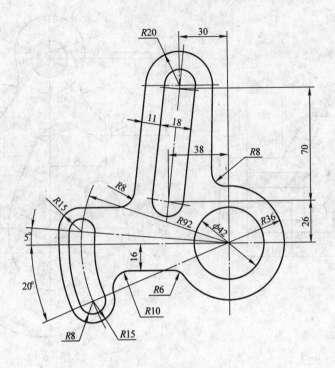

图 6-15

6.2 三维模具 CAD/CAM 实际训练图

以下是三维模具 CAD/CAM 实际训练图，可供学生在课堂上或课下练习时用。不同的设计软件可根据三维模具 CAD/CAM 实际训练图进行有选择的练习，练习的目的在于熟练掌握并应用模具 CAD/CAM 完成模具的设计与制造。

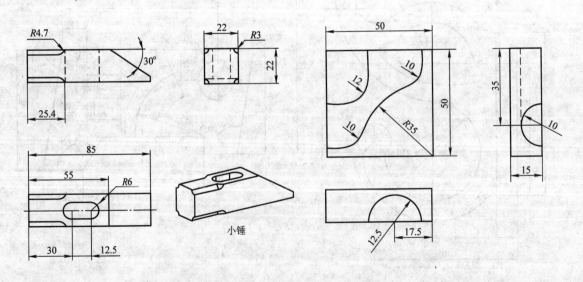

小锤

图 6-16   图 6-17

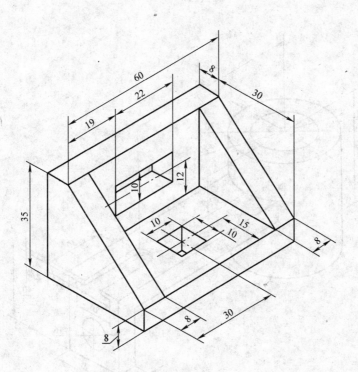

图 6-18

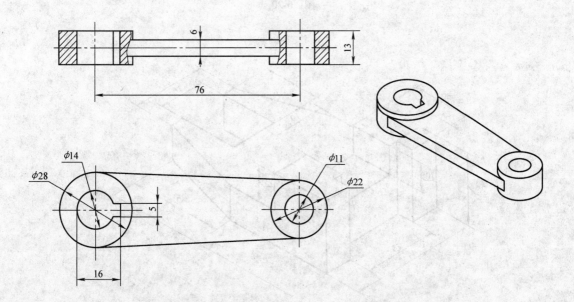

图 6-19

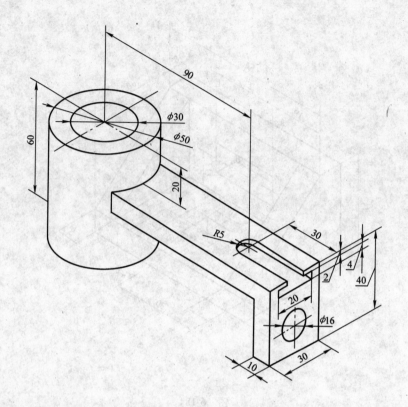

图　6-20

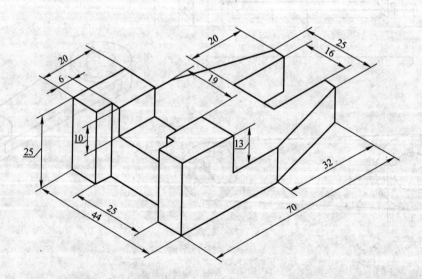

图　6-21

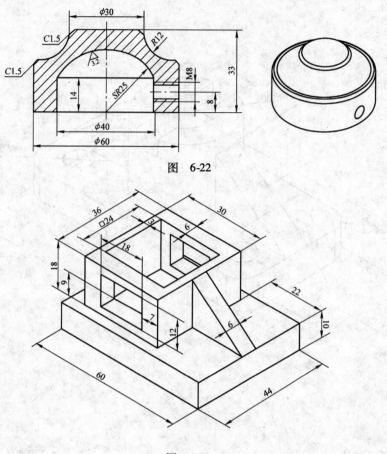

图 6-22

图 6-23

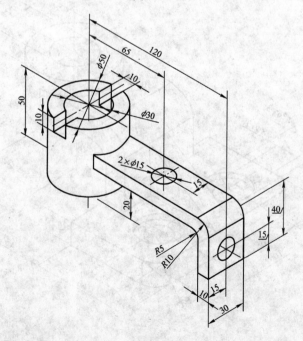

图 6-24

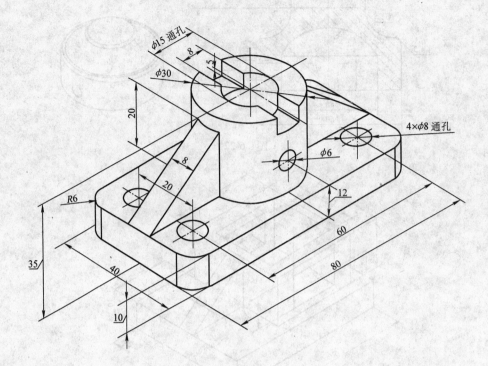

图 6-25

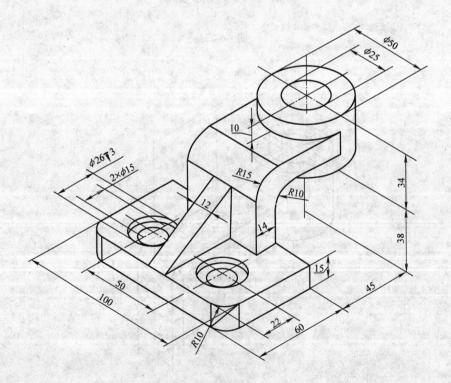

图 6-26

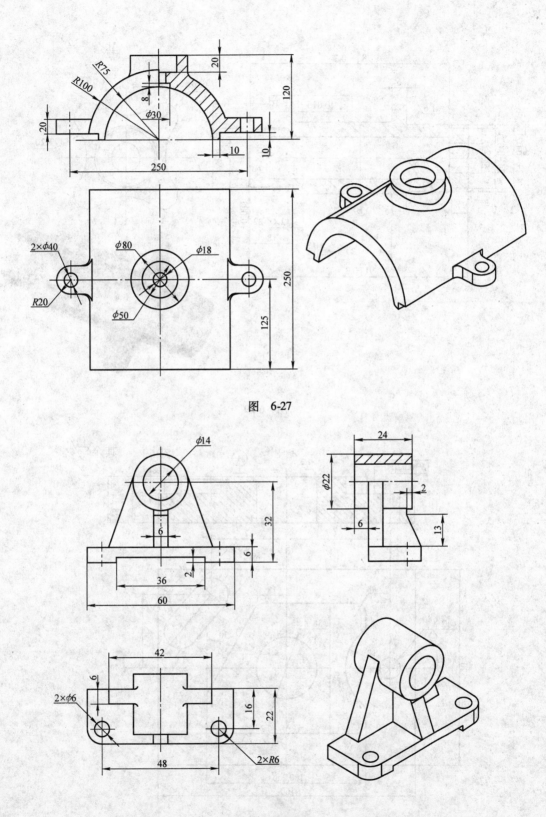

图 6-27

图 6-28

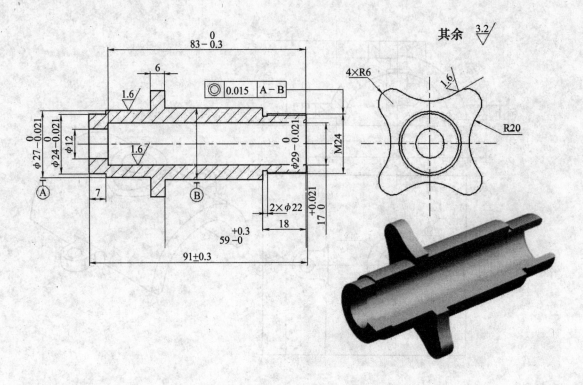

图 6-29

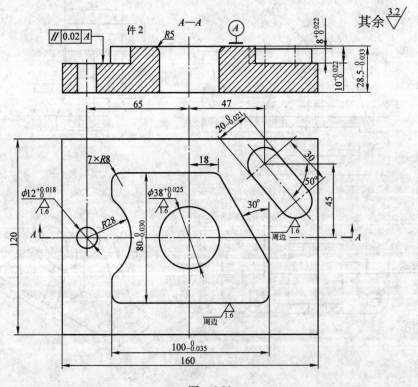

图 6-30

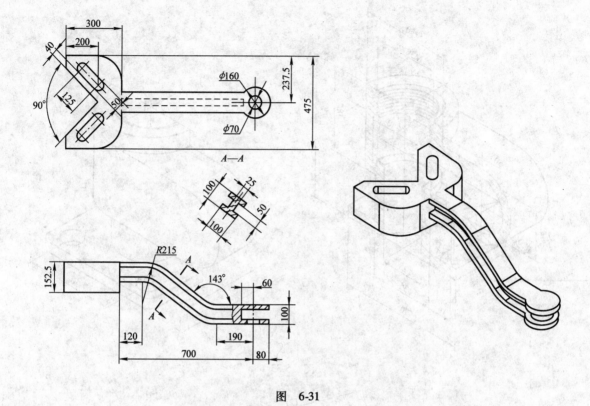

图 6-31

图 6-32

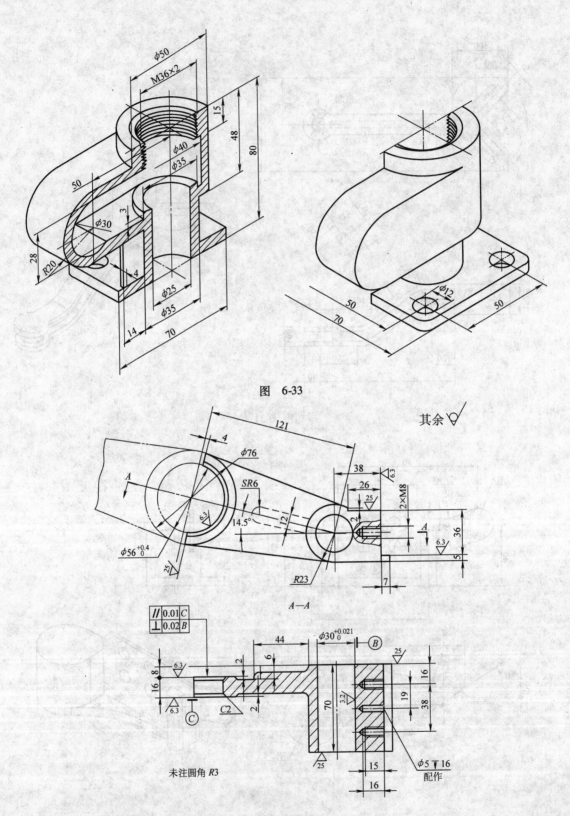

φ50
M36×2
15
48
80
φ40
φ35
50
φ30
3
28
R20
4
φ25
φ35
14
70

φ12
50
70
50

图　6-33

121
4
φ76
SR6
A
14.5°
121
φ56$^{+0.4}_{0}$
R23
38
26
2×M8
6.3
25
36
5
A
6.3
7
25

A—A

其余 ▽

∥ 0.01 C
⊥ 0.02 B

44
φ30$^{+0.021}_{0}$
B
25
2
6
16
8
6.3
16
19
38
70
3.2
6.3
C2
2
C
15
16
25
φ5▽16
配作

未注圆角 R3

图　6-34

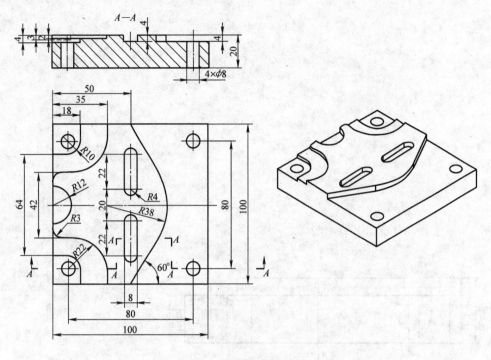

图　6-35

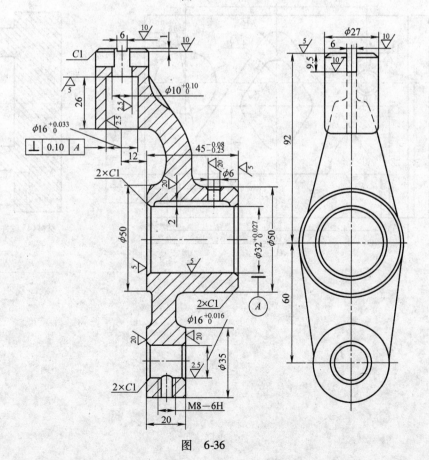

图　6-36

其余 $\sqrt{\dfrac{3.2}{}}$

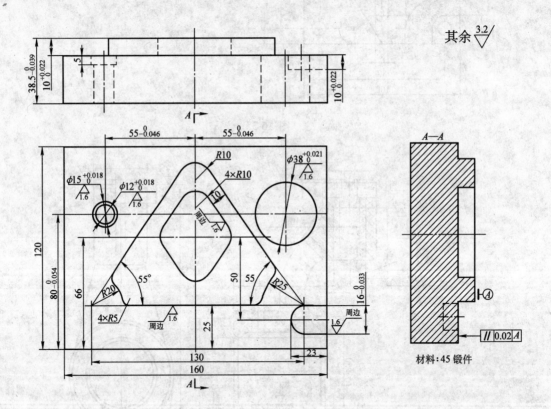

图 6-37

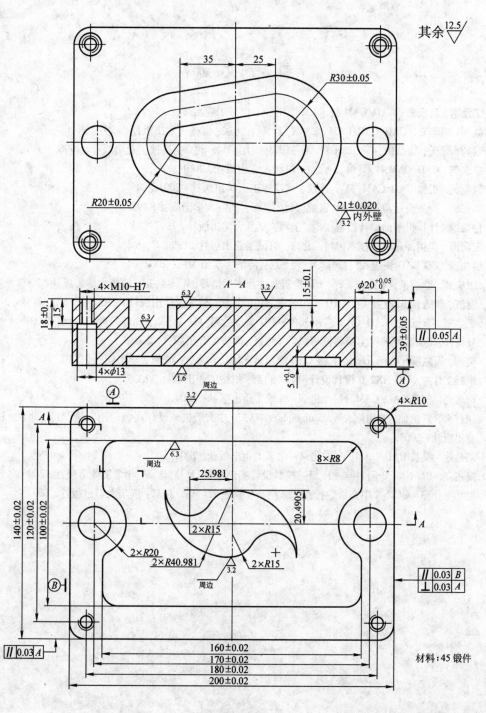

其余 $\sqrt{\dfrac{12.5}{}}$

$R30\pm0.05$

$R20\pm0.05$

21 ± 0.020 $\sqrt{\dfrac{}{3.2}}$ 内外壁

$4\times M10$–H7

A—A $\sqrt{3.2}$

15 ± 0.1

$\phi20^{+0.05}_{0}$

18 ± 0.1 15

6.3

6.3

$4\times\phi13$ $\sqrt{\dfrac{}{1.6}}$ $5^{+0.1}_{0}$

39 ± 0.05

$\parallel$ | 0.05 | A

A

A 周边 $\sqrt{\dfrac{}{3.2}}$

$4\times R10$

A

周边 $\sqrt{\dfrac{}{6.3}}$

$8\times R8$

25.981

20.4905

$2\times R15$

$2\times R20$

$2\times R40.981$ $\sqrt{\dfrac{}{3.2}}$ $2\times R15$

周边

$\parallel$ | 0.03 | B

$\perp$ | 0.03 | A

B

140 ± 0.02
120 ± 0.02
100 ± 0.02

$\parallel$ | 0.03 | A

160 ± 0.02
170 ± 0.02
180 ± 0.02
200 ± 0.02

材料：45 锻件

图　6-38

参 考 文 献

[1] 宁汝新,赵汝嘉. CAD/CAM 技术[M]. 北京:机械工业出版社,1999.

[2] 戴同,冯辛安. CAD/CAP/CAM 基本教程[M]. 北京:机械工业出版社,1997.

[3] 蔡颖,薛庆,徐弘山,等. CAD/CAM 原理与应用[M]. 北京:机械工业出版社,1998.

[4] 宗志坚. CAD/CAM 技术[M]. 北京:机械工业出版社,2001.

[5] 魏生民. 机械 CAD/CAM[M]. 武汉:武汉理工大学出版社,2001.

[6] 陈祝林. 产品设计与三维 CAD 系统[M]. 上海:同济大学出版社,1997.

[7] 仲梁维. 计算机辅助设计教程[M]. 上海:复旦大学出版社,1997.

[8] 王同海. 实用冲压设计技术[M]. 北京:机械工业出版社,1999.

[9] 洪如瑾. UG CAD 快速入门指导[M]. 北京:清华大学出版社,2002.

[10] 王庆林,李莉敏,韦纪祥,等. UG 铣制造过程实用指导[M]. 北京:清华大学出版社,2002.

[11] 赵波,龚勉,浦维达. UG CAD 实用教程[M]. 北京:清华大学出版社,2002.

[12] 王学军,李玉龙. CAD/CAM 应用软件—UG 训练教程[M]. 北京:高等教育出版社,2003.

[13] 叶南海. UG 数控编程实例与技巧[M]. 北京:国防工业出版社,2005.

[14] 莫蓉,周惠群. Unigraphics 18 版 CAD 应用基础[M]. 北京:清华大学出版社,2002.

[15] 康鹏工作室. UG NX2.0 模具设计[M]. 北京:机械工业出版社,2005.

[16] 李名尧. 模具 CAD/CAM[M]. 北京:机械工业出版社,2004.

[17] 胡仁喜,夏德伟,曹勇刚,等. Unigraphics NX3.0 中文版机械设计高级应用实例[M]. 北京:机械工业出版社,2005.

[18] 刘建超. 模具 CAD/CAM[M]. 北京:化学工业出版社,2004.

[19] 杨占尧. UG NX3.0 塑料与冲压级进模具设计案例精解[M]. 北京:化学工业出版社,2006.

[20] 卫兵工作室. UG NX 中文版数控编程入门与实例进阶[M]. 北京:清华大学出版社,2007.

21 世纪高职高专规划教材书目（机、电、建筑类）

高等数学(理工科用)
　　(第2版)
高等数学学习指导书(理工科用)(第2版)
计算机应用基础(第2版)
应用文写作
应用文写作教程
经济法概论
法律基础
法律基础概论
C 语言程序设计

工程制图(机械类用)
　　(第2版)
工程制图习题集(机械类用)(第2版)
计算机辅助绘图——AutoCAD2005 中文版
几何量精度设计与检测
公差配合与测量
工程力学
金属工艺学
机械设计基础
工业产品造型设计
液压与气压传动
电工与电子基础
电工电子技术(非电类专业用)
机械制造技术
机械制造基础
数控技术
专业英语(机械类用)
金工实习
数控机床及其使用维修
数控加工工艺及编程

机电控制技术
计算机辅助设计与制造
微机原理与接口技术
机电一体化系统设计
控制工程基础
机械设备控制技术
金属切削机床
机械制造工艺与夹具

冷冲模设计及制造
塑料模设计及制造(第2版)
模具 CAD/CAM
模具 CAD/CAM 技术

汽车构造
汽车电器与电子设备
公路运输与安全
汽车检测与维修
汽车检测与维修技术
汽车空调
汽车营销学

工程制图(非机械类用)
工程制图习题集(非机械类用)
离散数学
电路基础
单片机原理与应用
电力拖动与控制
可编程序控制器及其应用(欧姆龙型)
可编程序控制器及其应用(三菱型)
工厂供电
微机原理与应用

模拟电子技术
数字电子技术
数字逻辑电路
办公自动化技术
现代检测技术与仪器仪表
传感器与检测技术
制冷原理与设备
制冷与空调装置自动控制技术
电视机原理与维修
自动控制原理与系统
电路与模拟电子技术
低频电子线路
电路分析基础
常用电子元器件

单片机原理及接口技术案例教程
多媒体技术及其应用
操作系统
数据结构
软件工程
微型计算机维护技术
汇编语言程序设计
VB6.0 程序设计
VB6.0 程序设计实训教程
Java 程序设计
C ++ 程序设计
Delphi 程序设计
计算机网络技术
网络应用技术
网络数据库技术
网络操作系统
网络安全技术
网络营销

网络综合布线
网络工程实训教程
计算机图形学实用教程
动画设计与制作
管理信息系统
电工与电子实验
专业英语(电类用)
物流技术基础
物流仓储与配送
物流管理
物流运输管理与实务

建筑制图
建筑制图习题集
建筑力学(第2版)
建筑材料
建筑工程测量
钢筋混凝土结构及砌体结构
房屋建筑学
土力学及地基基础
建筑设备
建筑给排水
建筑电气
建筑施工
建筑工程概预算
房屋维修与预算
建筑装修装饰材料
建筑装修装饰构造
建筑装修装饰设计
楼宇智能化技术
钢结构
多层框架结构
建筑施工组织